高等职业院校教育系列教材

U0149495

高等数学

←—— 慕课版 ——→

张天德 范洪军／主编

孙建波 周秀娟 安徽燕／副主编

人民邮电出版社

北 京

图书在版编目（CIP）数据

高等数学：慕课版 / 张天德，范洪军主编. -- 北京：人民邮电出版社，2022.6（2023.7重印）
高等职业院校通识教育系列教材
ISBN 978-7-115-57712-2

Ⅰ．①高… Ⅱ．①张… ②范… Ⅲ．①高等数学－高等职业教育－教材 Ⅳ．①O13

中国版本图书馆CIP数据核字(2021)第246828号

内 容 提 要

本书根据高职高专院校人才培养目标和高等数学教学大纲编写，内容符合高职高专学生学习的特点，符合国家对高职高专院校在教学改革方面的要求，吸取了国内外优秀教材的经验，并结合了近年来多所高职高专院校对高等数学的教学改革经验. 全书共分 7 章，内容包括：函数、极限与连续，导数和微分，微分中值定理与导数的应用，不定积分，定积分及其应用，微积分在 MATLAB 中的实现，无穷级数. 第 1~5 章每章前配有"本章导学"微课和思维导图，章末配有"本章小结"微课和"视野拓展小微课"．"视野拓展小微课"与传统文化、数学文化、专业素养相结合，有效落实立德树人根本任务，每章配备的复习题中专门设置了拓展题型，供学有余力的学生学习.

本书可作为高职高专院校及成人高校各专业"高等数学"课程的教材，也可作为专升本考生和科技工作者学习高等数学知识的参考书.

◆ 主　　编　张天德　范洪军
副 主 编　孙建波　周秀娟　安徽燕
责任编辑　刘海溧
责任印制　王　郁　陈　犇

◆ 人民邮电出版社出版发行　　北京市丰台区成寿寺路 11 号
邮编　100164　电子邮件　315@ptpress.com.cn
网址　https://www.ptpress.com.cn
三河市中晟雅豪印务有限公司印刷

◆ 开本：787×1092　1/16
印张：14.25　　　　　　　　2022 年 6 月第 1 版
字数：400 千字　　　　　　　2023 年 7 月河北第 2 次印刷

定价：49.80 元

读者服务热线：(010)81055256　印装质量热线：(010)81055316
反盗版热线：(010)81055315
广告经营许可证：京东市监广登字 20170147 号

教育是国之大计、党之大计. 根据《国家中长期教育改革和发展规划纲要(2010—2020 年)》《普通高等学校教材管理办法》《职业院校教材管理办法》《全国大中小学教材建设规划(2019—2022 年)》等文件的规定，全面提高教材建设质量，加强教材建设，是提高职业教育人才培养质量的关键环节，是加快推进职业教育教学改革创新的重要抓手，高职高专院校要注重运用现代信息技术创新教材呈现形式，推进立体化教材建设，使教材更加利于学生学习.

党的二十大对优化职业教育类型定位提出了明确要求. 职业教育教材重在体现"实"和"新". 在编写本书的过程中，由来自山东大学、烟台理工学院、青岛远洋船员职业学院、山东信息职业技术学院、山东药品食品职业学院的一线教师组成的编写团队，走访调研了全国多所高职高专院校，吸取了大量成功的课程教学改革经验，形成了本书以下特色.

1. 深稽博考，务求满足新时代职业教育新要求

没有职业教育现代化就没有教育现代化. 我国已建成世界规模最大职业教育体系，2022 年高等教育职业本科和高职(专科)在校生近 1700 万人.《中国教育现代化 2035》锚定了 2035 年职业教育服务能力显著提升的目标，这对新时代职业教育提出了更高要求. 专科高职教育是优化高等教育结构和培养大国工匠、能工巧匠的重要方式. 这其中，数学有着重要的基础性作用. 高等数学有其严谨的知识结构，本书以教学大纲为本，在保证知识完整性和保留经典例题的基础上，力求难度适中，深入浅出. 编写过程中，编者广泛调研了高职高专院校人才培养方案，对比国内外优秀教材，精心设计了内容结构.

(1)呈现数学本质，培养数学思想. 本书淡化推导过程的严密性和知识体系的融通性，将教学重点从计算技巧转移到数学思想. 以简洁清晰的语言阐述高等数学的基本思想；以经典直观的方式探究高等数学的基本方法；使抽象的概念、性质"形象化"，从而呈现高等数学的本质，激发学生的学习兴趣.

(2)体现基础性与衔接性. 考虑到高职高专院校的生源基础，本书在编写过程中注重高等数学与初等数学的衔接，加大了对基本初等函数的讲解力度. 比如，基本初等函数中的幂函数虽然简单，但学生的理解不够系统，它又是高等数学的重点研究对象，因此，本书将其分类研究，利用数形结合的方法，帮助学生形象化地理解学习. 再如，三角函数与反三角函数是难点，本书适当增加了此部分内容的篇幅，详细讲述，通过特定的例题和几何图形使其形象化，同时在附录中汇总初等数学的常用公式，以便学生查询.

(3)突出职业性与实用性. 高等数学是解决实际问题的工具，本书在应用部分选取与高职高专院校理工、经济、管理等专业相关的例子，并创新性地引入"生活化的案例"，以充分贴近职业. 此外，本书还尝试性地引入了 MATLAB 数学软件，将相关的数学实验内容单独编写成章，既有利于培养学生解决实际问题的能力，也可以为学生参加数学建模竞赛奠定坚实基础.

(4)难度分层，各得其宜. 本书依据高等数学教学大纲对知识进行分层设置，书中加"＊"号的部分可供有学历提升需求的学生进一步学习. 复习题则分层设置了"基础题型"和"拓展题型"，既方便教师分层教学，又方便学生分层学习.

2. 研精覃思，认真落实立德树人根本任务

党的二十大报告指出，培养造就大批德才兼备的高素质人才，是国家和民族长远发展大计。德技并修、工学结合是职业教育人才培养的重要使命，本书立足职业教育特点，全面贯彻"三全育人"理念，使数学课程与思想政治理论课同向同行。

全面贯彻党的教育方针，落实立德树人根本任务，培养德智体美劳全面发展的社会主义建设者和接班人，是党的二十大对办好人民满意的教育提出的要求。为突出职业教育特点，进一步促进提质培优增效，本书每章最后配有"视野拓展小微课"，选取与高职高专专业相结合的、在数学领域做出突出贡献的名人事迹进行介绍，引发学生增强民族自豪感，引导学生增强"四个意识"、坚定"四个自信"、做到"两个维护"，以期培养担当民族复兴大任的时代新人。"视野拓展小微课"在正文的呈现形式示意如下。

9 证明方程 $x^4-x-1=0$ 在区间 $(1,2)$ 内必有根。

10 设 $f(x)=e^x-2$，求证在区间 $(0,2)$ 内至少有一个点 x_0，使 $e^{x_0}-2=x_0$。

本章小结

视野拓展小微课

3. 整本大套，配备丰富教学资源

本书以双色纸质教材为基础，配套丰富的数字化教学资源。为重点定义、定理和经典例题、习题配录微课视频，同时每章设置"本章导学"微课、"本章小结"微课、"视野拓展小微课"，教师和学生扫码即可观看。数字化教学资源增强了教材的表现力和吸引力，能有效服务线上教学、线上线下混合式教学等教学模式，引导学生自主学习，促进教师实施启发式、研究型教学。

慕课演示

微课演示

选用本书授课时，建议理论课时为 60 学时左右，实验课时为 15 学时左右。

本书由山东大学张天德教授设计整体框架和编写思路，张天德、范洪军担任主编，孙建波、周秀娟、安徽燕担任副主编。在本书编写过程中，山东服装职业学院等多所院校的专家给予了指导，在此一并表示感谢。

目录 CONTENTS

3 第3章
微分中值定理与导数的应用

4 第4章
不定积分

第 1 章
函数、极限与连续

本章导学

  函数是描述事物变化过程中变量相依关系的数学模型，是数学的基本概念之一. 极限是高等数学中研究函数的一个重要工具. 连续是函数的一个重要性质，连续函数是高等数学的主要研究对象之一.

  本章在复习中学已有函数知识的基础上，进一步阐述初等函数的概念，介绍高等数学最基本的工具——极限，进而研究极限的性质、极限的运算法则及有关函数连续性的基础知识，为后续知识的学习奠定必要的基础.

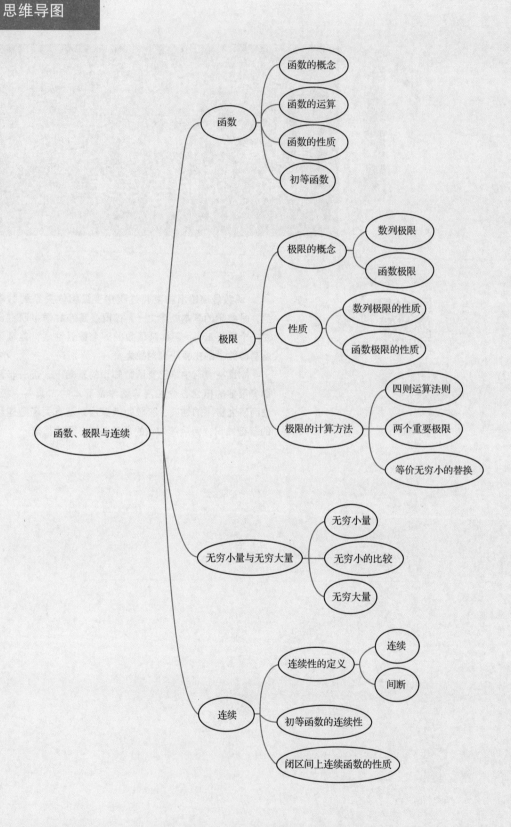

1.1　函数

1.1.1　预备知识

1. 区间

区间是高等数学中常用的实数范围内集合的表示形式.

设 a 和 b 都是实数，且 $a<b$.

数集 $\{x\,|\,a<x<b\}$ 称为开区间，记作 (a,b)，即 $(a,b)=\{x\,|\,a<x<b\}$，a 和 b 称为开区间 (a,b) 的端点，如图 1.1(a) 所示.

数集 $\{x\,|\,a\leqslant x\leqslant b\}$ 称为闭区间，记作 $[a,b]$，即 $[a,b]=\{x\,|\,a\leqslant x\leqslant b\}$，$a$ 和 b 称为闭区间 $[a,b]$ 的端点，如图 1.1(b) 所示.

数集 $\{x\,|\,a\leqslant x<b\}$ 和 $\{x\,|\,a<x\leqslant b\}$ 都称为半开半闭区间，分别记作 $[a,b)$ 和 $(a,b]$，即 $[a,b)=\{x\,|\,a\leqslant x<b\}$，$(a,b]=\{x\,|\,a<x\leqslant b\}$，如图 1.1(c) 和图 1.1(d) 所示.

以上这几类区间统称为有限区间.

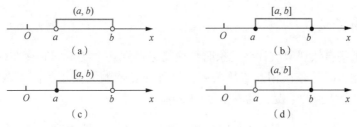

图 1.1

除上述有限区间外，还有无限区间. 我们引进记号"∞"，该记号读作无穷大. "$+\infty$"读作正无穷大，"$-\infty$"读作负无穷大. 类似地，我们有无限区间

$$(a,+\infty)=\{x\,|\,x>a\},\ [a,+\infty)=\{x\,|\,x\geqslant a\},$$
$$(-\infty,b)=\{x\,|\,x<b\},\ (-\infty,b]=\{x\,|\,x\leqslant b\}.$$

将上述无限区间用数轴进行表示，如图 1.2 所示.

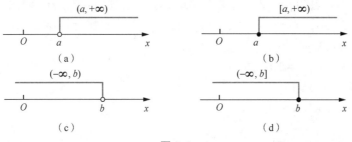

图 1.2

全体实数的集合 **R** 也可记作 $(-\infty,+\infty)$，它也是无限区间.

有限区间和无限区间统称为区间.

以后凡是不需要辨明所讨论区间是否包含端点及其是有限区间还是无限区间时，我们就简单地称所讨论区间为"区间"，且常用 I 表示.

2. 邻域和去心邻域

邻域和去心邻域是高等数学中常用的概念，下面分别给出其定义.

定义 1.1　实数集合 $\{x \mid |x-x_0| < \delta, \delta > 0\}$ 在数轴上是一个以 x_0 为中心、长度为 2δ 的开区间 $(x_0-\delta, x_0+\delta)$，称为点 x_0 的 δ 邻域，记作 $U(x_0, \delta)$，即 $U(x_0, \delta) = (x_0-\delta, x_0+\delta)$，$x_0$ 称为邻域中心，δ 称为邻域半径，如图 1.3 所示.

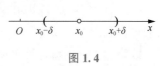

图 1.3

例如，$U(5, 0.01)$ 表示以点 $x_0 = 5$ 为中心、以 $\delta = 0.01$ 为半径的邻域，即
$$U(5, 0.01) = (4.99, 5.01).$$

定义 1.2　在点 x_0 的 $\delta(\delta > 0)$ 邻域内去掉中心点 x_0，由其余点所组成的集合，即 $(x_0-\delta, x_0) \cup (x_0, x_0+\delta)$，称为点 x_0 的 δ 去心邻域，记作 $\mathring{U}(x_0, \delta)$，如图 1.4 所示.

图 1.4

例如，$\mathring{U}(10, 0.1)$ 表示以点 $x_0 = 10$ 为中心、以 $\delta = 0.1$ 为半径的去心邻域，即
$$\mathring{U}(10, 0.1) = (9.9, 10) \cup (10, 10.1).$$

注　$\mathring{U}(x_0, \delta)$ 与 $U(x_0, \delta)$ 的差别在于：$\mathring{U}(x_0, \delta)$ 不包含中心点 x_0.

1.1.2　函数的定义

人们在观察某些自然现象或社会现象时，往往会遇到几个变量同时存在的情况. 这些变量并不是孤立地变化，而是存在相互依赖关系，这种相互依赖关系正是高等数学研究的主要问题. 本章只讨论两个变量的情况，请看下面的引例.

引例 1　**自由落体运动**　设物体下落的时间为 t，下落的距离为 s. 假定开始下落的时刻为 $t=0$，那么 s 与 t 之间的依赖关系由下式给定：
$$s = \frac{1}{2}gt^2.$$

其中，g 为重力加速度. 假定物体着地时刻为 $t=T$，那么当时间 t 在闭区间 $[0, T]$ 上任取一值时，由上式就可以确定相应的 s 值.

引例 2　**快件邮寄收费**　普通快件收费以"首重+续重"的方式计算，不超过 1kg 按 1kg 计算，超过 1kg 不超过 2kg 按 2kg 计算，超过 2kg 不超过 3kg 按 3kg 计算，以此类推. 某快递公司收费标准为首重(1kg)10 元，续重 5 元/kg，试建立快件质量 x(单位：kg)与快递费 y(单位：元)的函数关系.

解　当 $0 < x \le 1$ 时，$y = 10$；
当 $1 < x \le 2$ 时，$y = 10 + 5 = 15$；
当 $2 < x \le 3$ 时，$y = 10 + 5 \times 2 = 20$；
……

于是函数 y 可以写成
$$y = \begin{cases} 10, & 0 < x \le 1, \\ 15, & 1 < x \le 2, \\ 20, & 2 < x \le 3, \\ \cdots. \end{cases}$$

这样便建立了快件质量 x 与快递费 y 的函数关系.

以上两个引例均表达了两个变量之间的依赖关系，每个依赖关系对应一个法则，根据各自的法则，当其中一个变量在某一数集内任取一值时，另一变量就有确定值与之对应. 两个变量之间的这种依赖关系称为函数关系.

定义 1.3 设 x 和 y 是两个变量，D 是一个给定的非空数集. 若对任意的 $x \in D$，按照一定法则 f，总有确定的数值 y 与之对应，则称 y 是 x 的**函数**，记为

$$y = f(x).$$

数集 D 称为函数 $f(x)$ 的**定义域**，记为 $D(f)$（简记为 D_f）. 习惯上，x 称为自变量，y 称为因变量. 当 x 取值 $x_0 (x_0 \in D_f)$ 时，与 x_0 对应的 y 的数值称为函数 $f(x)$ 在 x_0 处的函数值，记作 $f(x_0)$ 或 $y|_{x=x_0}$，当 x 取遍 D_f 内的各个数值时，对应函数值的全体组成的数集

$$R(f) = \{y \mid y = f(x), x \in D_f\}$$

称为函数 $f(x)$ 的**值域**，简记为 R_f.

可以看出，函数就是变量 x 与 y 之间的一种关系.

在函数 $y = f(x)$ 中，f 表示自变量与因变量 y 的对应法则，也可改用其他字母，如 g, F, f_1, φ 等，这时函数分别记作 $y = g(x), y = F(x), y = f_1(x), y = \varphi(x)$ 等.

在数学中，不考虑函数的实际意义，单纯地讨论用算式表达的函数，只需要确定使算式有意义的自变量 x 的数集即可，这时函数的定义域称为**自然定义域**. 在实际问题中，函数的定义域是由实际意义决定的，称为实际定义域，如引例 1 中的定义域为 $[0, T]$.

自变量在定义域内任取一个数值时，如果对应的函数值只有唯一的一个，这样的函数称为**单值函数**；如果有多个函数值与之对应，这样的函数就称为**多值函数**.

引例 1 和引例 2 所定义的函数都是单值函数.

方程 $y^2 = x$ 在区间 $[0, +\infty)$ 上确定了一个以 x 为自变量、以 y 为因变量的函数 $y = f(x)$. 当 x 取 0 时，对应的函数值只有一个，而当 x 取开区间 $(0, +\infty)$ 内的任意一个数值时，对应的函数值就有两个，因此，$y = f(x)$ 是一个多值函数.

注 以后凡是没有特别说明的，本书所讨论的函数都是指单值函数.

设函数 $y = f(x)$ 的定义域为 D_f，取定一个 $x \in D_f$，就得到一个函数值 $f(x)$，这时 (x, y) 在 xOy 平面上就确定一个点. 当 x 取遍 D_f 内的每个数值时，就得到 xOy 平面上的点集 G，即

$$G = \{(x, y) \mid y = f(x), x \in D_f\}.$$

点集 G 称为函数 $y = f(x)$ 的**图形**（也叫图像）. 图形在 x 轴上的垂直投影点集就是定义域 D_f，图形在 y 轴上的垂直投影点集就是值域 R_f，如图 1.5 所示.

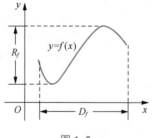

图 1.5

■例 1.1 求下列函数的定义域：

(1) $y = \dfrac{1}{\sqrt{1-x^2}}$；　　　　(2) $y = \sqrt{16-x^2} + \lg(x-2)$.

解 (1) 要使函数 $y = \dfrac{1}{\sqrt{1-x^2}}$ 有意义，须有 $1-x^2 > 0$，即 $-1 < x < 1$，所以函数的定义域是 $(-1, 1)$.

(2)要使函数有意义，须有 $\begin{cases} 16-x^2 \geqslant 0, \\ x-2>0, \end{cases}$ 即 $\begin{cases} -4 \leqslant x \leqslant 4, \\ x>2, \end{cases}$ 所以函数的定义域为 $(2,4]$.

■例 1.2　设 $f(x)=\sqrt{4+\dfrac{1}{x^2}}$，求 $f(-1)$，$f(a)$，$f\left(\dfrac{1}{a}\right)$ $(a>0)$.

解　$f(-1)=\sqrt{4+\dfrac{1}{(-1)^2}}=\sqrt{5}$，　$f(a)=\sqrt{4+\dfrac{1}{a^2}}=\dfrac{\sqrt{4a^2+1}}{|a|}$，

$f\left(\dfrac{1}{a}\right)=\sqrt{4+\dfrac{1}{\left(\dfrac{1}{a}\right)^2}}=\sqrt{4+a^2}$.

由函数的定义和以上各例题的分析不难发现，确定一个函数，起决定作用的因素有以下两个：

(1)对应法则 f（即因变量 y 对于自变量 x 的依存关系）；

(2)定义域 D_f（即自变量 x 的变化范围）.

如果两个函数的"对应法则 f"和"定义域 D_f"都相同，那么这两个函数就是相同的；否则就是不相同的. 至于自变量和因变量用什么字母表示，则没有影响.

■例 1.3　下列各对函数是否相同？为什么？

(1) $f(x)=x-1$，$g(x)=\dfrac{x^2-1}{x+1}$.

(2) $f(x)=\ln x^2$，$g(x)=2\ln x$.

(3) $f(x)=x^2-3x+1$，$g(u)=u^2-3u+1$.

解　(1) $f(x)$ 的定义域为 $(-\infty,+\infty)$；$g(x)$ 在 $x=-1$ 处无定义，其定义域为 $(-\infty,-1) \cup (-1,+\infty)$. 由于 $f(x)$ 与 $g(x)$ 的定义域不同，所以它们不是同一个函数.

(2) $f(x)$ 的定义域为 $(-\infty,0) \cup (0,+\infty)$，$g(x)$ 的定义域为 $(0,+\infty)$. 由于 $f(x)$ 与 $g(x)$ 的定义域不同，所以它们不是同一个函数.

(3) $f(x)$ 的定义域为 $(-\infty,+\infty)$，$g(u)$ 的定义域为 $(-\infty,+\infty)$，且 $f(x)$ 与 $g(u)$ 的对应法则一样，故它们是同一个函数.

1.1.3　函数的表示方法

函数常用解析法、表格法和图形法来表示.

图形法　在某一坐标系中用一条或多条曲线表示函数关系的方法，称为图形法. 例如，函数 $y=f(x)=\begin{cases} x^2, & x \leqslant 0, \\ x+1, & x>0 \end{cases}$ 可用图 1.6 表示.

表格法　将自变量所取的值和对应的函数值列成表格，用以表示函数关系，这种方法称为表格法.

例如，某城市某年中各月毛线的销售量（单位：t）如表 1.1 所示.

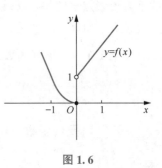

图 1.6

表 1.1

月份(x)	1	2	3	4	5	6	7	8	9	10	11	12
销售量(y)	81	84	45	45	9	5	6	15	94	461	144	123

表 1.1 表示了该城市毛线销售量随月份而变化的函数关系，函数关系是用表格表示的，它的定义域为 $D=\{1,2,3,4,5,6,7,8,9,10,11,12\}$.

解析法　自变量和因变量之间的关系用数学表达式表示，这种表示函数的方法称为解析法（也叫公式法）.

高等数学中讨论的函数，大多用解析法表示. 用解析法表示函数，不一定总是用一个式子表示，也可以分段用几个式子来表示一个函数.

在自变量的不同变化范围中，对应法则用不同式子来表示的函数，称为分段函数.

常见的分段函数有绝对值函数、符号函数、取整函数.

（1）绝对值函数　$y=|x|=\begin{cases}-x, & x<0, \\ x, & x\geqslant 0,\end{cases}$ 如图 1.7 所示.

（2）符号函数　$y=\mathrm{sgn}x=\begin{cases}-1, & x<0, \\ 0, & x=0, \\ 1, & x>0,\end{cases}$ 如图 1.8 所示.

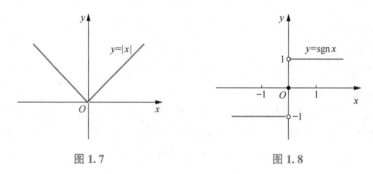

图 1.7　　　　　　图 1.8

我们有时可以运用符号函数将某些分段函数写得简单一些.

例如，函数 $f(x)=\begin{cases}-x\sqrt{1+x^2}, & x\leqslant 0, \\ x\sqrt{1+x^2}, & x>0\end{cases}$ 可以记为 $f(x)=x\sqrt{1+x^2}\cdot\mathrm{sgn}x$.

（3）取整函数　对于任意实数 x，记 $[x]$ 为不超过 x 的最大整数，称 $y=[x]$ 为取整函数，如图 1.9 所示.

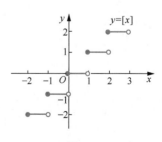

图 1.9

对于分段函数，大家需要注意以下 3 点：

（1）虽然在自变量的不同变化范围内计算函数值的算式不同，但分段函数定义的是一个函数；

（2）分段函数的定义域是各个表示式的定义域的并集；

（3）求自变量取值为 x 时的函数值，要先看 x 属于哪一个表示式的定义域，然后按此表示式计算对应的函数值.

■例1.4 已知符号函数 $f(x) = \operatorname{sgn} x = \begin{cases} 1, & x>0, \\ 0, & x=0, \\ -1, & x<0, \end{cases}$ 求 $f(2)$, $f(0)$, $f(-2)$, 并求函数 $f(x)$

的定义域和值域.

解 因为 $2>0$, 所以 $f(2) = 1$. $f(0) = 0$. 因为 $-2<0$, 所以 $f(-2) = -1$.

函数 $f(x)$ 的定义域为 $(-\infty, +\infty)$, 值域为 $\{-1, 0, 1\}$.

■例1.5 已知函数 $y = f(x) = \begin{cases} 2\sqrt{x}, & 0 \leq x \leq 1, \\ x+1, & x>1, \end{cases}$ 求 $f\left(\dfrac{1}{2}\right)$, $f(1)$, $f(3)$ 及函数的定义域.

解 因为 $0 < \dfrac{1}{2} < 1$, 所以 $f\left(\dfrac{1}{2}\right) = 2\sqrt{\dfrac{1}{2}} = \sqrt{2}$. $f(1) = 2\sqrt{1} = 2$. 因为 $3>1$, 所以 $f(3) = 3 + 1 = 4$.

函数的定义域为 $[0,1] \cup (1, +\infty)$, 即 $[0, +\infty)$.

1.1.4 函数的几种特性

1. 函数的有界性

设函数 $y = f(x)$ 在区间 I 上有定义(区间 I 可以是函数 $f(x)$ 的定义域, 也可以是其定义域的一部分).

(1)如果存在常数 A, 使对任意 $x \in I$, 均有 $f(x) \geq A$ 成立, 则称函数 $f(x)$ 在 I 上有下界.

(2)如果存在常数 B, 使对任意 $x \in I$, 均有 $f(x) \leq B$ 成立, 则称函数 $f(x)$ 在 I 上有上界.

(3)如果存在一个正数 M, 使对任意 $x \in I$, 均有 $|f(x)| \leq M$ 成立, 则称函数 $f(x)$ 在 I 上有界; 否则称函数 $f(x)$ 在 I 上无界. 有界函数 $y = f(x)$ 的图形夹在 $y = -M$ 和 $y = M$ 两条直线之间, 如图 1.10 所示.

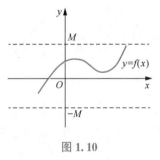

图 1.10

例如, 正弦函数、余弦函数在其定义域 **R** 上有界, 因为 $|\sin x| \leq 1$, $|\cos x| \leq 1 (x \in \mathbf{R})$, 如图 1.11 所示.

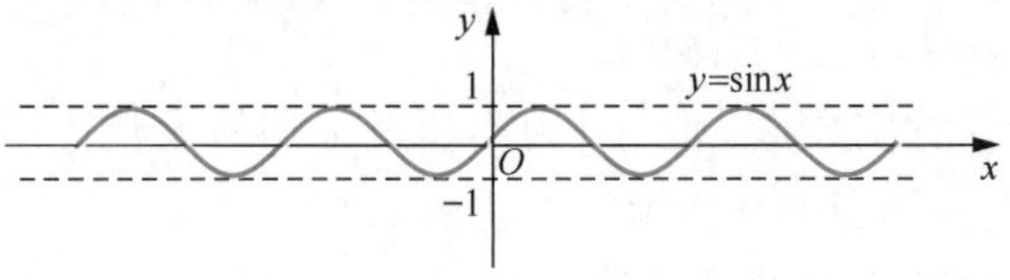

(a)

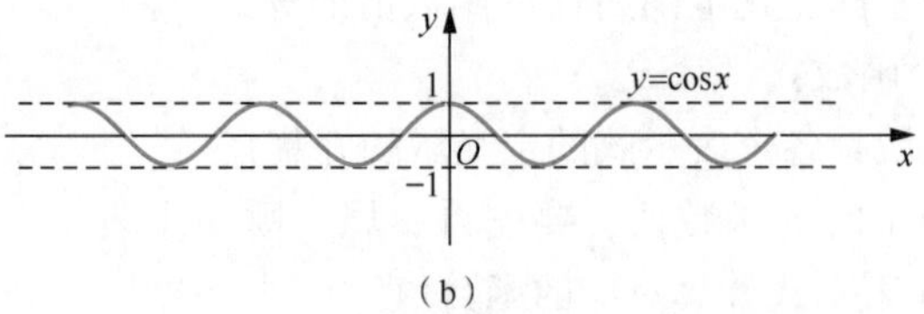

(b)

图 1.11

又如，正切函数 $y = \tan x$ 在开区间 $\left(-\dfrac{\pi}{2}, \dfrac{\pi}{2}\right)$ 上无界；在 $\left[0, \dfrac{\pi}{2}\right)$ 上有下界无上界，在 $\left(-\dfrac{\pi}{2}, 0\right]$ 上有上界而无下界；在 $\left[-\dfrac{\pi}{4}, \dfrac{\pi}{4}\right]$ 上有界，因为 $|\tan x| \leq 1$，$x \in \left[-\dfrac{\pi}{4}, \dfrac{\pi}{4}\right]$，如图 1.12 所示.

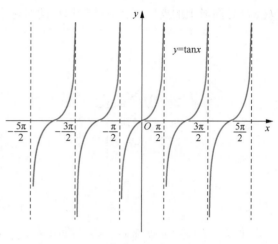

图 1.12

函数 $y = f(x)$ 在区间 I 上有界的充分必要条件是它在区间 I 上既有上界又有下界.

2. 函数的单调性

设函数 $y = f(x)$ 的定义域为 D_f，区间 $I \subset D_f$，如果对于区间 I 内的任意两点 x_1, x_2，当 $x_1 < x_2$ 时，恒有 $f(x_1) < f(x_2)$，则称函数 $y = f(x)$ 在区间 I 内是单调增加的，如图 1.13(a) 所示.

设函数 $y = f(x)$ 的定义域为 D_f，区间 $I \subset D_f$，如果对于区间 I 内的任意两点 x_1, x_2，当 $x_1 < x_2$ 时，恒有 $f(x_1) > f(x_2)$，则称函数 $y = f(x)$ 在区间 I 内是单调减少的，如图 1.13(b) 所示.

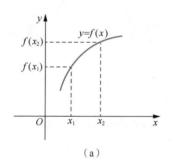　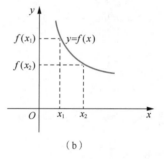

（a）　　　　　　　　　（b）

图 1.13

例如，$f(x) = x^2$ 在 $[0, +\infty)$ 上是单调增加的，在 $(-\infty, 0]$ 上是单调减少的；$f(x) = a^x (0 < a < 1)$ 在 $(-\infty, +\infty)$ 上是单调减少的；$f(x) = x^3$ 在 $(-\infty, +\infty)$ 上是单调增加的.

讨论函数的单调性时要注意以下两点：

(1) 分析函数的单调性，总是在 x 轴上从左向右(即沿自变量 x 增大的方向)看函数值的变化；

(2) 函数可能在其定义域内的一部分区间内是单调增加的，而在另一部分区间内是单调减少的，这时函数在整个定义域内不是单调的，因此，讨论函数的单调性必须与区间相对应.

3. 函数的奇偶性

设函数 $y = f(x)$ 的定义域 D 是关于原点对称的，即当 $x \in D$ 时，有 $-x \in D$.

如果对于任意的 $x \in D$，恒有 $f(-x) = f(x)$，那么称 $f(x)$ 为**偶函数**.

如果对于任意的 $x \in D$，恒有 $f(-x) = -f(x)$，那么称 $f(x)$ 为**奇函数**.

既不是奇函数也不是偶函数的函数称为**非奇非偶函数**.

偶函数的图形关于 y 轴对称. 因为若 $y = f(x)$ 为偶函数，则 $f(-x) = f(x)$，如果 $P(x, f(x))$ 是图形上的点，那么它关于 y 轴的对称点 $P'(-x, f(x))$ 也在图形上，如图 1.14 所示.

奇函数的图形关于原点对称. 因为若 $y = f(x)$ 为奇函数，则 $f(-x) = -f(x)$，如果 $Q(x,$

$f(x)$)是图形上的点，那么它关于原点的对称点 $Q'(-x,-f(x))$ 也在图形上，如图 1.15 所示.

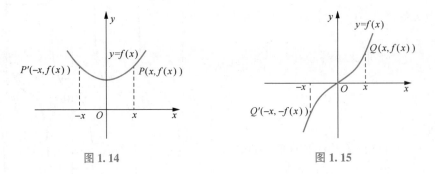

图 1.14   图 1.15

例如，$f(x)=x^2,f(x)=\cos x$ 为偶函数；$f(x)=x,f(x)=x^3,f(x)=\sin x$ 为奇函数.

■例 1.6 判断函数 $y=f(x)=\log_a(x+\sqrt{x^2+1})$ $(a>0$ 且 $a\neq1)$ 的奇偶性.

解 因为 $x\in(-\infty,+\infty)$，且

$$f(-x)=\log_a(-x+\sqrt{x^2+1})=\log_a\frac{(-x+\sqrt{x^2+1})(x+\sqrt{x^2+1})}{x+\sqrt{x^2+1}}$$

$$=\log_a\frac{x^2+1-x^2}{x+\sqrt{x^2+1}}=\log_a\frac{1}{x+\sqrt{x^2+1}}$$

$$=\log_a(x+\sqrt{x^2+1})^{-1}$$

$$=-\log_a(x+\sqrt{x^2+1})=-f(x),$$

所以函数 $y=f(x)=\log_a(x+\sqrt{x^2+1})$ $(a>0$ 且 $a\neq1)$ 是奇函数.

4. 函数的周期性

设函数 $y=f(x)$，如果存在非零实数 T，使对于每一个 $x\in D$，有 $x\pm T\in D$，且 $f(x\pm T)=f(x)$ 恒成立，那么称函数 $y=f(x)$ 是周期函数，称 T 为 $f(x)$ 的周期. 周期函数的周期通常是指它的最小正周期.

例如，函数 $y=\sin x$ 及 $y=\cos x$ 都是以 2π 为周期的周期函数；$y=\tan x$ 及 $y=\cot x$ 都是以 π 为周期的周期函数.

由函数的周期性定义可知，周期为 T 的周期函数 $y=f(x)$ 的图形沿 x 轴每相隔一个 T 重复一次，呈周期状，即在其定义域内长度为 T 的区间上，函数图形具有相同的形状，如图 1.16 所示.

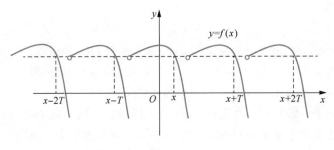

图 1.16

注 （1）若 $f(x)$ 的周期为 T，则 $f(\omega x+\varphi)$ 的周期为 $\dfrac{T}{|\omega|}$．

（2）并非任意周期函数都有最小正周期，如狄利克雷函数

$$D(x)=\begin{cases}1, & x\in \mathbf{Q}, \\ 0, & x\in \overline{\mathbf{Q}}.\end{cases}$$

容易验证这是一个周期函数，任何正有理数 r 都是它的周期，所以它没有最小正周期．

1.1.5 反函数

函数 $y=f(x)$ 的自变量 x 与因变量 y 的关系是相对的，在研究这两个变量的相对关系时，需要根据问题的实际情况，选定其中一个为自变量，那么另一个就是因变量．

例如，在商品销售中，已知某商品的单价为 m，销售量为 x，销售总收入为 y，如果要计算总收入 y，那么 x 是自变量，y 是因变量，函数关系为

$$y=mx.$$

反过来，如果要计算销售量 x，那么就必须把 y 作为自变量，把 x 作为因变量，并由函数 $y=mx$ 解出 x 关于 y 的函数关系

$$x=\frac{y}{m}.$$

这时称 $x=\dfrac{y}{m}$ 为 $y=mx$ 的反函数，$y=mx$ 为直接函数．

下面给出反函数的定义．

定义 1.4 设函数 $y=f(x)$ 的定义域为 D_f，值域为 R_f．如果对于任意一个 $y\in R_f$，D_f 内只有一个 x 与 y 对应，并且满足 $f(x)=y$，那么 x 就是 y 的一个函数，记作

$$x=f^{-1}(y).$$

上式称为函数 $y=f(x)$ 的反函数，这时 y 是自变量，x 是因变量．

习惯上，我们总是把自变量记作 x，把因变量记作 y，所以我们常把 $y=f(x)$ 的反函数 $x=f^{-1}(y)$ 写为 $y=f^{-1}(x)(x\in R_f)$．反函数 $y=f^{-1}(x)$ 的定义域记为 $D_{f^{-1}}$，值域记为 $R_{f^{-1}}$，显然 $D_{f^{-1}}=R_f$，$R_{f^{-1}}=D_f$，即反函数的定义域等于直接函数的值域，反函数的值域等于直接函数的定义域．

例如，函数 $y=x^2,x\in[0,+\infty)$ 的反函数是 $x=\sqrt{y},y\in[0,+\infty)$，我们习惯上将其改写为 $y=\sqrt{x},x\in[0,+\infty)$．

注 $y=f(x)$ 和 $x=f^{-1}(y)$ 表示变量 x 和 y 之间的同一关系，因此，在同一直角坐标系下，它们的图形是同一条曲线．而 $y=f^{-1}(x)$ 是 $x=f^{-1}(y)$ 中将 x 和 y 交换后得到的，因此，$x=f^{-1}(y)$ 和 $y=f^{-1}(x)$ 的图形关系相当于把曲线上的点 $P(a,b)$ 变为点 $P'(b,a)$．由于点 $P(a,b)$ 和点 $P'(b,a)$ 关于直线 $y=x$ 对称，所以把曲线 $x=f^{-1}(y)$ 以直线 $y=x$ 为轴翻转$180°$后所得到的曲线就是 $y=f^{-1}(x)$ 的图形，即 $y=f^{-1}(x)$ 的图形与其直接函数 $y=f(x)$ 的图形关于直线 $y=x$ 对称，如图 1.17 所示．

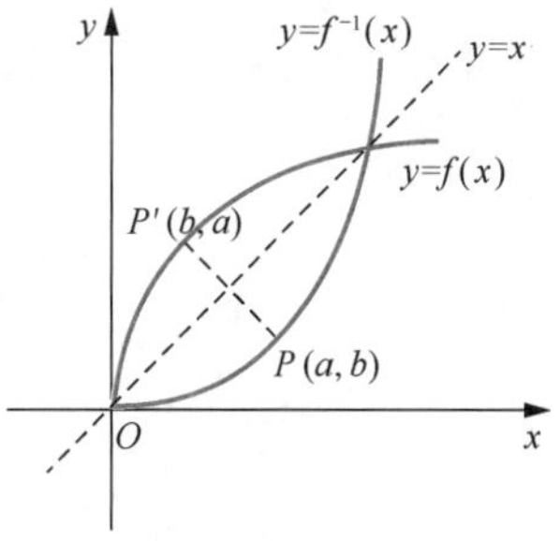

图 1.17

■**例 1.7** 写出 $y=\dfrac{2^x}{2^x+1}$ 的反函数．

解 由直接函数 $y=\dfrac{2^x}{2^x+1}$ 得 $x=\log_2\dfrac{y}{1-y}$，$x=\log_2\dfrac{y}{1-y}$ 就是所求的反函数．

交换变量字母，得反函数为

$$y = \log_2 \frac{x}{1-x} (0 < x < 1).$$

根据反函数的定义知，如果函数 $y=f(x)$ 有反函数，那么 x 与 y 的值必定是一一对应的。因为 $y=f(x)$ 作为直接函数，对于每一个 $x \in D_f$，必有唯一的 $y \in R_f$ 与之对应。同样，反函数 $x = f^{-1}(y)$，对于每一个 $y \in R_f$，必有唯一的 $x \in D_f$ 与之对应。

由于单调函数的自变量与因变量的关系是一一对应的，因此单调函数一定有反函数。

定理 1.1　如果直接函数 $y=f(x)$，$x \in D_f$ 是单调增加（或减少）的，那么其存在反函数 $y=f^{-1}(x)$，$x \in R_f$，且该反函数也是单调增加（或减少）的。

利用定理 1.1，若函数在所讨论的范围内是单调的，就可以判定其反函数一定存在且单调。例如，函数 $y = 2^x$ 在 $(-\infty, +\infty)$ 上是单调增加的，由定理 1.1 可知，它的反函数 $y = \log_2 x$ 在 $(0, +\infty)$ 上存在，且也是单调增加的，如图 1.18 所示。

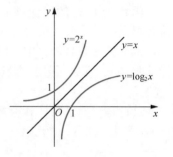

图 1.18

1.1.6　初等函数

1. 基本初等函数

高等数学的主要研究对象是函数，而基本初等函数是学习函数的基础，因此，熟练掌握基本初等函数的表达式、定义域、值域、主要性质及图形是学习高等数学的必要条件。

基本初等函数指的是幂函数、指数函数、对数函数、三角函数、反三角函数。

下面我们对这 5 类基本初等函数进行介绍。

（1）幂函数

函数 $y = x^{\alpha}$（α 是常数）为幂函数。其定义域随 α 的不同而不同。

例如，$y = x^3$ 的定义域为 $(-\infty, +\infty)$；$y = x^{\frac{1}{2}}$ 的定义域为 $[0, +\infty)$；$y = x^{-\frac{1}{2}} = \frac{1}{\sqrt{x}}$ 的定义域为 $(0, +\infty)$。

无论 α 取何值，幂函数在 $(0, +\infty)$ 内都有定义，而且图形都经过点 $(1,1)$。

函数 $y = x$，$y = \sqrt{x}$，$y = \sqrt[4]{x}$，$y = x^2$，$y = x^4$，$y = x^3$，$y = x^{-1}$，$y = x^{-2}$ 等是常见的幂函数，其图形如图 1.19 所示。

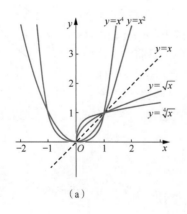

（a）

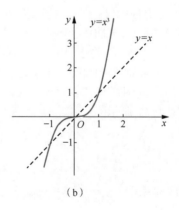

（b）

图 1.19

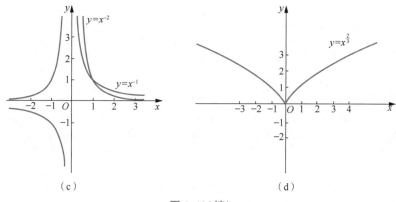

图 1.19(续)

（2）指数函数

函数 $y = a^x (a > 0, a \neq 1, a$ 是常数）为指数函数，定义域为 $(-\infty, +\infty)$，值域为 $(0, +\infty)$.

当 $a > 1$ 时，函数单调增加；当 $0 < a < 1$ 时，函数单调减少，如图 1.20 所示. 指数函数的图形都经过点 $(0, 1)$.

（3）对数函数

函数 $y = \log_a x (a > 0, a \neq 1, a$ 是常数）为对数函数，它是指数函数 $y = a^x$ 的反函数，定义域为 $(0, +\infty)$，值域为 $(-\infty, +\infty)$.

由对应的指数函数 $y = a^x$ 的图形，作以直线 $y = x$ 为对称轴的对称图形，便得到对数函数 $y = \log_a x$ 的图形，如图 1.21 所示.

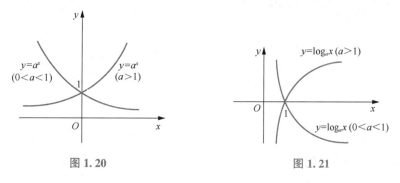

图 1.20　　　　　　　　　　图 1.21

当 $a > 1$ 时，$y = \log_a x$ 单调增加；当 $0 < a < 1$ 时，$y = \log_a x$ 单调减少. 对数函数的图形都经过点 $(1, 0)$.

在高等数学中，常用到以 e 为底的指数函数 e^x 和以 e 为底的对数函数 $\log_e x$（记作 $\ln x$，$\ln x$ 称为自然对数）. 这里 $e = 2.718\ 281\ 8\cdots$，是一个无理数.

（4）三角函数

常见的三角函数如下：

正弦函数 $y = \sin x$；余弦函数 $y = \cos x$；正切函数 $y = \tan x$；

余切函数 $y = \cot x$；正割函数 $y = \sec x$；余割函数 $y = \csc x$.

① 正弦函数和余弦函数

正弦函数和余弦函数的定义域都是 $(-\infty, +\infty)$，值域都是 $[-1, 1]$. 它们都是以 2π 为周期的周期函数，都是有界函数. 正弦函数是奇函数，余弦函数是偶函数，如图 1.22 所示.

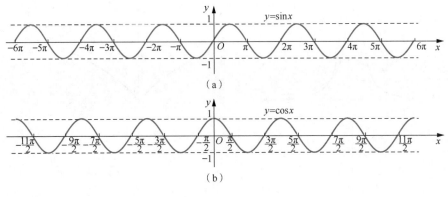

图 1. 22

②正切函数和余切函数

正切函数 $y=\tan x=\dfrac{\sin x}{\cos x}$ 的定义域为 $\left\{x\ \middle|\ x\neq k\pi+\dfrac{\pi}{2},k\in\mathbf{Z}\right\}$，余切函数 $y=\cot x=\dfrac{\cos x}{\sin x}=\dfrac{1}{\tan x}$ 的定义域为 $\{x\mid x\neq k\pi,k\in\mathbf{Z}\}$．它们都是以 π 为周期的周期函数，都是奇函数，并且在其定义域内都是无界函数，如图 1. 23 所示．

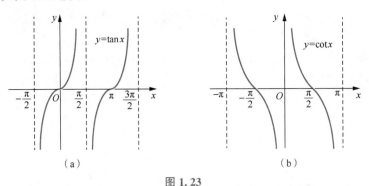

图 1. 23

③正割函数和余割函数

正割函数 $y=\sec x=\dfrac{1}{\cos x}$ 的定义域为 $\left\{x\ \middle|\ x\neq k\pi+\dfrac{\pi}{2},k\in\mathbf{Z}\right\}$，余割函数 $y=\csc x=\dfrac{1}{\sin x}$ 的定义域为 $\{x\mid x\neq k\pi,k\in\mathbf{Z}\}$．它们都是以 2π 为周期的周期函数，并且在各自的定义域内都是无界函数，如图 1. 24 所示．

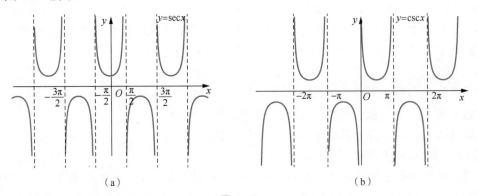

图 1. 24

（5）反三角函数

已知角，我们可以求出其对应的三角函数值，例如 $y=\sin\dfrac{\pi}{3}$，$y=\tan 2$ 等.

反过来，已知角的三角函数值，可求角的大小. 示例如下：

已知 $\sin x=\dfrac{1}{2}$，可得 $x=2k\pi+\dfrac{\pi}{6}$ 或 $x=2k\pi+\dfrac{5\pi}{6}$；已知 $\tan x=1$，可得 $x=k\pi+\dfrac{\pi}{4}$.

但是，如果已知 $\sin x=\dfrac{1}{4}$，那么相对应的角又该如何表示呢？

这个问题抽象出来就是：由正弦值如何去确定相应的角的值，即要考虑三角函数的反函数问题.

我们知道，三角函数的对应关系是单值的，但它们的反对应关系却是多值的. 因此，根据反函数的定义，三角函数在它的定义域内是没有反函数的. 但是，如果把三角函数的定义域划分为若干个单调区间，使在每个区间内函数的对应关系都是单值的，那么三角函数在这些区间内分别有反函数. 下面，我们来讨论正弦函数、余弦函数、正切函数和余切函数的反函数.

①反正弦函数

正弦函数 $y=\sin x$ 的定义域是 $(-\infty,+\infty)$，值域是 $[-1,1]$. 由于正弦函数在定义域 $(-\infty,+\infty)$ 内的反对应关系不是单值的，所以它没有反函数. 但是，我们把定义域 $(-\infty,+\infty)$ 划分为 $\left[-\dfrac{\pi}{2},\dfrac{\pi}{2}\right]$，$\left[\dfrac{\pi}{2},\dfrac{3\pi}{2}\right]$，$\left[\dfrac{3\pi}{2},\dfrac{5\pi}{2}\right]$，…，即 $\left[k\pi-\dfrac{\pi}{2},\right.$ $\left.k\pi+\dfrac{\pi}{2}\right]$. $k\in\mathbf{Z}$. 由图 1.25 可以看出，对于 $y\in$

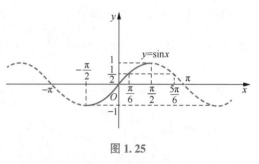

图 1.25

$[-1,1]$ 上的每一个值，在这些区间上都有唯一确定的 x 值和它对应，即函数 $y=\sin x$ 在这些区间上的反对应关系都是单值的，因此函数 $y=\sin x$ 在这些区间上都分别有反函数.

在高等数学中，我们分别取正弦函数、余弦函数、正切函数和余切函数的某个单值区间来表示它们的反函数.

定义 1.5 正弦函数 $y=\sin x$ 在区间 $\left[-\dfrac{\pi}{2},\dfrac{\pi}{2}\right]$ 上的反函数叫作**反正弦函数**，记作 $x=\arcsin y$. 根据习惯记法，以 x 表示自变量，y 表示函数，反正弦函数可以写成

$$y=\arcsin x.$$

在这里，y 是角，而 x 是这个角的正弦函数值，故反正弦函数的定义域是 $[-1,1]$，值域是 $\left[-\dfrac{\pi}{2},\dfrac{\pi}{2}\right]$.

反正弦函数 $y=\arcsin x$ 的图形如图 1.26 所示. 它与正弦函数 $y=\sin x$ 在 $\left[-\dfrac{\pi}{2},\dfrac{\pi}{2}\right]$ 上的曲线关于直线 $y=x$ 对称，如图 1.27 所示.

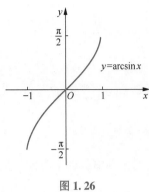

图 1.26   图 1.27

根据反正弦函数的定义可知，对于区间 $[-1,1]$ 上的每一个 x 值，$\arcsin x$ 就表示在 $\left[-\dfrac{\pi}{2},\dfrac{\pi}{2}\right]$ 上的一个角，而且这个角的正弦恰好等于 x，即 $\sin(\arcsin x)=x$，其中 $x\in[-1,1]$，$\arcsin x\in\left[-\dfrac{\pi}{2},\dfrac{\pi}{2}\right]$.

■例 1.8   求下列各式的值：

（1）$\arcsin 0$;   （2）$\arcsin\left(-\dfrac{\sqrt{3}}{2}\right)$;   （3）$\tan\left(\arcsin\dfrac{\sqrt{2}}{2}\right)$.

解   （1）因为 $\sin 0=0$，且 $0\in\left[-\dfrac{\pi}{2},\dfrac{\pi}{2}\right]$，所以 $\arcsin 0=0$.

（2）因为 $\sin\left(-\dfrac{\pi}{3}\right)=-\dfrac{\sqrt{3}}{2}$，且 $-\dfrac{\pi}{3}\in\left[-\dfrac{\pi}{2},\dfrac{\pi}{2}\right]$，所以 $\arcsin\left(-\dfrac{\sqrt{3}}{2}\right)=-\dfrac{\pi}{3}$.

（3）$\tan\left(\arcsin\dfrac{\sqrt{2}}{2}\right)=\tan\dfrac{\pi}{4}=1$.

综上，反正弦函数 $y=\arcsin x$，其定义域为 $[-1,1]$，值域为 $\left[-\dfrac{\pi}{2},\dfrac{\pi}{2}\right]$. 它是奇函数，即 $\arcsin(-x)=-\arcsin x$. 它在定义域 $[-1,1]$ 上是单调增加的，且是有界的.

②反余弦函数

余弦函数 $y=\cos x$ 的定义域是 $(-\infty,+\infty)$，值域是 $[-1,1]$. 从余弦函数的图形（见图 1.28）同样可以看出，$y=\cos x$ 在定义域 $(-\infty,+\infty)$ 内没有反函数，但在它的单调区间 $[0,\pi]$ 上反对应关系都是单值的，因此，函数 $y=\cos x$ 在 $[0,\pi]$ 上有反函数.

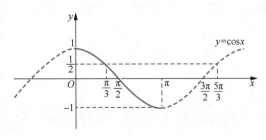

图 1.28

定义 1.6   余弦函数 $y=\cos x$ 在区间 $[0,\pi]$ 上的反函数叫作反余弦函数，记作 $x=\arccos y$.

以 x 表示自变量，y 表示函数，反余弦函数可以写成

$$y=\arccos x.$$

在这里，y 是角，而 x 是这个角的余弦函数值，故反余弦函数的定义域是 $[-1,1]$，值域是 $[0,\pi]$.

反余弦函数 $y=\arccos x$ 的图形与余弦函数 $y=\cos x$ 在 $[0,\pi]$ 上的曲线关于直线 $y=x$ 对称，如图 1.29 所示.

反余弦函数 $y=\arccos x$ 是非奇非偶函数，在定义域 $[-1,1]$ 上是单调减少的，且是有界的.

同反正弦函数类似，反余弦函数有如下结论：

$\cos(\arccos x)=x,x\in[-1,1]$；

$\arccos(-x)=\pi-\arccos x,x\in[-1,1]$.

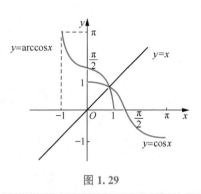

图 1.29

■例 1.9　求下列各式的值：

$(1)\arccos\left(-\dfrac{1}{2}\right)$；　　　　$(2)\arccos\left(\cos\dfrac{5\pi}{6}\right)$.

解　$(1)\arccos\left(-\dfrac{1}{2}\right)=\pi-\arccos\left(\dfrac{1}{2}\right)=\pi-\dfrac{\pi}{3}=\dfrac{2\pi}{3}$.

$(2)\arccos\left(\cos\dfrac{5\pi}{6}\right)=\arccos\left(-\dfrac{\sqrt{3}}{2}\right)=\pi-\arccos\left(\dfrac{\sqrt{3}}{2}\right)=\pi-\dfrac{\pi}{6}=\dfrac{5\pi}{6}$.

■例 1.10　求下列函数的定义域和值域：

$(1)y=3\arccos\dfrac{x}{2}$；　　　　$(2)y=2\sqrt{\arcsin 3x}$.

解　(1)因为 $-1\leqslant\dfrac{x}{2}\leqslant1$，所以 $-2\leqslant x\leqslant2$. 又因为 $0\leqslant\arccos\dfrac{x}{2}\leqslant\pi$，所以 $0\leqslant3\arccos\dfrac{x}{2}\leqslant3\pi$，即 $0\leqslant y\leqslant3\pi$. 故函数 $y=3\arccos\dfrac{x}{2}$ 的定义域是 $[-2,2]$，值域是 $[0,3\pi]$.

(2)由 $-1\leqslant3x\leqslant1$，且 $\arcsin 3x\geqslant0$，得 $0\leqslant3x\leqslant1$，即 $0\leqslant x\leqslant\dfrac{1}{3}$. 又因为 $0\leqslant\arcsin 3x\leqslant\dfrac{\pi}{2}$，所以 $0\leqslant2\sqrt{\arcsin 3x}\leqslant2\sqrt{\dfrac{\pi}{2}}=\sqrt{2\pi}$，即 $0\leqslant y\leqslant\sqrt{2\pi}$. 故函数 $y=2\sqrt{\arcsin 3x}$ 的定义域是 $\left[0,\dfrac{1}{3}\right]$，值域是 $[0,\sqrt{2\pi}]$.

③反正切函数和反余切函数

定义 1.7　正切函数 $y=\tan x$ 在区间 $\left(-\dfrac{\pi}{2},\dfrac{\pi}{2}\right)$ 上的反函数叫作反正切函数，记作 $y=\arctan x$，它的定义域是 $(-\infty,+\infty)$，值域是 $\left(-\dfrac{\pi}{2},\dfrac{\pi}{2}\right)$. 反正切函数的图形如图 1.30 所示.

反正切函数是奇函数，即 $\arctan(-x)=-\arctan x$，其在定义域 $(-\infty,+\infty)$ 内是单调增加的，且是有界的.

定义 1.8　余切函数 $y=\cot x$ 在区间 $(0,\pi)$ 上的反函数叫作反余切函数，记作 $y=\text{arccot}x$，它的定义域是 $(-\infty,+\infty)$，值域是 $(0,\pi)$. 反余切函数的图形如图 1.31 所示.

反余切函数是非奇非偶函数，在定义域 $(-\infty,+\infty)$ 内是单调减少的，且是有界的.

反正弦函数、反余弦函数、反正切函数、反余切函数统称为反三角函数.

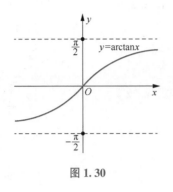

图 1.30

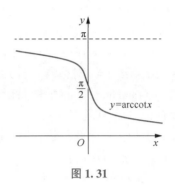

图 1.31

2. 复合函数

在实际问题中，两个变量间的联系有时不是直接的，而是通过另一个变量联系起来的. 例如，一个家庭贷款购房的能力 y 是其偿还能力 u 的平方，而这个家庭的偿还能力 u 是月收入 x 的 50%，则这个家庭的贷款购房能力 y 与月收入 x 的关系可由两个函数 $y=f(u)=u^2$ 与 $u=g(x)=x \cdot 50\%=\dfrac{x}{2}$ 经过代入运算而得到，即

$$y=f[g(x)]=f\left(\frac{x}{2}\right)=\left(\frac{x}{2}\right)^2.$$

这个函数就是复合函数，这种代入运算又称为复合运算.

又如，设 $y=f(u)=\sqrt{u}$，$u=g(x)=1-x^2$，用 $1-x^2$ 代替 $y=\sqrt{u}$ 中的 u，得到 $y=\sqrt{1-x^2}$. 这就是说，函数 $y=\sqrt{1-x^2}$ 是由 $y=\sqrt{u}$ 经过中间变量 $u=1-x^2$ 复合而成的.

定义 1.9 设函数 $y=f(u),u \in D_f$，且设 $u=g(x),x \in D_g$. 如果 $u=g(x)$ 的值域 $R_g \subseteq D_f$，那么就称 $y=f[g(x)]$ 为定义在 D_g 上的由函数 $y=f(u)$ 经 $u=g(x)$ 复合而成的复合函数. $u=g(x)$ 称为内层函数，$y=f(u)$ 称为外层函数，u 称为中间变量.

微课：定义 1.9

例如，函数 $y=\sin u$ 与 $u=x^2+1$ 可以复合成复合函数 $y=\sin(x^2+1)$.

注 不是任何两个函数都可以复合成一个复合函数. 例如，函数 $y=\arcsin u$ 与 $u=x^2+3$ 就不能复合成一个复合函数，因为 $u=x^2+3$ 的定义域内的任何 x 值，其所对应的 u 值都不能使 $y=\arcsin u$ 有意义.

另外，复合函数不仅可以由两个函数经过复合而成，也可以由多个函数相继进行复合而成. 如函数 $y=u^2,u=\ln v,v=2x$ 可以复合成复合函数 $y=\ln^2(2x)$.

一般情况下，设 $y=f(u),u=\varphi(v),v=\psi(x)$，在满足复合的前提下，可得到复合函数 $y=f\{\varphi[\psi(x)]\}$，即先由 $u=\varphi(v),v=\psi(x)$ 复合成 $u=\varphi[\psi(x)]$，再用它代替 $y=f(u)$ 中的 u，得 $y=f\{\varphi[\psi(x)]\}$. 这里中间变量是 u,v.

利用复合函数的定义不仅能将若干个简单的函数复合成一个函数，还可以把一个较复杂的函数分解成几个简单的函数，这对于今后掌握微积分的运算是很重要的.

■**例 1.11** 设 $f(x)=x^3,g(x)=2^x$，求 $f[g(x)]$ 和 $g[f(x)]$.

解 $f[g(x)]=[g(x)]^3=[2^x]^3=2^{3x}=8^x$；$g[f(x)]=2^{f(x)}=2^{x^3}$.

■例 1.12　设 $f(x)=\dfrac{1}{1-x}(x\neq 0,x\neq 1)$，求 $f\{f[f(x)]\}$.

解　因为 $f[f(x)]=\dfrac{1}{1-f(x)}=\dfrac{1}{1-\dfrac{1}{1-x}}=\dfrac{1-x}{1-x-1}=\dfrac{x-1}{x}$，

所以 $f\{f[f(x)]\}=\dfrac{1}{1-f[f(x)]}=\dfrac{1}{1-\dfrac{x-1}{x}}=\dfrac{x}{x-(x-1)}=x(x\neq 0,x\neq 1)$.

■例 1.13　设 $f(x)=\begin{cases}1, & |x|<1,\\ 0, & |x|=1, \\ -1, & |x|>1,\end{cases} g(x)=\mathrm{e}^x$，求 $g[f(\ln 2)]$.

解　因为 $|\ln 2|<1$，所以 $g[f(\ln 2)]=g(1)=\mathrm{e}$.

■例 1.14　设 $f\left(\dfrac{1}{x}-1\right)=\dfrac{1}{x}+\dfrac{x^2}{2x^2-2x+1}-1(x\neq 0)$，求 $f(x)$.

解　令 $\dfrac{1}{x}-1=t$，则 $x=\dfrac{1}{t+1}$，于是

$$f(t)=(t+1)+\dfrac{\left(\dfrac{1}{t+1}\right)^2}{2\left(\dfrac{1}{t+1}\right)^2-2\left(\dfrac{1}{t+1}\right)+1}-1=t+\dfrac{1}{t^2+1}.$$

由于函数关系与变量选用什么字母表示无关，所以

$$f(x)=x+\dfrac{1}{x^2+1}(x\neq 0).$$

■例 1.15　求函数 $y=\sqrt{\ln(x^2-3)}$ 的定义域.

解　所给函数 $y=\sqrt{\ln(x^2-3)}$ 是由 $y=\sqrt{u},u=\ln v,v=x^2-3$ 复合而成的. 由于 $u\geqslant 0$，即 $\ln v\geqslant 0$，故有 $v=x^2-3\geqslant 1$，即 $x\leqslant -2$ 或 $x\geqslant 2$. 因此，函数 $y=\sqrt{\ln(x^2-3)}$ 的定义域为 $(-\infty,-2]\cup[2,+\infty)$.

■例 1.16　已知函数 $f(x)$ 的定义域是 $[-1,1]$，求 $f(x-1)$ 的定义域.

解　函数 $f(x-1)$ 是由 $f(u),u=x-1$ 复合而成的，因为函数 $f(x)$ 的定义域是 $[-1,1]$，所以 $u=x-1$ 的值域是 $[-1,1]$，即 $-1\leqslant x-1\leqslant 1$，从而得 $f(x-1)$ 的定义域为 $[0,2]$.

3. 初等函数

初等函数是高等数学主要的研究对象，在自然科学和工程技术中常见的函数多为初等函数. 构成初等函数的元素是常数和基本初等函数，因此，大家一定要熟练掌握基本初等函数的表达式、定义域、值域、主要特性及图形.

下面先介绍函数的四则运算.

函数的四则运算　设函数 $f(x),g(x)$ 的定义域依次为 D_f,D_g，若 $D=D_f\cap D_g\neq\varnothing$，则我们可以定义这两个函数的下列运算.

和(差)　$f\pm g$：$(f\pm g)(x)=f(x)\pm g(x),x\in D$.

积　$f\cdot g$：$(f\cdot g)(x)=f(x)\cdot g(x),x\in D$.

商 $\dfrac{f}{g}$：$\dfrac{f}{g}(x)=\dfrac{f(x)}{g(x)}$，$x \in D$ 且 $g(x) \neq 0$.

定义 1.10 由常数和基本初等函数经过有限次四则运算与有限次复合运算所构成的并能用一个式子表示的函数，称为初等函数.

例如，$y=\dfrac{x^2+\sin(2x+1)}{x-1}$，$y=\lg(a+\sqrt{a^2+x^2})$，$y=\cos^2 x+1$ 都是初等函数.

分段函数本身是一个联合结构，虽然它的每一个部分都是初等函数，但有限次四则运算和复合运算都无法产生联合机制，故分段函数一般归入非初等函数.

例如，符号函数 $\operatorname{sgn} x=\begin{cases}-1, & x<0, \\ 0, & x=0, \\ 1, & x>0,\end{cases}$ 二元函数 $f(x,y)=\begin{cases}\dfrac{\sin xy}{x}, & x \neq 0, \\ y, & x=0,\end{cases}$ 它们都是非初等函数.

绝对值函数 $y=|x|$ 虽然可以表示为分段形式 $y=|x|=\begin{cases}-x, & x<0, \\ x, & x \geqslant 0,\end{cases}$ 但它又能表示为 $y=|x|=\sqrt{x^2}$，所以它属于初等函数.

1.1.7 建立函数关系举例

数学来源于日常生活与生产实际，最终也要服务于生活与生产. 因此，数学的一项重要任务是对要讨论的实际问题寻求其中蕴含的函数关系，亦即将问题中所关心的变量之间的依赖关系用数学公式表示出来，这就是所谓的建立数学模型. 有了数学公式或模型，就可以用各种数学方法对它进行研究，获得解决问题的途径.

在现阶段，我们主要研究建立一元函数的关系，即一个自变量与一个因变量之间的关系式. 建立函数关系可以按以下 3 个步骤进行.

第一步：理解题意. 根据给出的实际问题，我们可以画出草图，以帮助我们理解题意.

第二步：分析题意. 在理解题意的基础上，分析问题中的自变量与因变量，建立数学模型，即确立目标函数. 如果出现两个自变量的情形，还要根据题意分析两个自变量之间的关系，最终归结为一个自变量与一个因变量的函数关系.

第三步：求定义域. 根据上一步中确立的函数关系表达式，结合实际问题的实际意义，确定函数的实际定义域.

■**例 1.17** 某房地产公司有 100 套公寓房出租，当租金定为每套每月 800 元时，房屋可全部租出. 当租金每套每月提高 50 元时，有一套租不出去. 租出的每套房公司每月需付 20 元的维修费. 试求房租与房地产公司的总收入之间的关系.

解 设每套公寓房的月租金为 x 元，该房地产公司的总收入为 R 元，则该房地产公司出租公寓的套数为 $100-\dfrac{x-800}{50}$，从而总收入为

$$R=(x-20)\left(100-\frac{x-800}{50}\right)$$

$$=(x-20)\frac{5\,800-x}{50}$$

$$=\frac{1}{50}(x-20)(5\,800-x) \quad (800<x<5\,800).$$

例 1.18 某城市制定的每户用水收费(含用水费和污水处理费)标准如表 1.2 所示

表 1.2

用水量	不超出 $10m^3$ 的部分	超出 $10m^3$ 的部分
用水费(元/m^3)	1.3	2.0
污水处理费(元/m^3)	0.3	0.8

那么，每户用水量 x(单位：m^3)和应缴纳的水费 y(单位：元)之间的函数关系是怎样的呢?

解 根据题意可知二者之间的关系，可用分段函数表示为

$$y = \begin{cases} (1.3+0.3)x, & x \leqslant 10, \\ (1.3+0.3) \cdot 10 + (2.0+0.8) \cdot (x-10), & x > 10, \end{cases}$$

即

$$y = \begin{cases} 1.6x, & x \leqslant 10, \\ 2.8x - 12, & x > 10. \end{cases}$$

习题 1.1

1 将下列不等式用区间记号表示：

(1) $|x-2| < a$；　　　　　　　(2) $0 < (x-2)^2 < 4$；

(3) $|x| \geqslant 5$；　　　　　　　　(4) $U(a, \delta)$.

2 下列函数是否表示同一函数? 为什么?

(1) $f(x) = 1$ 与 $g(x) = \dfrac{|x|}{x}$.　　　(2) $f(x) = x$ 与 $g(x) = \sqrt[3]{x^3}$.

(3) $f(x) = x^2$ 与 $g(x) = 2\ln x$.　　(4) $y = \lg[x(x+1)]$ 与 $y = \lg x + \lg(x+1)$.

3 求函数值.

(1) $f(x) = \sqrt{3+x^2}$，求 $f(4), f(1), f(x_0), f(-a)$.

(2) $f(x) = 3x+2$，求 $f(1), f(1+h), \dfrac{f(1+h)-f(1)}{h}$.

(3) $f(t) = t^2$，求 $f(2), f^3(3), f(-1)$.

(4) $g(x) = \begin{cases} 2x, & -1 < x < 0, \\ 2, & 0 \leqslant x < 1, \\ x-1, & 1 \leqslant x < 3, \end{cases}$ 求 $g(2), g(0), g(-0.5), g(0.5)$.

4 设 $f(x) = \begin{cases} 2+x, & x \leqslant 0, \\ 2^x, & x > 0, \end{cases}$ 求 $f(a) - f(0)$.

5 求下列函数的定义域：

(1) $y = \dfrac{2x}{x^2+3x-4}$；　　　　　　(2) $y = \sqrt{x^2-9}$；

(3) $y = \ln(1+x) + \dfrac{1}{\sqrt{x+4}}$；　　　(4) $y = \sqrt{4-x^2} + \dfrac{1}{\sqrt{x^2-1}}$；

(5) $y=\sqrt{3-x}+\arcsin\dfrac{3-2x}{5}$；　　　(6) $y=\begin{cases}-x, & -1\leqslant x\leqslant 0,\\ \sqrt{3-x}, & 0<x<2.\end{cases}$

6 指出下列函数中哪些是奇函数、哪些是偶函数、哪些是非奇非偶函数.

(1) $y=x\cos x$.　　　　　　　　　(2) $y=x+\sin x$.

(3) $y=2x^4(x^2-1)$.　　　　　　　(4) $y=x^3-1$.

(5) $y=a^x-a^{-x}(a>0)$.　　　　　(6) $y=\lg(x+\sqrt{1+x^2})$.

7 下列函数中哪些是周期函数？对于周期函数，请指出其周期.

(1) $y=\cos 2x$.　　　(2) $y=\sin^2 x$.　　　(3) $y=x\cos x$.　　　(4) $y=\sin x+\tan\dfrac{x}{3}$.

8 设 $f(x)=2x^2+\dfrac{2}{x^2}+\dfrac{5}{x}+5x$，验证 $f\left(\dfrac{1}{x}\right)=f(x)$.

9 设 $f(x)=x^2, g(x)=e^x$，求复合函数 $f[g(x)]$，$g[f(x)]$，$f[f(x)]$，$g[g(x)]$ 的表达式.

10 设 $f(x)=\dfrac{1-x}{1+x}$，求 $f\left(\dfrac{1}{x}\right),\dfrac{1}{f(x)}$.

11 设 $f(\sin x)=\cos 2x+1$，求 $f(\cos x)$.

12 设 $f[\varphi(x)]=1+\cos x,\varphi(x)=\sin\dfrac{x}{2}$，求 $f(x)$.

13 下列各函数是由哪些函数复合而成的？

(1) $y=5(x+2)^2$.　　　　　　　　(2) $y=\sin^2\left(3x+\dfrac{\pi}{4}\right)$.

(3) $y=a^{-2x}$.　　　　　　　　　(4) $y=\ln\sin\dfrac{x}{2}$.

(5) $y=e^{(x+1)^2}$.　　　　　　　　(6) $y=\cos^3(2x+1)$.

(7) $y=\log_a\sin e^{-x+1}$.　　　　　(8) $y=\sqrt{\ln\tan x}$.

14 写出由下列函数复合而成的复合函数，并求复合函数的定义域.

(1) $y=\arcsin u, u=1-x^2$.

(2) $y=u^2, u=\tan x$.

(3) $y=\sqrt{u}, u=\sin v, v=2x$.

15 已知函数 $f(x)$ 的定义域为 $[1,2]$，求 $f(\alpha x)(\alpha<0)$ 的定义域.

16 求 $f(\ln x)$ 的定义域，其中 $f(u)$ 的定义域为 $(0,1)$.

1.2　极限的概念

　　极限思想一直存在于日常生活中，但是从生活中的极限思想上升到数学中的极限理论，经历了大约 2000 年的时间. 早在 2000 多年前，战国时期哲学家庄子所著的《庄子·天下篇》中就有这样的记载："一尺之棰，日取其半，万世不竭."魏晋时期的刘徽利用圆内接正多边形来推算圆的面积——割圆术："割之弥细，所失弥少，割之又割，以至于不可割，则与圆周合体而无所失矣."希腊数学家阿基米德利用穷竭法，突破原有的有限运算，采用无限逼近思想解决了几何图形的面积、体积、曲线长等问题. 这些都是早期的极限思想.

极限理论的出现解决了一些初等数学无法解决的问题, 比如, 求瞬时速度、求不规则图形的面积、求旋转体的体积等. 借助于极限理论, 人们从有限认识到无限, 从"不变"认识到"变", 从直线长认识到曲线长. 它揭示了常量与变量、有限与无限的对立统一关系.

极限理论是近代数学的理论基础, 是解决问题的一个有力工具. 在学习高等数学的过程中, 大家会深切感受到极限理论是高等数学的灵魂.

1.2.1 数列的极限

我们先从求圆的面积说起.

在中学里大家就知道半径为 R 的圆的面积 $S = \pi R^2$, 但是这个公式的得到是不容易的. 我国古代数学家刘徽创立了"割圆术", 成功地推算出了圆周率和圆的面积公式. 把直径为 2 的圆进行 6 等分, 作圆内接正六边形, 记其面积为 A_1; 再进行 12 等分, 作圆内接正十二边形, 记其面积为 A_2; 这样继续下去, 每次边数成倍增加, 就得到一系列圆内接正多边形的面积

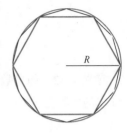

图 1.32

$$A_1, A_2, \cdots, A_n, \cdots,$$

一直计算到圆内接正 3 072 边形, 最终可算出 $\pi \approx 3.1416$. 如图 1.32 所示.

从几何直观上, 当 n 越大, 对应的圆内接正多边形就越贴近于圆, 其面积与圆的面积就越接近, 因此, 以 A_n 作为圆的面积的近似值就越精确. 但是, 无论 n 有多大, A_n 始终不是圆的面积.

设想, 如果 n 无限增大时, A_n 无限接近某个确定的数 a, 那么此时就可以说: 圆的面积就是 a. 在数学上, 这个确定的数 a 就是上面给出的一列有次序的数(即数列) $A_1, A_2, \cdots, A_n, \cdots$ 当 n 无限增大(记为 $n \to \infty$, 读作 n 趋向于无穷大)时的极限. 这个数列的极限精确地表达了圆的面积.

下面我们先学习数列的定义, 再讨论数列的极限.

1. 数列

定义 1.11　在某一对应规则下, 当 $n(n \in \mathbf{N}^+)$ 依次取 $1, 2, 3, \cdots, n, \cdots$ 时, 对应的实数排成一列数 $x_1, x_2, \cdots, x_n, \cdots$, 这列数就称为数列, 记作 $\{x_n\}$. 通常称 x_1 为数列的第一项(首项), x_2 为第 2 项, $\cdots$, x_n 为第 n 项, $\cdots$.

从定义可以看出, 数列可以理解为定义域为正整数集 $\mathbf{N}^+$ 的函数

$$x_n = f(n)(n \in \mathbf{N}^+),$$

当自变量 n 依次取 $1, 2, 3, \cdots, n, \cdots$ 时, 对应的函数值就构成了数列 $\{x_n\}$.

一般地, 将数列的第 n 项 x_n 称为数列的一般项(或通项). 示例如下.

(1) $1, 2, 3, \cdots, n, \cdots$.　　　　　　　一般项为 $x_n = n$.

(2) $1, \dfrac{1}{2}, \dfrac{1}{3}, \cdots, \dfrac{1}{n}, \cdots$.　　　　　一般项为 $x_n = \dfrac{1}{n}$.

(3) $1, -1, 1, -1, \cdots, (-1)^{n+1}, \cdots$.　　一般项为 $x_n = (-1)^{n+1}$.

(4) $a, a, a, \cdots, a, \cdots$.　　　　　　　一般项为 $x_n = a$.

(5) $2, \dfrac{1}{2}, \dfrac{4}{3}, \cdots, \dfrac{n+(-1)^{n-1}}{n}, \cdots$.　　一般项为 $x_n = \dfrac{n+(-1)^{n-1}}{n}$.

在几何上，数列 $\{x_n\}$ 可看作数轴上的一族动点，它依次取数轴上的点 $x_1,x_2,\cdots,x_n,\cdots$.

2. 数列的极限

观察数列：$2,\dfrac{3}{2},\dfrac{4}{3},\cdots,\dfrac{n+1}{n},\cdots$.

由图 1.33 容易看出，当 n 无限增大时，$x_n=\dfrac{n+1}{n}$ 趋向于确定的常数 1，或者说数列 $\left\{\dfrac{n+1}{n}\right\}$ 收敛于 1，我们称 1 为该数列的极限.

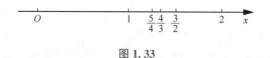

图 1.33

定义 1.12 如果数列 $\{x_n\}$ 的项数 n 无限增大(记为 $n\to\infty$)时，它的一般项 x_n 无限接近于一个确定的常数 a，则称 a 是数列 $\{x_n\}$ 的**极限**，或称数列 $\{x_n\}$ **收敛**于 a，记作

$$\lim_{n\to\infty}x_n=a \text{ 或 } x_n\to a(n\to\infty);$$

否则，称数列 $\{x_n\}$ 的极限不存在(或称数列 $\{x_n\}$ 是**发散**的).

例如，数列 $\left\{\dfrac{1}{2^n}\right\}$，它的极限是 0，记作 $\lim\limits_{n\to\infty}\dfrac{1}{2^n}=0$，我们称数列 $\left\{\dfrac{1}{2^n}\right\}$ 收敛于 0；数列 $\left\{(-1)^n\dfrac{n}{n+1}\right\}$，它的极限不存在，我们称数列 $\left\{(-1)^n\dfrac{n}{n+1}\right\}$ 是发散的.

当 n 无限增大时，如果 $|x_n|$ 无限增大，则数列没有极限. 这时，习惯上也称数列 $\{x_n\}$ 的极限是无穷大，记作 $\lim\limits_{n\to\infty}x_n=\infty$. 例如，$\lim\limits_{n\to\infty}(-1)^nn=\infty$.

下面给出有界数列与无界数列的定义.

定义 1.13 对于数列 $\{x_n\}$，如果存在正数 M，使对于一切 x_n 都满足不等式

$$|x_n|\leqslant M,$$

则称数列 $\{x_n\}$ 是**有界**的；如果找不到这样的正数 M，就说数列 $\{x_n\}$ 是**无界**的.

例如，数列 $\left\{(-1)^n\dfrac{n}{n+1}\right\}$ 是有界的，取 $M=1$，对于一切 x_n 都满足 $\left|(-1)^n\dfrac{n}{n+1}\right|\leqslant 1$；数列 $\{(-1)^n2n\}$ 是无界的，因为当 n 无限增大时，$|(-1)^n2n|=|2n|$ 无限增大，可超过任何正数.

3. 收敛数列的性质

定理 1.2(唯一性) 如果数列 $\{x_n\}$ 收敛，那么它的极限唯一.

定理 1.3(有界性) 如果数列 $\{x_n\}$ 收敛，则数列 $\{x_n\}$ 一定有界.

例如，收敛数列 $\left\{\dfrac{n+1}{n}\right\}$，$\left\{\dfrac{1}{2^n}\right\}$ 都是有界的，因为 $\left|\dfrac{n+1}{n}\right|\leqslant 2$，$\left|\dfrac{1}{2^n}\right|\leqslant 1$.

但是，发散数列不一定有界. 比如发散数列 $\{(-1)^nn\}$，因为 $|(-1)^nn|\to+\infty(n\to\infty)$，所以该数列无界. 而发散数列 $\{(-1)^n\}$ 是有界的数列，因为 $|(-1)^n|=1$.

通过以上讨论，我们可以得到如下结论.

数列有界是数列收敛的必要而非充分条件，即有界数列未必收敛. 但是由定理 1.3 的逆否命题可以得到：无界的数列必定发散.

1.2.2　函数的极限

前面我们学习了数列的极限，由于数列可以看作定义在正整数集上的特殊函数，所以自变量只有 $n \to \infty$（即 $n \to +\infty$）这一种变化趋势. 在研究函数的极限时，自变量有 6 种变化趋势，分别为 $x \to +\infty, x \to -\infty, x \to \infty$, 和 $x \to x_0$，$x \to x_0^-$，$x \to x_0^+$, 据此，我们可以将函数的极限归纳为以下两类.

（1）当自变量 x 趋于无穷大（记作 $x \to \infty$）时，函数 $f(x)$ 的极限.

（2）当自变量 x 无限趋向于有限值 x_0（记作 $x \to x_0$）时，函数 $f(x)$ 的极限.

下面先对上述两类情况进行详细讨论，然后介绍函数极限的性质.

1. $x \to \infty$ 时函数 $f(x)$ 的极限

对于函数 $f(x)$，若 x 取正值且无限增大，记作 $x \to +\infty$；若 x 既能取正值又能取负值且其绝对值 $|x|$ 无限增大，记作 $x \to \infty$，读作"x 趋于无穷大".

这里，所谓"当 $x \to \infty$ 时函数 $f(x)$ 的极限"，就是讨论自变量 x 趋于无穷大这样一个变化过程中，函数 $f(x)$ 的函数值的变化趋势；若 $f(x)$ 无限接近某一确定的常数 A，就称当 x 趋于无穷大时，函数 $f(x)$ 以 A 为极限.

定义 1.14　设函数 $f(x)$ 在 $x > M (M > 0)$ 时有定义，若当 $x \to +\infty$ 时，对应的函数值 $f(x)$ 无限接近确定的常数 A，则称 A 是函数 $f(x)$ 当 $x \to +\infty$ 时的极限，记作

$$\lim_{x \to +\infty} f(x) = A \text{ 或 } f(x) \to A (x \to +\infty).$$

此时也称极限 $\lim_{x \to +\infty} f(x)$ 存在；否则，称极限 $\lim_{x \to +\infty} f(x)$ 不存在.

从几何上看，极限式 $\lim_{x \to +\infty} f(x) = A$ 表示：随着 x 的无限增大，当自变量 x 在直线 $x = M$ 右侧取值时，曲线 $y = f(x)$ 上对应的点与直线 $y = A$ 的距离无限变小，如图 1.34 所示.

例如：当 $x \to +\infty$ 时，$\left(\dfrac{1}{2} \right)^x \to 0$，记作 $\lim\limits_{x \to +\infty} \left(\dfrac{1}{2} \right)^x = 0$，如图 1.35 所示；

当 $x \to +\infty$ 时，$\dfrac{1}{x} \to 0$，记作 $\lim\limits_{x \to +\infty} \dfrac{1}{x} = 0$，如图 1.36 所示；

当 $x \to +\infty$ 时，$\arctan x \to \dfrac{\pi}{2}$，记作 $\lim\limits_{x \to +\infty} \arctan x = \dfrac{\pi}{2}$，如图 1.37 所示.

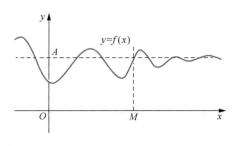

图 1.34

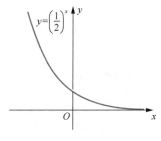

图 1.35

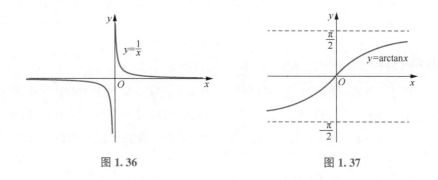

图 1.36   图 1.37

若自变量 x 沿着 x 轴负方向无限地连续变化，记作 $x \to -\infty$，读作"x 趋于负无穷大". 我们可以得到下面的定义.

定义 1.15   设函数 $f(x)$ 在 $x < -M(M>0)$ 时有定义，若当 $x \to -\infty$ 时，对应的函数值 $f(x)$ 无限接近确定的常数 A，则称 A 是函数 $f(x)$ 当 $x \to -\infty$ 时的极限，记作

$$\lim_{x \to -\infty} f(x) = A \text{ 或 } f(x) \to A (x \to -\infty).$$

从几何上看，极限式 $\lim\limits_{x \to -\infty} f(x) = A$ 表示：随着 x 无限减小，当自变量 x 在直线 $x = -M$ 左侧取值时，曲线 $y = f(x)$ 上对应的点与直线 $y = A$ 的距离无限变小，如图 1.38 所示.

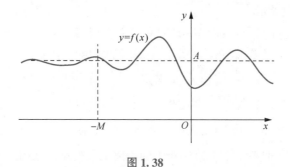

图 1.38

例如：当 $x \to -\infty$ 时，$2^x \to 0$，记作 $\lim\limits_{x \to -\infty} 2^x = 0$；当 $x \to -\infty$ 时，$\dfrac{1}{x} \to 0$，记作 $\lim\limits_{x \to -\infty} \dfrac{1}{x} = 0$，如图 1.36所示；当 $x \to -\infty$ 时，$\arctan x \to -\dfrac{\pi}{2}$，记作 $\lim\limits_{x \to -\infty} \arctan x = -\dfrac{\pi}{2}$，如图 1.37 所示.

不难看出，当 $x \to +\infty$ 或 $x \to -\infty$ 时，有的函数只在一个方向存在极限，如 $\lim\limits_{x \to +\infty} \left(\dfrac{1}{2}\right)^x = 0, \lim\limits_{x \to -\infty} 2^x = 0$；有的函数在两个方向都存在极限，且有时相等，有时不相等，如 $\lim\limits_{x \to +\infty} \dfrac{1}{x} = \lim\limits_{x \to -\infty} \dfrac{1}{x} = 0$，但 $\lim\limits_{x \to +\infty} \arctan x = \dfrac{\pi}{2}, \lim\limits_{x \to -\infty} \arctan x = -\dfrac{\pi}{2}$.

如果函数 $f(x)$ 当 $x \to +\infty$ 和 $x \to -\infty$ 时都以 A 为极限，就说函数 $f(x)$ 当 $x \to \infty$ 时以 A 为极限. 由此我们得到 $x \to \infty$ 时函数 $f(x)$ 的极限定义.

定义 1.16   设函数 $y = f(x)$ 在 $|x| > M(M>0)$ 时有定义，当 x 的绝对值无限增大 $(x \to \infty)$ 时，若函数 $f(x)$ 的值无限趋近于一个确定的常数 A，则称常数 A 为 $x \to \infty$ 时函数 $f(x)$ 的极限，记作

$$\lim_{x \to \infty} f(x) = A \ \text{或} \ f(x) \to A (x \to \infty).$$

例如，函数 $y = \dfrac{1}{x}$，当 $x \to +\infty$ 时，$\dfrac{1}{x} \to 0$，且当 $x \to -\infty$ 时，$\dfrac{1}{x} \to 0$，故 $\lim\limits_{x \to \infty} \dfrac{1}{x} = 0$，如图 1.36 所示.

由上述函数极限的定义，我们可以得到下面的定理.

定理 1.4　极限 $\lim\limits_{x \to \infty} f(x)$ 存在的充分必要条件是 $\lim\limits_{x \to +\infty} f(x)$ 与 $\lim\limits_{x \to -\infty} f(x)$ 都存在且相等，即

$$\lim_{x \to \infty} f(x) = A \Leftrightarrow \lim_{x \to +\infty} f(x) = A = \lim_{x \to -\infty} f(x).$$

■例 1.19　考察极限 $\lim\limits_{x \to \infty} \arctan x$ 与 $\lim\limits_{x \to \infty} \mathrm{e}^x$ 是否存在.

解　因为 $\lim\limits_{x \to +\infty} \arctan x = \dfrac{\pi}{2}$，$\lim\limits_{x \to -\infty} \arctan x = -\dfrac{\pi}{2}$，所以 $\lim\limits_{x \to +\infty} \arctan x \neq \lim\limits_{x \to -\infty} \arctan x$，从而 $\lim\limits_{x \to \infty} \arctan x$ 不存在.

同理，因为 $\lim\limits_{x \to -\infty} \mathrm{e}^x = 0$，$\lim\limits_{x \to +\infty} \mathrm{e}^x = +\infty$，所以 $\lim\limits_{x \to \infty} \mathrm{e}^x$ 不存在.

注　在自变量的某个变化趋势下，若函数（或数列）的绝对值是无限变大的，此时极限不存在，但习惯上记作 $\lim f(x) = \infty$，符号 "$\lim$" 指的是在自变量的某个变化过程下的极限.

2. $x \to x_0$ 时函数 $f(x)$ 的极限

在给出 $x \to x_0$ 时函数 $f(x)$ 的极限之前，我们先来考察下面两个例子.

■例 1.20　设 $y = f(x) = x + 1$，试讨论当 $x \to 1$ 时函数 $f(x)$ 的变化情况.

需要注意，虽然函数 $f(x)$ 在 $x = 1$ 处有定义，但这不是求函数 $f(x)$ 的函数值；并且，$x \to 1$ 的含义是 x 无限接近 1，但 x 始终不取 1.

当 $x \to 1$ 时，函数 $f(x) = x + 1$ 相应的函数值的变化情况如表 1.3 所示.

表 1.3

x	0	0.5	0.8	0.9	0.99	0.999	0.999 9	0.999 99	0.999 999	…
$f(x)$	1	1.5	1.8	1.9	1.99	1.999	1.999 9	1.999 99	1.999 999	…
x	2	1.5	1.2	1.1	1.01	1.001	1.000 1	1.000 01	1.000 001	…
$f(x)$	3	2.5	2.2	2.1	2.01	2.001	2.000 1	2.000 0	2.000 001	…

从表 1.3 可以看出，当 x 越来越接近 1 时，相应的函数值越来越接近 2. 容易想到，当 x 无限接近 1 时，函数 $f(x)$ 的相应的函数值将无限接近 2.

观察图 1.39，可以看出，曲线 $y = x + 1$ 上的动点 $M(x, f(x))$，当其横坐标无限接近 1，即 $x \to 1$ 时，点 M 将向定点 $M_0(1, 2)$ 无限接近，即 $f(x) \to 2$.

此种情况，就称当 $x \to 1$ 时，函数 $f(x) = x + 1$ 以 2 为极限，并记作 $\lim\limits_{x \to 1}(x + 1) = 2$.

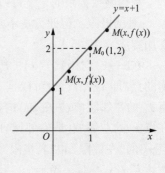

图 1.39

例 1.21　设 $y=f(x)=\dfrac{x^2-1}{x-1}$，讨论当 $x\to1$ 时，函数 $f(x)$ 的变化情况.

本例中的函数与例 1.20 中的函数，唯一的不同之处就在于本例中的函数 $f(x)$ 在 $x=1$ 处没有定义. 但是，在 $x\to1$ 的变化过程中，x 不取 1，所以当 $x\to1$ 时，本例中函数 $f(x)$ 的对应函数值也是趋于 2（见图 1.40），即

微课：例 1.20、例 1.21 及定义 1.17

函数 $f(x)=\dfrac{x^2-1}{x-1}$ 以 2 为极限，记作 $\lim\limits_{x\to1}\dfrac{x^2-1}{x-1}=2$.

由以上两个例子不难看出，在定义极限 $\lim\limits_{x\to x_0}f(x)$ 时，函数 $f(x)$ 在点 x_0 可以有定义，也可以没有定义. 我们关心的是函数 $f(x)$ 在点 x_0 附近的变化趋势，极限 $\lim\limits_{x\to x_0}f(x)$ 是否存在与函数 $f(x)$ 在点 x_0 有没有定义及有定义时取何值都毫无关系.

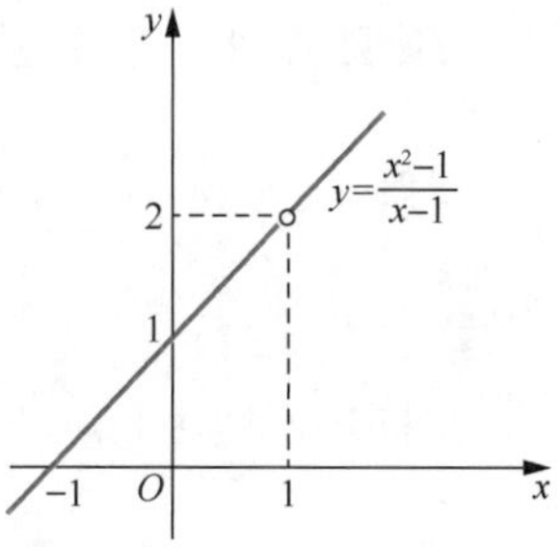

一般地，$x\to x_0$ 时函数极限的定义如下.

定义 1.17　设函数 $f(x)$ 在点 x_0 的某个去心邻域内有定义，A 为常数，如果在自变量 $x\to x_0$ 的变化过程中，函数值 $f(x)$ 无限接近于 A，则称 A 是函数 $f(x)$ 当 $x\to x_0$ 时的极限，记作

$$\lim\limits_{x\to x_0}f(x)=A \text{ 或 } f(x)\to A(x\to x_0).$$

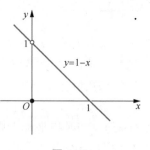

图 1.40

注　（1）"设函数 $f(x)$ 在点 x_0 的某个去心邻域内有定义"的意思是：求极限时我们考虑的是函数 $f(x)$ 在 x_0 附近的变化趋势，而不是考虑函数 $f(x)$ 在 x_0 这个"孤点"的情况. 极限 $\lim\limits_{x\to x_0}f(x)=A$ 存在与否，与 $f(x)$ 在点 x_0 处有无定义或者 $f(x_0)$ 是什么数都没有关系.

（2）"在自变量 $x\to x_0$ 的变化过程中，函数值 $f(x)$ 无限接近于 A"的意思是：当 x 与 x_0 充分靠近（但不相等）时，$f(x)$ 可以与 A 无限靠近，要多近就有多近.

例 1.22　考察函数 $y=f(x)=\begin{cases}1-x, & x\neq0, \\ 0, & x=0,\end{cases}$ 在点 $x=0$ 处的极限.

解　当 $x=0$ 时，$f(x)=0$；
当 $x\neq0$ 时，$f(x)=1-x$，所以

$$\lim\limits_{x\to0}f(x)=\lim\limits_{x\to0}(1-x)=1.$$

$f(x)$ 的图形如图 1.41 所示.

利用函数极限的定义可以考察某个常数 A 是否为函数 $f(x)$ 在点 x_0 处的极限，但此方法不是用来求函数 $f(x)$ 在点 x_0 处的极限的常用方法.

在 $x\to x_0$ 时函数 $f(x)$ 的极限的定义中，自变量 x 可以是 x_0 左侧的点（即 $x<x_0$），也可以是 x_0 右侧的点（即 $x>x_0$），当 $f(x)$ 只在点 x_0 的左邻域（或右邻域）内有定义或者实际问题只需要讨论 $f(x)$ 在点 x_0 的左邻域（或右邻域）的变化情况时，我们引进函数 $f(x)$ 在点 x_0 的"左极限"和"右极限"的概念.

若 $x<x_0$，且 x 趋于 x_0，记作 $x\to x_0^-$；若 $x>x_0$，且 x 趋于 x_0，记作 $x\to x_0^+$. 若 $x\to x_0^-$ 和 $x\to x_0^+$ 同时发生，记作 $x\to x_0$.

图 1.41

定义 1.18 设函数 $y=f(x)$ 在点 x_0 的左邻域有定义，如果自变量 x 从 x_0 的左侧趋近于 x_0 时，函数 $f(x)$ 无限趋近于一个确定的常数 A，则称 A 为当 $x \to x_0$ 时函数 $f(x)$ 的**左极限**，记作

$$\lim_{x \to x_0^-} f(x) = A \text{ 或 } f(x_0 - 0) = A \text{ 或 } f(x_0^-) = A.$$

定义 1.19 设函数 $y=f(x)$ 在点 x_0 的右邻域有定义，如果自变量 x 从 x_0 的右侧趋近于 x_0 时，函数 $f(x)$ 无限趋近于一个确定的常数 A，则称 A 为当 $x \to x_0$ 时函数 $f(x)$ 的**右极限**，记作

$$\lim_{x \to x_0^+} f(x) = A \text{ 或 } f(x_0 + 0) = A \text{ 或 } f(x_0^+) = A.$$

左极限和右极限统称单侧极限.

根据上述定义有如下关系定理.

定理 1.5 极限 $\lim_{x \to x_0} f(x)$ 存在且等于 A 的充分必要条件是左极限 $\lim_{x \to x_0^-} f(x)$ 与右极限 $\lim_{x \to x_0^+} f(x)$ 都存在且等于 A，即

$$\lim_{x \to x_0} f(x) = A \Leftrightarrow \lim_{x \to x_0^-} f(x) = \lim_{x \to x_0^+} f(x) = A.$$

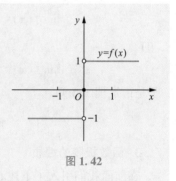

图 1.42

■**例 1.23** 考察函数 $y=f(x)=\begin{cases} -1, & x<0, \\ 0, & x=0, \\ 1, & x>0 \end{cases}$ 在点 $x=0$ 处的极限.

解 作图，如图 1.42 所示.

$$\lim_{x \to 0^-} f(x) = \lim_{x \to 0^-} (-1) = -1,$$

$$\lim_{x \to 0^+} f(x) = \lim_{x \to 0^+} 1 = 1,$$

即 $f(x)$ 在 $x=1$ 的左右极限存在但不相等，因此，$\lim_{x \to 0} f(x)$ 不存在.

注 （1）极限 $\lim_{x \to x_0} f(x)$ 是否存在，与函数 $f(x)$ 在 $x=x_0$ 处是否有定义无关.

（2）函数 $f(x)$ 在 $x=x_0$ 处的左右两侧解析式不相同时，考察极限 $\lim_{x \to x_0} f(x)$，必须先考察它的左、右极限. 如分段函数在分段点处的极限问题，就属于这种情况.

■**例 1.24** 讨论当 $x \to 0$ 时，函数 $f(x) = \sin \dfrac{1}{x}$ 的变化趋势.

解 将函数 $y=f(x) = \sin \dfrac{1}{x}$ 的值列表，如表 1.4 所示.

表 1.4

x	$-\dfrac{2}{\pi}$	$-\dfrac{1}{\pi}$	$-\dfrac{2}{3\pi}$	$-\dfrac{1}{2\pi}$	$-\dfrac{2}{5\pi}$	...	$\dfrac{2}{5\pi}$	$\dfrac{1}{2\pi}$	$\dfrac{2}{3\pi}$	$\dfrac{1}{\pi}$	$\dfrac{2}{\pi}$
$\sin\dfrac{1}{x}$	-1	0	1	0	-1	...	1	0	-1	0	1

函数图形如图 1.43 所示

可以看出，当 x 无限趋近于 0 时，$f(x) = \sin\dfrac{1}{x}$ 的 图形在 -1 与 1 之间无限次振荡，即 $f(x)$ 不趋近于某一 个常数. 因此，当 $x \to 0$ 时，$f(x) = \sin\dfrac{1}{x}$ 不与一个常数 无限接近.

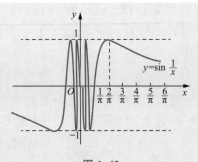

图 1.43

■例 1.25 考察函数 $y = f(x) = |x|$ 在点 $x = 0$ 处的 极限.

解 $f(x) = |x| = \begin{cases} x, & x > 0, \\ 0, & x = 0, \\ -x, & x < 0, \end{cases}$ 作图，如图 1.44 所示.

$$\lim_{x \to 0^+} f(x) = \lim_{x \to 0^+} x = 0,$$

$$\lim_{x \to 0^-} f(x) = \lim_{x \to 0^-} (-x) = 0,$$

即

$$\lim_{x \to 0^+} f(x) = \lim_{x \to 0^-} f(x) = 0,$$

于是由定理 1.5 知

$$\lim_{x \to 0} f(x) = \lim_{x \to 0} |x| = 0.$$

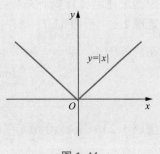

图 1.44

3. 函数极限的性质

在前面我们引入了下述 6 种类型的函数极限：

(1) $\lim\limits_{x \to +\infty} f(x)$;　　　(2) $\lim\limits_{x \to -\infty} f(x)$;　　　(3) $\lim\limits_{x \to \infty} f(x)$;

(4) $\lim\limits_{x \to x_0^+} f(x)$;　　　(5) $\lim\limits_{x \to x_0^-} f(x)$;　　　(6) $\lim\limits_{x \to x_0} f(x)$.

它们具有与数列极限相类似的一些性质，下面以 (6) 中极限为代表来叙述函数极限的性质. 对于其他类型极限的性质同理可得.

定理 1.6(唯一性) 若极限 $\lim\limits_{x \to x_0} f(x)$ 存在，则极限是唯一的.

定理 1.7(局部有界性) 若 $\lim\limits_{x \to x_0} f(x)$ 存在，则 $f(x)$ 在 x_0 的某去心邻域 $\overset{\circ}{U}(x_0)$ 内有界.

***定理 1.8 (局部保序性)** 设 $\lim\limits_{x \to x_0} f(x)$ 与 $\lim\limits_{x \to x_0} g(x)$ 都存在，且在某去心邻域 $\overset{\circ}{U}(x_0)$ 内有 $f(x) \leqslant g(x)$，则 $\lim\limits_{x \to x_0} f(x) \leqslant \lim\limits_{x \to x_0} g(x)$.

***推论(局部保号性)** 若 $\lim\limits_{x \to x_0} f(x) = A > 0$（或 $A < 0$），则对一切 $x \in \overset{\circ}{U}(x_0)$，有 $f(x) > 0$ 或 $[f(x) < 0]$.

***定理 1.9(海涅定理)** 设函数 $y = f(x)$ 在点 x_0 的某一去心邻域有定义，则 $\lim\limits_{x \to x_0} f(x) = A$ 的 充要条件是对任何收敛于 x_0 的数列 $\{x_n\}$（$x_n \neq x_0, n \in \mathbf{N}^+$），都有 $\lim\limits_{n \to \infty} f(x_n) = A$.

注 海涅定理的否命题常用于证明函数在点 x_0 的极限不存在，常见情形如下.

(1) 若存在以 x_0 为极限的两个数列 $\{x_n\}$ 与 $\{y_n\}$，使 $\lim\limits_{n \to \infty} f(x_n)$ 与 $\lim\limits_{n \to \infty} f(y_n)$ 都存在，但是 $\lim\limits_{n \to \infty} f(x_n) \neq \lim\limits_{n \to \infty} f(y_n)$，则 $\lim\limits_{x \to x_0} f(x)$ 不存在.

(2)若存在以 x_0 为极限的数列 $\{x_n\}$，使 $\lim\limits_{n\to\infty}f(x_n)$ 不存在，则 $\lim\limits_{x\to x_0}f(x)$ 不存在.

例 1.24 中，取 $x_n=\dfrac{1}{2n\pi}(n\in\mathbf{N}^+)$，则 $\lim\limits_{n\to\infty}x_n=0$，$\lim\limits_{n\to\infty}f(x_n)=\lim\limits_{n\to\infty}\sin 2n\pi=0$.

再取 $y_n=\dfrac{1}{2n\pi+\dfrac{\pi}{2}}(n\in\mathbf{N}^+)$，则 $\lim\limits_{n\to\infty}y_n=0$，$\lim\limits_{n\to\infty}f(y_n)=\lim\limits_{n\to\infty}\sin\left(2n\pi+\dfrac{\pi}{2}\right)=1$.

故 $\lim\limits_{x\to 0}\sin\dfrac{1}{x}$ 不存在.

习题 1.2

1 写出下列数列的前 3 项：

(1) $\left\{\dfrac{n+1}{n}\right\}$；　　　　(2) $\left\{\left(1+\dfrac{1}{n}\right)^n\right\}$；

(3) $\{(-1)^n+1\}$；　　(4) $\left\{n\sin\dfrac{\pi}{n}\right\}$.

2 用观察法观察下列数列哪些有极限、极限为多少，以及哪些极限不存在.

(1) $\left\{\dfrac{n}{n+1}\right\}$.　　　　(2) $\left\{\dfrac{n-1}{n+1}\right\}$.

(3) $\left\{\dfrac{1}{2^{n+1}}\right\}$.　　　　(4) $\left\{2+\dfrac{1}{n^2}\right\}$.

(5) $\{n(-1)^{n+1}\}$.　　(6) $\{2n\}$.

(7) $\left\{1+\dfrac{1}{2^n}\right\}$.　　　(8) $\left\{\sin\dfrac{\pi}{n}\right\}$.

(9) $\left\{\dfrac{(-1)^n}{n}\right\}$.　　　(10) $\left\{n+\dfrac{1}{n}\right\}$.

3 《庄子·天下篇》中有"一尺之棰，日取其半，万世不竭"的论述，将其每日所取部分写成数列，并考察此数列的极限.

4 观察 $f(x)=\dfrac{x}{x},\varphi(x)=\dfrac{|x|}{x}$ 当 $x\to 0$ 时的左、右极限，并说明它们在 $x\to 0$ 时极限是否存在.

5 求下列函数极限.

(1) $f(x)=|x+1|$，求 $\lim\limits_{x\to -1}f(x)$.

(2) $f(x)=\begin{cases}x, & x\geqslant 0,\\ \sin x, & x<0,\end{cases}$ 求 $\lim\limits_{x\to 0}f(x)$.

(3) $f(x)=\begin{cases}2x-1, & x<1,\\ -x^2, & x\geqslant 1,\end{cases}$ 求 $\lim\limits_{x\to 1}f(x)$.

1.3 极限的运算法则

根据上节中我们介绍的极限的定义是无法计算极限的,为此,从本节开始,我们将陆续介绍求极限的各种方法,本节主要介绍极限的四则运算法则、复合函数的极限运算法则.

1.3.1 极限的四则运算法则

为方便起见,我们将数列极限和函数极限统称为"变量的极限",其变化过程可以是离散的(数列情况),也可以是连续的(函数情况),可以是两侧的($x \to x_0, x \to \infty$),也可以是单侧的($x \to x_0^-, x \to x_0^+, x \to +\infty, x \to -\infty$). 极限的四则运算法则适用于所有变量极限的求解.

自变量的变化趋势有多种,为方便讨论,本节不指明自变量的具体变化趋势,只要是自变量的同一个变化过程,统一用"lim"来表示.

定理 1.10 设极限 $\lim X = A$ 与极限 $\lim Y = B$ 都存在.

(1) $\lim(X \pm Y)$ 存在,且有
$$\lim(X \pm Y) = \lim X \pm \lim Y = A \pm B,$$
即两个变量的和(或差)的极限,等于这两个变量的极限的和(或差).

(2) $\lim(X \cdot Y)$ 存在,且有
$$\lim(X \cdot Y) = \lim X \cdot \lim Y = A \cdot B,$$
即两个变量的乘积的极限,等于这两个变量的极限的乘积.

(3) 若 $B \neq 0$,则 $\lim\left(\dfrac{X}{Y}\right)$ 存在,且有
$$\lim\left(\frac{X}{Y}\right) = \frac{\lim X}{\lim Y} = \frac{A}{B},$$
即两个变量的商的极限,等于这两个变量的极限的商.

推论 设极限 $\lim X = A$ 存在.

(1) 若 C 是常数,则 $\lim[CX]$ 存在,且有
$$\lim[CX] = C \lim X.$$

(2) 若 n 为正整数,则 $\lim X^n$ 存在,且有
$$\lim X^n = (\lim X)^n = A^n.$$

定理 1.10 及其推论说明,在极限存在的前提下,求极限的四则运算可交换运算次序. 定理 1.10 中的(1)、(2)可以推广到有限多个函数的情况.

例 1.26 求 $\lim\limits_{x \to 1}(3x^2 - 2x + 1)$.

解 $\lim\limits_{x \to 1}(3x^2 - 2x + 1) = \lim\limits_{x \to 1}3x^2 - \lim\limits_{x \to 1}2x + \lim\limits_{x \to 1}1 = 3\lim\limits_{x \to 1}x^2 - 2\lim\limits_{x \to 1}x + \lim\limits_{x \to 1}1$
$$= 3\left(\lim\limits_{x \to 1}x\right)^2 - 2\lim\limits_{x \to 1}x + 1$$
$$= 3 - 2 + 1 = 2.$$

例 1.27 求 $\lim\limits_{x \to 2}\dfrac{x^3 - 1}{x^2 - 5x + 3}$.

解 显然,分母的极限 $\lim\limits_{x \to 2}(x^2 - 5x + 3) = -3$,不为零,故

$$\lim_{x \to 2}\frac{x^3-1}{x^2-5x+3} = \frac{\lim\limits_{x \to 2}(x^3-1)}{\lim\limits_{x \to 2}(x^2-5x+3)} = \frac{(\lim\limits_{x \to 2}x)^3-1}{(\lim\limits_{x \to 2}x)^2-5 \cdot \lim\limits_{x \to 2}x+3}$$

$$= \frac{2^3-1}{2^2-10+3} = -\frac{7}{3}.$$

从以上两个例子可以看出，当 $x \to x_0$ 时，多项式 $P(x)=a_0x^n+a_1x^{n-1}+\cdots+a_{n-1}x+a_n$ 的极限值等于点 x_0 处的函数值，即

$$\lim_{x \to x_0}P(x) = P(x_0).$$

对于有理分式函数 $\dfrac{P(x)}{Q(x)}$［其中 $P(x)$，$Q(x)$ 为多项式］，当分母 $Q(x_0) \neq 0$ 时，由商的极限运算法则，有

$$\lim_{x \to x_0}\frac{P(x)}{Q(x)} = \frac{\lim\limits_{x \to x_0}P(x)}{\lim\limits_{x \to x_0}Q(x)} = \frac{P(x_0)}{Q(x_0)}.$$

但是当 $Q(x_0)=0$ 时，商的极限的运算法则就不能再使用，需经适当处理后再求极限.

例 1.28　求 $\lim\limits_{x \to 3}\dfrac{x-3}{x^2-9}$.

解　当 $x \to 3$ 时，分子及分母的极限都是零，不能采用分子、分母分别取极限. 因为分子和分母有公因子 $x-3$，而 $x \to 3$ 时，$x \neq 3$，所以分式可约去不为零的因子. 故

$$\lim_{x \to 3}\frac{x-3}{x^2-9} = \lim_{x \to 3}\frac{1}{x+3} = \frac{\lim\limits_{x \to 3}1}{\lim\limits_{x \to 3}(x+3)} = \frac{1}{6}.$$

例 1.29　设 $\lim\limits_{x \to 1}\dfrac{x^2+2x+c}{x-1}=4$，求 c 的值.

解　由于当 $x \to 1$ 时，分母 $x-1 \to 0$，所以只有当分子 $x^2+2x+c \to 0$ 时，极限才可能是常数，即须有

$$\lim_{x \to 1}(x^2+2x+c) = 3+c = 0,$$

从而

$$c = -3.$$

例 1.30　求 $\lim\limits_{x \to \infty}\dfrac{x^3+x^2+2}{3x^3+1}$.

解　将分子、分母同时除以 x^3，再求极限，得

$$\lim_{x \to \infty}\frac{x^3+x^2+2}{3x^3+1} = \lim_{x \to \infty}\frac{1+\dfrac{1}{x}+\dfrac{2}{x^3}}{3+\dfrac{1}{x^3}} = \frac{1}{3}.$$

注　$\lim\limits_{x \to \infty}\dfrac{1}{x^n} = \left(\lim\limits_{x \to \infty}\dfrac{1}{x}\right)^n = 0$，其中 $n \in \mathbf{N}^+$.

例 1.31 求 $\lim\limits_{x\to\infty}\dfrac{x^2+5x+1}{2x^3-x^2+2}$.

解 同例 1.30，将分子、分母同时除以 x^3，再求极限，得

$$\lim_{x\to\infty}\frac{x^2+5x+1}{2x^3-x^2+2}=\lim_{x\to\infty}\frac{\dfrac{1}{x}+\dfrac{5}{x^2}+\dfrac{1}{x^3}}{2-\dfrac{1}{x}+\dfrac{2}{x^3}}=0.$$

例 1.32 求 $\lim\limits_{x\to\infty}\dfrac{2x^3+x^2-2}{3x^2+1}$.

解 先求 $\lim\limits_{x\to\infty}\dfrac{3x^2+1}{2x^3+x^2-2}$，与例 1.31 解法相类似，将分子、分母同时除以 x^3，得

$$\lim_{x\to\infty}\frac{3x^2+1}{2x^3+x^2-2}=\lim_{x\to\infty}\frac{\dfrac{3}{x}+\dfrac{1}{x^3}}{2+\dfrac{1}{x}-\dfrac{2}{x^3}}=\frac{0}{2}=0.$$

由 1.5 节介绍的无穷小量与无穷大量的关系可知，$\lim\limits_{x\to\infty}\dfrac{2x^3+x^2-2}{3x^2+1}=\infty$.

以上 3 个例子都是一般情形的特例，即当 $a_0\neq0,b_0\neq0,m$ 和 n 均为正整数时，有

$$\lim_{x\to\infty}\frac{a_0x^n+a_1x^{n-1}+\cdots+a_n}{b_0x^m+b_1x^{m-1}+\cdots+b_m}=\begin{cases}0,&n<m,\\\dfrac{a_0}{b_0},&n=m,\\\infty,&n>m.\end{cases}$$

例 1.33 求 $\lim\limits_{n\to\infty}\dfrac{3+2^n}{2^n}$.

解 $\lim\limits_{n\to\infty}\dfrac{3+2^n}{2^n}=\lim\limits_{n\to\infty}\left(3\cdot\dfrac{1}{2^n}+1\right)=3\cdot\lim\limits_{n\to\infty}\dfrac{1}{2^n}+\lim\limits_{n\to\infty}1=3\times0+1=1.$

例 1.34 求 $\lim\limits_{n\to\infty}\left(\dfrac{1+2+\cdots+n}{n-2}-\dfrac{n}{2}\right)$.

解 本例不能直接使用极限的四则运算法则，须先求和、通分变形，再求极限.

$$\lim_{n\to\infty}\left(\frac{1+2+\cdots+n}{n-2}-\frac{n}{2}\right)=\lim_{n\to\infty}\left[\frac{n(n+1)}{2(n-2)}-\frac{n}{2}\right]=\lim_{n\to\infty}\frac{3n}{2n-4}=\frac{3}{2}.$$

1.3.2　复合函数的极限运算法则

在直接求复合函数的极限 $\lim\limits_{x\to x_0}f[\varphi(x)]$ 有难度时，可以考虑作代换 $u=\varphi(x)$，将难以计算的极限 $\lim\limits_{x\to x_0}f[\varphi(x)]$ 转化为容易计算的极限 $\lim\limits_{u\to u_0}f(u)$，从而有下面结论.

定理 1.11（复合函数的极限运算法则） 设函数 $y=f(u),u=\varphi(x)$ 满足条件

(1) $\lim\limits_{u\to u_0}f(u)=A$；

(2) $\lim\limits_{x\to x_0}\varphi(x)=u_0$，且在点 x_0 的某去心邻域内 $\varphi(x_0)\neq u_0$，

则由 $y=f(u)$ 和 $u=\varphi(x)$ 复合而成的函数 $y=f[\varphi(x)]$ 的极限存在，且

$$\lim_{x\to x_0}f[\varphi(x)]=\lim_{u\to u_0}f(u)=A.$$

定理 1.11 中将 $x\to x_0$ 换成 $x\to\infty$，结论仍然成立.

由定理 1.11 可知，要计算复合函数 $f[\varphi(x)]$ 当 $x\to x_0$ 时的极限，应先求当 $x\to x_0$ 时 $\varphi(x)$ 的极限，若 $\lim\limits_{x\to x_0}\varphi(x)=u_0$，再求 $u\to u_0$ 时 $f(u)$ 的极限，即 $\lim\limits_{u\to u_0}f(u)$，从而得到极限 $\lim\limits_{x\to x_0}f[\varphi(x)]$.

若 $f(u)$ 是初等函数，u_0 又是 $f(u)$ 定义域内的点，则有

$$\lim_{x\to x_0}f[\varphi(x)]=f(u_0)=f\Big[\lim_{x\to x_0}\varphi(x)\Big].$$

（在学习了本章中的连续函数的概念后，上式只要 $f(u)$ 在点 u_0 处连续即成立.）

■**例 1.35**　求极限 $\lim\limits_{x\to 1}(x^3+5x-1)^{10}$.

解　函数 $y=(x^3+5x-1)^{10}$ 是由 $y=u^{10},u=x^3+5x-1$ 复合而成的，因此，

$$\lim_{x\to 1}(x^3+5x-1)^{10}=\Big[\lim_{x\to 1}(x^3+5x-1)\Big]^{10}=5^{10}.$$

■**例 1.36**　求 $\lim\limits_{x\to 0}\dfrac{\sqrt{x+1}-1}{x}$.

解　当 $x\to 0$ 时，根据复合函数的极限运算法则知，分子和分母的极限都为 0，须先将分子有理化，约去公因式 x，再求极限，即

$$\lim_{x\to 0}\frac{\sqrt{x+1}-1}{x}=\lim_{x\to 0}\frac{x}{x(\sqrt{x+1}+1)}=\lim_{x\to 0}\frac{1}{\sqrt{x+1}+1}$$

$$=\frac{\lim\limits_{x\to 0}1}{\sqrt{\lim\limits_{x\to 0}(x+1)}+\lim\limits_{x\to 0}1}$$

$$=\frac{1}{1+1}=\frac{1}{2}.$$

■**例 1.37**　求 $\lim\limits_{x\to 1}\left(\dfrac{1}{x-1}-\dfrac{3}{x^3-1}\right)$.

解　当 $x\to 1$ 时，两个分式皆无极限，不能直接利用定理 1.10. 我们可以先通分，约去公因式 $x-1$，再求极限，即

$$\lim_{x\to 1}\left(\frac{1}{x-1}-\frac{3}{x^3-1}\right)=\lim_{x\to 1}\frac{x^2+x+1-3}{x^3-1}=\lim_{x\to 1}\frac{(x-1)(x+2)}{(x-1)(x^2+x+1)}$$

$$=\lim_{x\to 1}\frac{x+2}{x^2+x+1}$$

$$=\frac{1+2}{1+1+1}=1.$$

■**例 1.38**　求 $\lim\limits_{n\to\infty}(\sqrt{n^2+1}-\sqrt{n^2-2})$.

分析　当 $n\to\infty$ 时，$\sqrt{n^2+1}$ 与 $\sqrt{n^2-2}$ 均趋向无穷大，不能直接用极限的四则运算法则，这类极限我们称为"$\infty-\infty$"型未定式. 求解它的方法是先将其恒等变形，比如将其分子有理化.

解　$\lim\limits_{n\to\infty}(\sqrt{n^2+1}-\sqrt{n^2-2})=\lim\limits_{n\to\infty}\dfrac{(\sqrt{n^2+1}-\sqrt{n^2-2})(\sqrt{n^2+1}+\sqrt{n^2-2})}{\sqrt{n^2+1}+\sqrt{n^2-2}}$

$=\lim\limits_{n\to\infty}\dfrac{(n^2+1)-(n^2-2)}{\sqrt{n^2+1}+\sqrt{n^2-2}}$

$=\lim\limits_{n\to\infty}\dfrac{3}{\sqrt{n^2+1}+\sqrt{n^2-2}}$

$=\lim\limits_{n\to\infty}\dfrac{\dfrac{3}{n}}{\sqrt{1+\dfrac{1}{n^2}}+\sqrt{1-\dfrac{2}{n^2}}}$

$=\dfrac{0}{1+1}=0.$

习题 1.3

1 判断题.

（1）$\lim\limits_{n\to\infty}\dfrac{1+2+3+\cdots+n}{n^2}=\lim\limits_{n\to\infty}\dfrac{1}{n^2}+\lim\limits_{n\to\infty}\dfrac{2}{n^2}+\cdots+\lim\limits_{n\to\infty}\dfrac{n}{n^2}=0.$（　　）

（2）$\lim\limits_{x\to\infty}(x^2-3x)=\lim\limits_{x\to\infty}x^2-3\lim\limits_{x\to\infty}x=\infty-\infty=0.$（　　）

（3）$\lim\limits_{x\to0}x\sin\dfrac{1}{x}=\lim\limits_{x\to0}x\cdot\lim\limits_{x\to0}\sin\dfrac{1}{x}=0.$（　　）

（4）$\lim\limits_{x\to1}\dfrac{x}{1-x}=\dfrac{\lim\limits_{x\to1}x}{\lim\limits_{x\to1}(1-x)}=\dfrac{1}{0}=\infty.$（　　）

2 计算下列极限：

（1）$\lim\limits_{n\to\infty}\dfrac{3n^3+n^2-3}{4n^3+2n+1}$；

（2）$\lim\limits_{n\to\infty}\dfrac{n}{n^2+1}$；

（3）$\lim\limits_{n\to\infty}\dfrac{1+2+3+\cdots+n}{n^2}$；

（4）$\lim\limits_{n\to\infty}\left(\dfrac{1}{n^2}+\dfrac{2}{n^2}+\dfrac{3}{n^2}+\cdots+\dfrac{n-1}{n^2}\right)$；

（5）$\lim\limits_{n\to\infty}\dfrac{n^2+n+1}{(n-1)^2}$；

（6）$\lim\limits_{n\to\infty}\dfrac{1+a+a^2+\cdots+a^n}{1+b+b^2+\cdots+b^n}$（$|a|<1,|b|<1$）；

（7）$\lim\limits_{n\to\infty}\left[\dfrac{1}{1\cdot2}+\dfrac{1}{2\cdot3}+\cdots+\dfrac{1}{n(n+1)}\right]$；

（8）$\lim\limits_{n\to\infty}\left(1-\dfrac{1}{2^2}\right)\left(1-\dfrac{1}{3^2}\right)\cdots\left(1-\dfrac{1}{n^2}\right)$.

3 计算下列极限：

（1）$\lim\limits_{x\to2}\dfrac{x^2+2}{x-3}$；

（2）$\lim\limits_{x\to-1}\dfrac{x^2+2x+5}{x^2+1}$；

$(3)\lim\limits_{x\to\sqrt{3}}\dfrac{x^2-3}{x^2+1}$;

$(4)\lim\limits_{x\to 0}\dfrac{4x^3-2x^2+x}{3x^2+2x}$;

$(5)\lim\limits_{h\to 0}\dfrac{(x+h)^2-x^2}{h}$;

$(6)\lim\limits_{x\to\infty}\left(2-\dfrac{1}{x}+\dfrac{1}{x^2}\right)$;

$(7)\lim\limits_{x\to\infty}\dfrac{x^2-1}{2x^2-x-1}$;

$(8)\lim\limits_{x\to\infty}\left(1+\dfrac{1}{x}\right)\left(2-\dfrac{1}{x^2}\right)$;

$(9)\lim\limits_{x\to\infty}\dfrac{(x-1)(2x+1)^2(3x+2)^3}{(5x-1)^6+3}$;

$(10)\lim\limits_{x\to 1}\dfrac{x^2-2x+1}{x^2-1}$;

$(11)\lim\limits_{x\to+\infty}(\sqrt{x+1}-\sqrt{x})$;

$(12)\lim\limits_{x\to 1}\left(\dfrac{1}{x-1}-\dfrac{2}{x^2-1}\right)$;

$(13)\lim\limits_{x\to 3}\dfrac{\sqrt{1+x}-2}{x-3}$;

$(14)\lim\limits_{x\to 1}\dfrac{x^m-1}{x^n-1}$($m,n$ 为正整数).

4 已知 $\lim\limits_{x\to 1}\dfrac{x^2+ax+b}{1-x}=1$，求常数 a,b 的值.

1.4 极限存在准则与两个重要极限

本节将介绍极限存在的两个准则，并讨论两个重要极限

$$\lim\limits_{x\to 0}\frac{\sin x}{x}=1 \text{ 与 } \lim\limits_{x\to\infty}\left(1+\frac{1}{x}\right)^x=\mathrm{e}.$$

*1.4.1 极限存在准则

要考察数列是否有极限，不可能把每个实数拿来一一依定义检查，看它们是否是这个数列的极限，根本办法是直接从数列本身的特征来进行判断.

准则 I（夹逼准则） 如果数列 $\{x_n\},\{y_n\},\{z_n\}$ 满足条件

$(1)y_n\leqslant x_n\leqslant z_n(n=1,2,3,\cdots)$;

$(2)\lim\limits_{n\to\infty}y_n=\lim\limits_{n\to\infty}z_n=A$,

那么数列 $\{x_n\}$ 收敛，并且 $\lim\limits_{n\to\infty}x_n=A$.

数列的夹逼准则可以推广到函数的极限.

准则 I′ 如果函数 $f(x),g(x),h(x)$ 在点 x_0 的某去心邻域 $\mathring{U}(x_0)$ 内有定义，且满足条件

$(1)g(x)\leqslant f(x)\leqslant h(x)$;

$(2)\lim\limits_{x\to x_0}g(x)=\lim\limits_{x\to x_0}h(x)=A$,

那么 $\lim\limits_{x\to x_0}f(x)=A$.

函数极限存在的夹逼准则同样适用于 $x\to\infty$ 等情形.

夹逼准则告诉我们，为了求得某一复杂的函数（数列）极限，可将其适当地放大和缩小，通过求得不等式两端函数（数列）的极限，求得其极限，且其极限等于这个公共的极限.

例 1.39 求 $\lim\limits_{n\to\infty}\left(\dfrac{1}{n^2+n+1}+\dfrac{2}{n^2+n+2}+\cdots+\dfrac{n}{n^2+n+n}\right)$.

解 因为

$$\frac{1+2+\cdots+n}{n^2+n+n}\leqslant\frac{1}{n^2+n+1}+\frac{2}{n^2+n+2}+\cdots+\frac{n}{n^2+n+n}\leqslant\frac{1+2+\cdots+n}{n^2+n+1},$$

而

$$\lim_{n\to\infty}\frac{1+2+\cdots+n}{n^2+n+n}=\lim_{n\to\infty}\frac{\dfrac{n(n+1)}{2}}{n^2+n+n}=\frac{1}{2},$$

$$\lim_{n\to\infty}\frac{1+2+\cdots+n}{n^2+n+1}=\lim_{n\to\infty}\frac{\dfrac{n(n+1)}{2}}{n^2+n+1}=\frac{1}{2},$$

所以由夹逼准则得

$$\lim_{n\to\infty}\left(\frac{1}{n^2+n+1}+\frac{2}{n^2+n+2}+\cdots+\frac{n}{n^2+n+n}\right)=\frac{1}{2}.$$

下面我们讨论单调数列的极限. 单调数列的定义与单调函数相仿.

定义 1.20 设有数列 $\{x_n\}$. 如果 $\{x_n\}$ 满足 $x_1\leqslant x_2\leqslant\cdots\leqslant x_n\leqslant x_{n+1}\leqslant\cdots$，那么称 $\{x_n\}$ 是递增数列. 如果 $\{x_n\}$ 满足 $x_1\geqslant x_2\geqslant\cdots\geqslant x_n\geqslant x_{n+1}\geqslant\cdots$，那么称 $\{x_n\}$ 是递减数列.

递增数列和递减数列统称为单调数列.

例如，$\left\{\dfrac{1}{n}\right\}$ 为递减数列，$\left\{\dfrac{n}{n+1}\right\}$ 与 $\{n^2\}$ 为递增数列，而 $\left\{\dfrac{(-1)^n}{n}\right\}$ 不是单调数列.

准则 II（单调有界准则） 单调有界数列必有极限.

前文已指出：收敛的数列一定有界，但有界的数列不一定收敛. 现在准则 II 告诉我们：如果数列不仅有界，而且单调，那么这个数列一定是收敛的.

例 1.40 设 $a>0,x_1>0$, $x_{n+1}=\dfrac{1}{2}\left(x_n+\dfrac{a}{x_n}\right)(n=1,2,\cdots)$.

（1）证明 $\lim\limits_{n\to\infty}x_n$ 存在. （2）求 $\lim\limits_{n\to\infty}x_n$.

证明 （1）因为 $x_{n+1}=\dfrac{1}{2}\left(x_n+\dfrac{a}{x_n}\right)\geqslant\sqrt{x_n\cdot\dfrac{a}{x_n}}=\sqrt{a}>0(n\geqslant1)$，且

$$x_{n+1}-x_n=\frac{1}{2}\left(x_n+\frac{a}{x_n}\right)-x_n=\frac{a-x_n^2}{2x_n}\leqslant0,$$

即数列 $\{x_n\}$ 是单调减少的且有界，所以由准则 II 可知 $\lim\limits_{n\to\infty}x_n$ 存在.

（2）设 $\lim\limits_{n\to\infty}x_n=\beta$. 因为 $x_n\geqslant\sqrt{a}>0(n\geqslant2)$，所以由数列极限的保号性知 $\beta>0$.

对于递推公式

$$x_{n+1}=\frac{1}{2}\left(x_n+\frac{a}{x_n}\right),$$

两端同时关于 $n\to\infty$ 取极限，得到

$$\beta = \frac{1}{2}\left(\beta + \frac{a}{\beta}\right),$$

解得 $\beta = \sqrt{a}$，即 $\lim\limits_{n\to\infty} x_n = \sqrt{a}$.

1.4.2 两个重要极限

作为准则的应用，下面介绍第一重要极限和第二重要极限.

1. 第一重要极限

$$\lim_{x\to 0}\frac{\sin x}{x} = 1.$$

** **证明** 先给出一个基本不等式：当 $x \in \left(0, \frac{\pi}{2}\right)$ 时，$\sin x < x < \tan x$.

这个不等式有其几何意义. 事实上，在单位圆中，如图 1.45 所示，设圆心角 $\angle AOB = x$，x 取弧度 $\left(0 < x < \frac{\pi}{2}\right)$，于是 $BC = \sin x, \overset{\frown}{AB} = x, AD = \tan x$，且

$$S_{\triangle OAB} < S_{扇形 OAB} < S_{\triangle OAD},$$

从而有

$$\frac{1}{2}\sin x < \frac{1}{2}x < \frac{1}{2}\tan x,$$

即

$$\sin x < x < \tan x.$$

用 $\sin x$ 除上式，得

$$1 < \frac{x}{\sin x} < \frac{1}{\cos x},$$

即

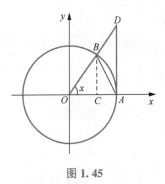

图 1.45

$$\cos x < \frac{\sin x}{x} < 1. \tag{1.1}$$

这一关系是当 $0 < x < \frac{\pi}{2}$ 时得到的. 因为用 $-x$ 代替 x 时，$\cos x$ 与 $\frac{\sin x}{x}$ 都不变号，所以对于 $-\frac{\pi}{2} < x < 0$，式(1.1)也成立.

又 $\lim\limits_{x\to 0}\cos x = 1$，$\lim\limits_{x\to 0} 1 = 1$，故由夹逼准则得

$$\lim_{x\to 0}\frac{\sin x}{x} = 1.$$

注 (1)极限 $\lim\limits_{x\to 0}\frac{\sin x}{x} = 1$ 及 $\lim\limits_{x\to 0}\frac{x}{\sin x} = 1$ 可作为公式来运用.

(2)公式可推广为 $\lim\limits_{\varphi(x)\to 0}\frac{\sin[\varphi(x)]}{\varphi(x)} = 1$，如 $\lim\limits_{t\to 0}\frac{\sin t}{t} = 1, \lim\limits_{x\to 0}\frac{\sin kx}{kx} = 1(k\neq 0)$.

(3)对于"$\frac{0}{0}$"型未定式，如果极限式中含有三角函数或反三角函数，则应优先考虑第一重要极限.

微课：第一重要
极限的证明

■例 1.41　求 $\lim\limits_{x\to 0}\dfrac{\tan x}{x}$.

解　$\lim\limits_{x\to 0}\dfrac{\tan x}{x}=\lim\limits_{x\to 0}\dfrac{\sin x}{x\cdot\cos x}=\lim\limits_{x\to 0}\dfrac{\sin x}{x}\dfrac{1}{\cos x}=1$.

■例 1.42　求 $\lim\limits_{x\to 0}\dfrac{\sin 5x}{x}$.

解　$\lim\limits_{x\to 0}\dfrac{\sin 5x}{x}=\lim\limits_{x\to 0}\dfrac{5\sin 5x}{5x}=5\lim\limits_{x\to 0}\dfrac{\sin 5x}{5x}=5\times 1=5$.

■例 1.43　求 $\lim\limits_{x\to 0}\dfrac{\arcsin x}{x}$.

解　令 $\arcsin x=t$，则 $x=\sin t$，且 $x\to 0$ 时 $t\to 0$，故有

$$\lim\limits_{x\to 0}\dfrac{\arcsin x}{x}=\lim\limits_{t\to 0}\dfrac{t}{\sin t}=1.$$

■例 1.44　求 $\lim\limits_{x\to 0}\dfrac{1-\cos x}{x^2}$.

解　$\lim\limits_{x\to 0}\dfrac{1-\cos x}{x^2}=\lim\limits_{x\to 0}\dfrac{2\sin^2\dfrac{x}{2}}{x^2}=\dfrac{1}{2}\lim\limits_{x\to 0}\dfrac{\sin^2\dfrac{x}{2}}{\left(\dfrac{x}{2}\right)^2}=\dfrac{1}{2}\left(\lim\limits_{x\to 0}\dfrac{\sin\dfrac{x}{2}}{\dfrac{x}{2}}\right)^2=\dfrac{1}{2}\times 1^2=\dfrac{1}{2}$.

2. 第二重要极限

$$\lim\limits_{x\to\infty}\left(1+\dfrac{1}{x}\right)^x=\mathrm{e}.$$

利用准则 II 可先证得

$$\lim\limits_{n\to\infty}\left(1+\dfrac{1}{n}\right)^n=\mathrm{e}.$$

这里 e 是无理数，$\mathrm{e}=2.718\,281\,8\cdots$.

利用上述结果可以推得，当 $x\to+\infty$ 或 $x\to-\infty$ 时，函数 $\left(1+\dfrac{1}{x}\right)^x$ 的极限都存在，并且都等于 e，因此，

$$\lim\limits_{x\to\infty}\left(1+\dfrac{1}{x}\right)^x=\mathrm{e}. \tag{1.2}$$

利用复合函数的极限运算法则，可把式(1.2)写成另一种形式.

在式(1.2)中，令 $\dfrac{1}{x}=t$，则

$$\lim\limits_{x\to\infty}\left(1+\dfrac{1}{x}\right)^x=\lim\limits_{t\to 0}(1+t)^{\frac{1}{t}}=\mathrm{e}.$$

该重要极限的推广形式为 $\lim\limits_{\varphi(x)\to\infty}\left[1+\dfrac{1}{\varphi(x)}\right]^{\varphi(x)}=\mathrm{e}$ 和 $\lim\limits_{\varphi(x)\to 0}\left[1+\varphi(x)\right]^{\frac{1}{\varphi(x)}}=\mathrm{e}$.

例 1.45　求 $\lim\limits_{x\to\infty}\left(1+\dfrac{3}{x}\right)^{x}$.

解　$\lim\limits_{x\to\infty}\left(1+\dfrac{3}{x}\right)^{x}=\lim\limits_{x\to\infty}\left[\left(1+\dfrac{3}{x}\right)^{\frac{x}{3}}\right]^{3}=\mathrm{e}^{3}$.

例 1.46　求 $\lim\limits_{x\to\infty}\left(1-\dfrac{2}{x}\right)^{-x}$.

解　$\lim\limits_{x\to\infty}\left(1-\dfrac{2}{x}\right)^{-x}=\lim\limits_{x\to\infty}\left[1+\left(-\dfrac{2}{x}\right)\right]^{-\frac{x}{2}\cdot 2}=\lim\limits_{x\to\infty}\left\{\left[1+\left(-\dfrac{2}{x}\right)\right]^{-\frac{x}{2}}\right\}^{2}=\mathrm{e}^{2}$.

例 1.47　求 $\lim\limits_{x\to 0}(1+x)^{\frac{3}{x}+2}$.

解　$\lim\limits_{x\to 0}(1+x)^{\frac{3}{x}+2}=\lim\limits_{x\to 0}\left[(1+x)^{\frac{1}{x}}\right]^{3}\cdot\lim\limits_{x\to 0}(1+x)^{2}=\mathrm{e}^{3}\cdot 1=\mathrm{e}^{3}$.

根据上面的 3 个例题，我们可以归纳出下面的结论：

$(1)\lim\limits_{x\to\infty}\left(1+\dfrac{a}{x}\right)^{bx+c}=\mathrm{e}^{ab}$;　　　$(2)\lim\limits_{x\to 0}(1+ax)^{\frac{b}{x}+c}=\mathrm{e}^{ab}$.

例 1.48　求 $\lim\limits_{x\to 0}(1-\tan x)^{\cot x}$.

解　$\lim\limits_{x\to 0}(1-\tan x)^{\cot x}=\lim\limits_{x\to 0}(1-\tan x)^{-\cot x\cdot(-1)}=\lim\limits_{x\to 0}\left[(1-\tan x)^{-\cot x}\right]^{-1}=\mathrm{e}^{-1}$.

例 1.49　求 $\lim\limits_{x\to\infty}\left(\dfrac{x+3}{x+1}\right)^{x}$.

解　$\lim\limits_{x\to\infty}\left(\dfrac{x+3}{x+1}\right)^{x}=\lim\limits_{x\to\infty}\left[\left(1+\dfrac{2}{x+1}\right)^{\frac{x+1}{2}}\right]^{\frac{2x}{x+1}}=\mathrm{e}^{2}$.

例 1.50　求 $\lim\limits_{x\to 0}(1+x)^{\frac{2}{\sin x}}$.

解　$\lim\limits_{x\to 0}(1+x)^{\frac{2}{\sin x}}=\lim\limits_{x\to 0}\left[(1+x)^{\frac{1}{x}}\right]^{\frac{2x}{\sin x}}=\left[\lim\limits_{x\to 0}(1+x)^{\frac{1}{x}}\right]^{\lim\limits_{x\to 0}\frac{2x}{\sin x}}=\mathrm{e}^{2}$.

一般地，对于形如 $[u(x)]^{v(x)}\,[u(x)>0,u(x)\ne 1]$ 的函数（通常称为幂指函数），如果

$$\lim u(x)=a>0,\lim v(x)=b,$$

那么

$$\lim[u(x)]^{v(x)}=a^{b}.$$

注　这里的"lim"都表示在自变量同一变化过程中的极限.

特别地，当极限形式为"1^{∞}"型未定式时，优先考虑用第二重要极限，并且可以按照下面的

步骤将其化成 $\lim\limits_{\varphi(x)\to\infty}\left[1+\dfrac{1}{\varphi(x)}\right]^{\varphi(x)}=\mathrm{e}$.

(1) 先凑底数为 $1+\dfrac{1}{\varphi(x)}$.

(2) 再凑指数为 $\varphi(x)$，与底数中的 $\dfrac{1}{\varphi(x)}$ 互为倒数，且指数在变形中要保持恒等.

习题 1.4

1 计算下列极限：

（1）$\lim\limits_{x\to0}\dfrac{\sin3x}{x}$；

（2）$\lim\limits_{x\to0}\dfrac{\sin x}{\sin2x}$；

（3）$\lim\limits_{x\to0}\dfrac{\sin mx}{\sin nx}$（$m,n$ 为正整数）；

（4）$\lim\limits_{x\to0}\dfrac{\tan5x}{x}$；

（5）$\lim\limits_{x\to0}x\cot3x$；

（6）$\lim\limits_{x\to0}\dfrac{\arctan x}{x}$；

（7）$\lim\limits_{x\to\infty}x\sin\dfrac{1}{x}$；

（8）$\lim\limits_{x\to0}\dfrac{\sin x^3}{(\sin x)^3}$；

（9）$\lim\limits_{x\to0}\dfrac{x\sin x}{1-\cos2x}$；

（10）$\lim\limits_{x\to0^+}\dfrac{x}{\sqrt{1-\cos x}}$．

2 计算下列极限：

（1）$\lim\limits_{n\to\infty}\left(1+\dfrac{1}{n+1}\right)^n$；

（2）$\lim\limits_{x\to\infty}\left(1+\dfrac{3}{x}\right)^{x+5}$；

（3）$\lim\limits_{x\to\infty}\left(1-\dfrac{kt}{x}\right)^x$；

（4）$\lim\limits_{x\to\infty}\left(\dfrac{x}{x+1}\right)^x$；

（5）$\lim\limits_{m\to\infty}\left(1-\dfrac{1}{m^2}\right)^m$；

（6）$\lim\limits_{x\to\infty}\left(\dfrac{x+1}{x-1}\right)^x$；

（7）$\lim\limits_{x\to0}\sqrt[x]{1+5x}$；

（8）$\lim\limits_{x\to0}(1+\sin x)^{\csc x}$；

（9）$\lim\limits_{x\to0}(1-3x)^{\frac{2}{x}}$；

（10）$\lim\limits_{x\to\infty}\left(\dfrac{2x+3}{2x+1}\right)^x$．

3 已知$\lim\limits_{x\to\infty}\left(\dfrac{x}{x-c}\right)^x=2$，求 c．

1.5　无穷小量与无穷大量

早在古希腊时期，人类就已经对无穷小有了一定的认识，阿基米德曾经用无穷小得到了许多重要的数学结论. 下面我们来学习无穷小量与无穷大量及其性质，并将其用于求极限中.

1.5.1　无穷小量

1. 无穷小量的概念

在讨论变量的极限时，经常遇到以零为极限的变量，例如$\lim\limits_{n\to\infty}\left(\dfrac{1}{2}\right)^n=0,\lim\limits_{x\to1}(x-1)=0$，由此可引出无穷小量的定义.

定义 1.21　在自变量的某一变化趋势下，变量 X 的极限为 0，则称 X 为自变量在此变化趋势下的无穷小量（简称无穷小），记作$\lim X=0$，其中"lim"是简记符号，可包括 $n\to\infty,x\to x_0$（或

$x \rightarrow x_0^+, x \rightarrow x_0^-), x \rightarrow \infty$(或 $x \rightarrow +\infty, x \rightarrow -\infty$)等变化过程.

例如,因为 $\lim\limits_{n \rightarrow \infty}\left(\dfrac{1}{2}\right)^n = 0$,所以数列 $\left\{\left(\dfrac{1}{2}\right)^n\right\}$ 是当 $n \rightarrow \infty$ 时的无穷小;因为 $\lim\limits_{x \rightarrow 1}(x-1) = 0$,所以函数 $x-1$ 是 $x \rightarrow 1$ 时的无穷小;因为 $\lim\limits_{x \rightarrow \infty}\dfrac{1}{x-1} = 0$,所以函数 $\dfrac{1}{x-1}$ 是 $x \rightarrow \infty$ 时的无穷小.

注 (1)无穷小指的是绝对值无限小的变量,而不是绝对值很小的数. 比如,10^{-10} 是一个很小的常数,但不是无穷小.

(2)0 是唯一可以作为无穷小的常数,因为 $y=0$ 在任何一种变化趋势下,极限都等于 0.

(3)无穷小与自变量的变化趋势有关. 例如,由 $\lim\limits_{x \rightarrow \infty}\dfrac{1}{x} = 0$ 知,当 $x \rightarrow \infty$ 时,$\dfrac{1}{x}$ 为无穷小;但是 $\lim\limits_{x \rightarrow 1}\dfrac{1}{x} = 1 \neq 0$,所以 $x \rightarrow 1$ 时,$\dfrac{1}{x}$ 不是无穷小.

下面的定理说明了函数极限存在与无穷小之间的关系.

定理 1.12 当 $x \rightarrow x_0$ 时,函数 $f(x)$ 以 A 为极限的充分必要条件是 $f(x) = A + \alpha$,其中 $\alpha = \alpha(x)$ 是 $x \rightarrow x_0$ 时的无穷小,即 $\lim\limits_{x \rightarrow x_0}\alpha(x) = 0$.

自变量在其他变化趋势下定理 1.12 仍成立.

例如,因为 $\dfrac{1+x^3}{2x^3} = \dfrac{1}{2} + \dfrac{1}{2x^3}$,而 $\lim\limits_{x \rightarrow \infty}\dfrac{1}{2x^3} = 0$,所以 $\lim\limits_{x \rightarrow \infty}\dfrac{1+x^3}{2x^3} = \dfrac{1}{2}$.

从另一个角度来看,如果 $\lim\limits_{x \rightarrow 1}f(x) = 4$,则 $f(x) = 4 + \alpha$,其中 $\lim\limits_{x \rightarrow 1}\alpha = 0$. 这就把函数的极限运算问题化为常数与无穷小的代数运算问题.

定理 1.12 是证明前面极限四则运算法则的主要依据.

2. 无穷小的性质

对于同一变化趋势下的无穷小,有下列性质成立.

性质 1.1 有限个无穷小的代数和仍是无穷小.

性质 1.2 有限个无穷小的乘积仍是无穷小.

性质 1.3 有界变量与无穷小的乘积仍是无穷小.

推论 常数与无穷小的乘积是无穷小.

注 (1)无穷多个无穷小的代数和不一定是无穷小. 比如,当 $n \rightarrow \infty$ 时,和式 $\dfrac{1}{n^2+n+1} + \dfrac{2}{n^2+n+2} + \cdots + \dfrac{n}{n^2+n+n}$ 中的每一项均为无穷小,且有无限多项,但 $\lim\limits_{n \rightarrow \infty}\left(\dfrac{1}{n^2+n+1} + \dfrac{2}{n^2+n+2} + \cdots + \dfrac{n}{n^2+n+n}\right) = \dfrac{1}{2}$.

(2)两个无穷小的商的极限没有确定的结果,对于这类问题,要针对具体情况具体分析. 比如,$\lim\limits_{x \rightarrow 0}\dfrac{x^2}{\sin x} = 0$,$\lim\limits_{x \rightarrow 0}\dfrac{\sin x}{2x} = \dfrac{1}{2}$.

例 1.51 $\lim\limits_{n \rightarrow \infty}\dfrac{\sqrt[3]{n^2}\sin n!}{n+1}$.

解 分子和分母的极限都不存在,不能应用关于商的极限运算法则. 但是

$$\lim_{n \rightarrow \infty}\frac{\sqrt[3]{n^2}}{n+1} = \lim_{n \rightarrow \infty}\frac{1}{\sqrt[3]{n}\left(1+\dfrac{1}{n}\right)} = 0,$$

且 $|\sin n!| \leqslant 1$($\sin n!$ 是有界变量),因此,根据有界变量与无穷小的乘积仍是无穷小,得

$$\lim_{n \to \infty} \frac{\sqrt[3]{n^2}\sin n!}{n+1} = 0.$$

■例 1.52 求极限 $\lim\limits_{x \to 0} \dfrac{x}{x^2+1}\sin\dfrac{1}{x}$.

解 当 $x \to 0$ 时,$\sin\dfrac{1}{x}$ 的极限不存在,但是由于 $\left|\sin\dfrac{1}{x}\right| \leqslant 1$,即函数 $\sin\dfrac{1}{x}$ 为有界函数,而当 $x \to 0$ 时,$\dfrac{x}{x^2+1}$ 是无穷小,故根据无穷小的性质 1.3 知

$$\lim_{x \to 0} \frac{x}{x^2+1}\sin\frac{1}{x} = 0.$$

1.5.2 无穷大量

由无穷小的定义可知,当 $x \to \infty$ 时,函数 $f(x) = \dfrac{1}{x}$ 是无穷小,而当 $x \to 0$ 时,$\left|\dfrac{1}{x}\right| \to +\infty$,此时我们称 $f(x) = \dfrac{1}{x}$ 是无穷大.为此,我们引入以下定义.

定义 1.22 在自变量某一变化趋势下,变量 X 的绝对值 $|X|$ 无限增大,则称 X 为自变量在此变化趋势下的无穷大量(简称无穷大),记作 $\lim X = \infty$,自变量的变化趋势可为 $n \to \infty$,$x \to x_0$($x \to x_0^+$,$x \to x_0^-$),$x \to \infty$(或 $x \to +\infty$,$x \to -\infty$)等.

例如,因为 $\lim\limits_{n \to \infty} e^n = +\infty$,所以数列 $\{e^n\}$ 是当 $n \to \infty$ 时的无穷大;因为 $\lim\limits_{x \to 1} \dfrac{1}{x-1} = \infty$,所以函数 $\dfrac{1}{x-1}$ 是 $x \to 1$ 时的无穷大(见图 1.46);因为 $\lim\limits_{x \to \frac{\pi}{2}} \tan x = +\infty$,所以函数 $\tan x$ 是 $x \to \dfrac{\pi}{2}$ 时的无穷大(见图 1.47).

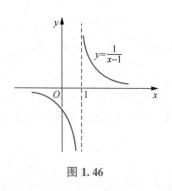

图 1.46

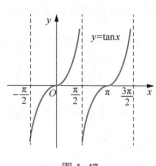

图 1.47

注 (1)这里 $\lim X = \infty$ 只是习惯记法,并不意味着变量 X 存在极限.

(2)无穷大是指绝对值可以任意变大的变量,不是数,切不可将其与绝对值很大的数(如 10^{100},$10^{1\,000}$ 等)混为一谈,没有任何一个常数可以作为无穷大.

(3)与无穷小一样,无穷大与自变量的变化趋势也有关.例如,由 $\lim\limits_{x \to 0} \dfrac{1}{x} = \infty$ 知,当 $x \to 0$

时，$\dfrac{1}{x}$ 为无穷大；但是 $\lim\limits_{x\to 2}\dfrac{1}{x}=\dfrac{1}{2}$，所以 $x\to 2$ 时，$\dfrac{1}{x}$ 不是无穷大，也不是无穷小.

定义 1.23　如果当 $x\to x_0$ 时，$f(x)$ 只取正值且无限变大(或只取负值而绝对值无限变大)，那么称 $f(x)$ 为正无穷大量(或负无穷大量)，记作 $\lim\limits_{x\to x_0}f(x)=+\infty$(或 $\lim\limits_{x\to x_0}f(x)=-\infty$).

对于自变量的其他变化趋势，定义 1.23 仍成立.

例如，$\lim\limits_{x\to 0^+}\cot x=+\infty$，$\lim\limits_{x\to 0^-}\cot x=-\infty$(见图 1.48).

注　(1)无穷大量必是无界的变量，无界变量不一定是无穷大量.

(2)无穷大与无穷小不同的是，在自变量的同一变化过程中，两个无穷大的和、差、商，以及有界函数与无穷大的乘积，没有确定的结果.

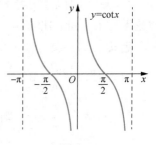

图 1.48

1.5.3　无穷大量与无穷小量的关系

定理 1.13　在自变量的同一变化过程中：

(1)如果变量 X 为无穷大，那么 $\dfrac{1}{X}$ 为无穷小；

(2)如果 X 为无穷小且 $X\neq 0$，则 $\dfrac{1}{X}$ 为无穷大.

例 1.53　求 $\lim\limits_{x\to 1}\dfrac{x^2+1}{x^2-1}$.

解　由于 $\lim\limits_{x\to 1}\dfrac{x^2-1}{x^2+1}=0$，由定理 1.13 知

$$\lim_{x\to 1}\frac{x^2+1}{x^2-1}=\infty.$$

以后遇到与例 1.53 类似的题目时，可直接写出结果.

例 1.54　已知 $\lim\limits_{n\to\infty}a_n=0$，则当 $n\to\infty$ 时，$\dfrac{1}{a_n}$ 是否为无穷大？

解　设 $a_n=\dfrac{1+(-1)^{n+1}}{n}(n=1,2,\cdots)$，则数列 $\{a_n\}$ 为

$$2,0,\frac{2}{3},0,\frac{2}{5},0,\cdots,\frac{2}{2n-1},0,\cdots.$$

显然，$\lim\limits_{n\to\infty}a_n=0$，即当 $n\to\infty$ 时，a_n 是无穷小. 但是，a_n 在其变化过程中无限次取 0 值，此时 $\dfrac{1}{a_n}(n=1,2,\cdots)$ 无意义，故当 $n\to\infty$ 时，$\dfrac{1}{a_n}$ 不是无穷大.

1.5.4　无穷小的比较

由于两个无穷小的商不遵循极限的除法运算法则，且不能立即判断其极限是否存在，因此我们称这种极限为"$\dfrac{0}{0}$"型未定式. 这种极限会呈现出不同的情况. 例如，当 $x\to 0$ 时，$\sin x,2x,$

x^3 都是无穷小，但 $\lim\limits_{x\to0}\dfrac{x^3}{2x}=0$，$\lim\limits_{x\to0}\dfrac{2x}{x^3}=+\infty$，$\lim\limits_{x\to0}\dfrac{\sin x}{x}=1$，这反映了不同的无穷小趋于零的"快慢"程度，即当 $x\to0$ 时，$x^3\to0$ 比 $2x\to0$ 要"快"，或者说 $2x\to0$ 比 $x^3\to0$ 要"慢"，而 $\sin x\to0$ 与 $x\to0$ "快慢相仿".

不论理论上还是应用上，研究无穷小趋于零的"快慢"程度都是非常重要的，无穷小趋于零的"快慢"可用无穷小之比的极限来衡量. 下面我们就无穷小之比的极限存在或为无穷大，来讨论无穷小之间的比较.

定义 1.24 设 α,β 是自变量在同一变化过程中的两个无穷小，且 $\alpha\neq0$.

（1）如果 $\lim\dfrac{\beta}{\alpha}=0$，则称 β 是比 α 高阶的无穷小，记作 $\beta=o(\alpha)$.

（2）如果 $\lim\dfrac{\beta}{\alpha}=\infty$，则称 β 是比 α 低阶的无穷小.

（3）如果 $\lim\dfrac{\beta}{\alpha}=c\,(c\neq0)$，则称 β 与 α 是同阶无穷小.

微课：无穷小
的比较

特别地，当 $c=1$，即 $\lim\dfrac{\beta}{\alpha}=1$ 时，称 β 与 α 是等价无穷小，记作 $\beta\sim\alpha$.

显然，等价无穷小具有自反性和传递性.

（4）如果 $\lim\dfrac{\beta}{\alpha^k}=c\,(c\neq0,k>0)$，则称 β 是关于 α 的 k 阶无穷小.

例如，因为 $\lim\limits_{x\to0}\dfrac{x^3}{2x}=0$，所以当 $x\to0$ 时，有 $x^3=o(2x)$；

因为 $\lim\limits_{x\to0}\dfrac{2x}{x^3}=+\infty$，所以当 $x\to0$ 时，$2x$ 是比 x^3 低阶的无穷小；

因为 $\lim\limits_{x\to0}\dfrac{\sin x}{x}=1$，所以当 $x\to0$ 时，$\sin x\sim x$；

因为 $\lim\limits_{n\to\infty}\dfrac{\dfrac{1}{n}-\dfrac{1}{n+1}}{\dfrac{1}{n^2}}=\lim\limits_{n\to\infty}\dfrac{\dfrac{1}{n(n+1)}}{\dfrac{1}{n^2}}=\lim\limits_{n\to\infty}\dfrac{n^2}{n(n+1)}=1$，所以当 $n\to\infty$ 时，$\dfrac{1}{n}-\dfrac{1}{n+1}\sim\dfrac{1}{n^2}$.

注 并非任何两个无穷小都能进行比较. 例如，当 $x\to0$ 时，由于 $\sin\dfrac{1}{x}$ 是有界变量，可知 $x\sin\dfrac{1}{x}$ 是无穷小，而 $\lim\limits_{x\to0}\dfrac{x\sin\dfrac{1}{x}}{x}=\lim\limits_{x\to0}\sin\dfrac{1}{x}$ 不存在，故不能比较 $x\sin\dfrac{1}{x}$ 与 x 的阶的高低.

1.5.5 等价无穷小的替换

定理 1.14 在自变量的同一变化过程中，设 $\alpha,\alpha',\beta,\beta'$ 都是无穷小，且 $\alpha\sim\alpha'$，$\beta\sim\beta'$，如果 $\lim\dfrac{\beta'}{\alpha'}$ 存在，那么

$$\lim\frac{\beta}{\alpha}=\lim\frac{\beta'}{\alpha'}.$$

证明　$\lim\dfrac{\beta}{\alpha}=\lim\left(\dfrac{\beta}{\beta'}\cdot\dfrac{\beta'}{\alpha'}\cdot\dfrac{\alpha'}{\alpha}\right)=\lim\dfrac{\beta}{\beta'}\cdot\lim\dfrac{\beta'}{\alpha'}\cdot\lim\dfrac{\alpha'}{\alpha}=\lim\dfrac{\beta'}{\alpha'}.$

注　（1）定理 1.14 说明在求极限的过程中，可以把积或商中的无穷小用与之等价的无穷小替换，从而达到简化运算的目的. 但须注意，在加减运算中一般不能使用等价无穷小代换.

（2）当 $x\to0$ 时，常用的等价无穷小有

$\sin x\sim x,\arcsin x\sim x,\tan x\sim x,\arctan x\sim x,\ln(1+x)\sim x,$

$e^x-1\sim x,1-\cos x\sim\dfrac{1}{2}x^2,(1+x)^\alpha-1\sim\alpha x(\alpha\neq0$ 且为常数$)$.

上述常用的等价无穷小中，变量 x 换成无穷小函数 $\varphi(x)$ 或无穷小数列 $\{x_n\}$，结论仍然成立. 比如当 $\varphi(x)\to0$ 时，$\sin\varphi(x)\sim\varphi(x),\ln[1+\varphi(x)]\sim\varphi(x),[1+\varphi(x)]^\alpha-1\sim\alpha\varphi(x).$

▌例 1.55　求极限 $\lim\limits_{x\to0}\dfrac{x^3+2x^2}{\left(\sin\dfrac{x}{2}\right)^2}.$

解　当 $x\to0$ 时，$\sin\dfrac{x}{2}\sim\dfrac{x}{2}$，由定理 1.14 得

$$\lim_{x\to0}\frac{x^3+2x^2}{\left(\sin\dfrac{x}{2}\right)^2}=\lim_{x\to0}\frac{x^3+2x^2}{\left(\dfrac{x}{2}\right)^2}=4\lim_{x\to0}(x+2)=8.$$

▌例 1.56　求极限 $\lim\limits_{x\to0}\dfrac{\sin^2x}{x^2(1+\cos x)}.$

解　当 $x\to0$ 时，$\sin x\sim x$，由定理 1.14 得

$$\lim_{x\to0}\frac{\sin^2x}{x^2(1+\cos x)}=\lim_{x\to0}\frac{x^2}{x^2(1+\cos x)}=\lim_{x\to0}\frac{1}{1+\cos x}=\frac{1}{2}.$$

习题 1.5

1　当 $x\to0$ 时，下列函数哪些是无穷小，哪些是无穷大？

（1）$y=\dfrac{x+1}{x}.$　　　　　（2）$y=\dfrac{x}{x+1}.$　　　　　（3）$y=x\sin x.$

（4）$y=x\sin\dfrac{1}{x}.$　　　　（5）$y=\dfrac{x-1}{\sin x}.$　　　　（6）$y=\dfrac{\sin x}{1+\cos x}.$

2　下列函数在自变量 x 的什么趋势下是无穷小或是无穷大？

（1）$y=\dfrac{x+1}{x-1}.$　　　　（2）$y=\dfrac{x+2}{x^2}.$　　　　（3）$y=\dfrac{x^2-3x+2}{x^2-x-2}.$

3　设 $x\to x_0$ 时，$f(x)$ 和 $g(x)$ 都是无穷小，且 $g(x)\neq0$，则下列结论中不一定正确的是（　　）.

A. $f(x)+g(x)$ 是无穷小　　　　　B. $f(x)\cdot g(x)$ 是无穷小

C. $\dfrac{f(x)}{g(x)}$ 是无穷小   D. $h(x)=\begin{cases}f(x), & x>x_0, \\ g(x), & x<x_0\end{cases}$ 是无穷小

4 当 $x\to0$ 时，下列函数中哪些是 x 的高阶无穷小，哪些是 x 的同阶无穷小，哪些是 x 的等价无穷小?

(1) $3x+2x^2$.   (2) $x^2+\sin2x$.

(3) $\dfrac12x+\dfrac12\sin x$.   (4) $\sin x^2$.

(5) $\ln(1+x)$.   (6) $1-\cos x$.

5 计算下列极限:

(1) $\lim\limits_{x\to\infty}\dfrac{\sin x}{x}$;   (2) $\lim\limits_{x\to\infty}\dfrac{\operatorname{arccot}x}{x}$;

(3) $\lim\limits_{x\to0}x\cos\dfrac1x$;   (4) $\lim\limits_{x\to0}\dfrac{\tan(2x^2)}{1-\cos x}$;

(5) $\lim\limits_{x\to0}\dfrac{\tan x-\sin x}{\sin^3x}$;   (6) $\lim\limits_{x\to0}\dfrac{\ln(1+x)}{\sin3x}$;

(7) $\lim\limits_{x\to+\infty}\dfrac{x^2+5}{3x-2}\ln\left(1+\dfrac3x\right)$.

微课: 习题 1.5
第 5 题 (7)

6 设 $x\to0$ 时 $\ln(1+x^k)$ 与 $x+\sqrt[3]{x}$ 为等价无穷小，求 k 的值.

1.6 函数的连续性

自然界中存在很多连续变化的现象，比如海水的流动、植物的生长、阳光的照射、气温的变化等. 以气温的变化为例，当时间的变化极其微小时，气温的变化也是极其微小的. 这种特点反映在几何上就是一条连续的曲线；反映在数学上就是函数的连续性，它是指当自变量的变化极其微小时，对应函数的变化也是极其微小的. 连续函数是高等数学中着重讨论研究的对象.

1.6.1 函数连续性的定义

下面先引入增量的概念，然后描述连续性，并引入连续性的定义.

设变量 u 从它的一个初值 u_1 变到终值 u_2，终值与初值之差 u_2-u_1 称为变量 u 的增量，记作

$$\Delta u=u_2-u_1.$$

注 (1) Δu 可以为正值，可以为负值，也可以为零.

(2) 记号 Δu 是一个整体性记号，不是 Δ 与 u 的乘积.

假设函数 $y=f(x)$ 在点 x_0 的某邻域内有定义，当自变量 x 在该邻域内从 x_0 变到 $x_0+\Delta x$ 时，函数值 y 相应地从 $f(x_0)$ 变到 $f(x_0+\Delta x)$，则函数 y 相应地有增量 Δy，且

$$\Delta y=f(x_0+\Delta x)-f(x_0).$$

这个关系式的几何解释如图 1.49 所示.

如图 1.49 所示，在点 x_0 处，当自变量 x 的增量 Δx 趋于

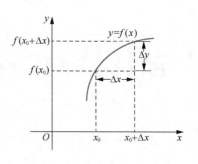

图 1.49

零时，函数 y 的增量 Δy 也趋于零，此时，我们称函数 $y=f(x)$ 在点 x_0 处是连续的.

1. 函数在一点处的连续性

定义 1.25　设函数 $y=f(x)$ 在点 x_0 的某邻域内有定义，当自变量 x 有增量 Δx 时，函数相应地有增量 Δy，若

$$\lim_{\Delta x \to 0} \Delta y = 0,$$

则称函数 $y=f(x)$ 在点 x_0 处连续，x_0 为 $f(x)$ 的连续点.

其中，$\Delta y = f(x_0+\Delta x)-f(x_0)$. 若令 $x=x_0+\Delta x$，则 $\Delta x \to 0$ 相当于 $x \to x_0$，从而

$$\Delta y = f(x_0+\Delta x)-f(x_0)=f(x)-f(x_0),$$

则定义 1.25 中的表达式为

$$\lim_{\Delta x \to 0} \Delta y = \lim_{x \to x_0}[f(x)-f(x_0)] = \lim_{x \to x_0} f(x)-f(x_0) = 0.$$

由此得到函数连续的等价定义，即定义 1.26.

定义 1.26　设函数 $y=f(x)$ 在点 x_0 的某邻域内有定义，若

$$\lim_{x \to x_0} f(x) = f(x_0),$$

则称函数 $y=f(x)$ 在点 x_0 处连续.

从上述定义可以看出，函数 $y=f(x)$ 在点 x_0 处连续必须满足 3 个条件：

(1) 在点 x_0 的某邻域内有定义；

(2) 在点 x_0 处极限存在，即 $\lim\limits_{x \to x_0} f(x) = A$；

(3) 在点 x_0 处的极限值等于函数值，即 $A=f(x_0)$.

■例 1.57　证明函数 $y=x^2$ 在点 $x=2$ 处连续.

证明　函数在 $x=2$ 处的增量为

$$\Delta y = f(2+\Delta x)-f(2) = (2+\Delta x)^2-2^2 = 4\Delta x+(\Delta x)^2,$$

因为

$$\lim_{\Delta x \to 0} \Delta y = \lim_{\Delta x \to 0}[4\Delta x+(\Delta x)^2] = 0,$$

所以函数 $y=x^2$ 在点 $x=2$ 处连续.

此题也可以利用定义 1.26 证明，读者可自行证明.

■例 1.58　试证函数 $f(x)=\begin{cases} x^2\sin\dfrac{1}{x}, & x \neq 0, \\ 0, & x=0 \end{cases}$ 在 $x=0$ 处连续.

证明　根据有界变量与无穷小的乘积仍是无穷小，得

$$\lim_{x \to 0} f(x) = \lim_{x \to 0} x^2\sin\frac{1}{x} = 0 = f(0),$$

故函数 $f(x)$ 在 $x=0$ 处连续.

函数在一点处可以只在单侧连续，下面我们介绍左连续及右连续的定义.

定义 1.27　(1) 如果函数 $f(x)$ 在点 x_0 的左半邻域 $(x_0-\delta, x_0]$ 内有定义，且

$$\lim_{x \to x_0^-} f(x) = f(x_0),$$

则称函数 $y=f(x)$ 在点 x_0 处左连续.

（2）如果函数 $f(x)$ 在点 x_0 的右半邻域 $[x_0, x_0+\delta)$ 内有定义，且

$$\lim_{x \to x_0^+} f(x) = f(x_0),$$

则称函数 $y = f(x)$ 在点 x_0 处右连续.

由定义 1.26 和定义 1.27 可得如下定理.

定理 1.15 函数 $f(x)$ 在点 x_0 处连续的充分必要条件是函数 $f(x)$ 在点 x_0 处既左连续又右连续，即

$$\lim_{x \to x_0^-} f(x) = \lim_{x \to x_0^+} f(x) = f(x_0).$$

使用定理 1.15 讨论分段函数在分界点处的连续性非常方便.

例 1.59 讨论函数 $f(x) = \begin{cases} x, & x \leq 0, \\ x\sin\dfrac{1}{x}, & x > 0 \end{cases}$ 在点 $x = 0$ 处的连续性.

解 因为 $\lim\limits_{x \to 0^-} f(x) = \lim\limits_{x \to 0^-} x = 0, \lim\limits_{x \to 0^+} f(x) = \lim\limits_{x \to 0^+} x\sin\dfrac{1}{x} = 0$，且 $f(0) = 0$，所以

$$\lim_{x \to 0^-} f(x) = \lim_{x \to 0^+} f(x) = f(0).$$

由定理 1.15 知函数 $f(x)$ 在点 $x = 0$ 处连续.

2. 区间上的连续函数

如果函数 $f(x)$ 在开区间 (a, b) 内每一点都连续，则称函数 $f(x)$ 为在开区间 (a, b) 内的连续函数，或者称函数 $f(x)$ 在开区间 (a, b) 内连续.

如果函数 $f(x)$ 在开区间 (a, b) 内连续，且在左端点 $x = a$ 处右连续，在右端点 $x = b$ 处左连续，则称函数 $f(x)$ 在闭区间 $[a, b]$ 上连续.

连续函数的图形是一条连续而不间断的曲线.

由于基本初等函数在其定义域内的每一点处极限都存在，并且等于该点处的函数值，故由连续函数的定义可知，基本初等函数都是其定义域内的连续函数.

同理，有理分式函数 $\dfrac{P(x)}{Q(x)}$ 在其定义域内的每一点处都是连续的.

例 1.60 设 $f(x) = \begin{cases} x, & 0 < x < 1, \\ \dfrac{1}{2}, & x = 1, \\ 1, & 1 < x < 2. \end{cases}$ 求出 $f(x)$ 的连续区间.

解 因为当 $0 < x < 1$ 时，$f(x) = x$ 连续，当 $1 < x < 2$ 时，$f(x) = 1$ 连续，但在 $x = 1$ 处，

$$\lim_{x \to 1^-} f(x) = \lim_{x \to 1^-} x = 1, \ \lim_{x \to 1^+} f(x) = \lim_{x \to 1^+} 1 = 1, \ f(1) = \frac{1}{2},$$

即

$$\lim_{x \to 1} f(x) \neq f(1),$$

所以 $f(x)$ 在 $x = 1$ 处不连续，从而 $f(x)$ 的连续区间为 $(0, 1) \cup (1, 2)$.

1.6.2　函数的间断点及其分类

设函数 $f(x)$ 在点 x_0 的某去心邻域内有定义. 在此前提下, 如果函数 $f(x)$ 有下列 3 种情形之一:

(1)函数 $f(x)$ 在点 $x=x_0$ 处没有定义;

(2)虽然 $f(x)$ 在点 $x=x_0$ 处有定义, 但 $\lim\limits_{x\to x_0} f(x)$ 不存在;

(3)虽然 $f(x)$ 在点 $x=x_0$ 处有定义, 且 $\lim\limits_{x\to x_0} f(x)$ 存在, 但 $\lim\limits_{x\to x_0} f(x) \neq f(x_0)$,

那么函数 $f(x)$ 在点 x_0 处不连续, 而点 x_0 称为函数 $f(x)$ 的**不连续点**或**间断点**.

例如, 函数 $f(x)=\dfrac{\sin x}{x}$ 在 $x=0$ 处没有定义, 但是其在 $\mathring{U}(0)$ 内是有定义的, 故 $x=0$ 为 $f(x)=\dfrac{\sin x}{x}$ 的间断点.

又如, 函数 $f(x)=\begin{cases} \mathrm{e}^{\frac{1}{x}}, & x>0, \\ 1, & x\leq 0, \end{cases}$ 当 $x\to 0^+$ 时, $\mathrm{e}^{\frac{1}{x}}\to +\infty$, 故 $\lim\limits_{x\to 0} f(x)$ 不存在, 从而 $x=0$ 为其间断点.

再比如, 由例 1.60 的解答可知, 函数 $f(x)=\begin{cases} x, & 0<x<1, \\ \dfrac{1}{2}, & x=1, \\ 1, & 1<x<2 \end{cases}$ 在 $x=1$ 处极限值与函数值不相等, 故 $x=1$ 为其间断点.

分析上述几个例子可以发现, 间断点的原因虽然不同, 但若根据函数 $f(x)$ 在间断点处单侧极限的情况, 我们可将间断点分为以下两类:

(1)如果点 x_0 是函数 $f(x)$ 的间断点, 并且函数 $f(x)$ 在点 x_0 处的左极限、右极限都存在, 那么称点 x_0 是函数 $f(x)$ 的**第一类间断点**;

(2)如果点 x_0 是函数 $f(x)$ 的间断点, 并且函数 $f(x)$ 在点 x_0 处的左极限、右极限至少有一个不存在, 那么称点 x_0 是函数 $f(x)$ 的**第二类间断点**.

第一类间断点包括两种类型: **可去间断点与跳跃间断点**.

(1)若 $f(x_0^-)=f(x_0^+)$, 则 x_0 为 $f(x)$ 的**可去间断点**.

这种间断点只能有两种情况: 第一种情况是 $f(x)$ 在点 x_0 无定义; 第二种情况是 $f(x)$ 在点 x_0 有定义但 $\lim\limits_{x\to x_0} f(x)\neq f(x_0)$. 可去间断点有个重要性质——连续延拓, 即可以通过补充定义或者改变函数值, 使函数 $f(x)$ 在 x_0 处连续.

例如, $x=0$ 是函数 $f(x)=\dfrac{\sin x}{x}$ 的间断点, 由于 $\lim\limits_{x\to 0}\dfrac{\sin x}{x}=1$, 即 $f(0^-)=f(0^+)=1$, 因此 $x=0$ 是 $f(x)$ 的第一类间断点, 且为可去间断点.

如果在 $x=0$ 处补充定义 $f(0)=1$, 则有

$$f(x)=\begin{cases} \dfrac{\sin x}{x}, & x\neq 0, \\ 1, & x=0, \end{cases}$$

那么在 $x=0$ 处, $f(x)$ 是连续的, 即可去间断点可延拓为连续点.

又如, 函数 $f(x)=\begin{cases} \dfrac{x^2-1}{x-1}, & x\neq 1 \\ 1, & x=1 \end{cases}$, 在 $x=1$ 处有定义, $f(1)=1$, 但是

$$\lim_{x\to 1}f(x)=\lim_{x\to 1}\frac{x^2-1}{x-1}=\lim_{x\to 1}(x+1)=2\neq f(1),$$

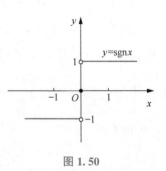

故 $x=1$ 为间断点. 又由于 $\lim\limits_{x\to 1}f(x)=\lim\limits_{x\to 1^-}f(x)=\lim\limits_{x\to 1^+}f(x)=2$, 所以 $x=1$ 为第一类间断点, 且为可去间断点. 若把 $f(1)=1$ 的定义改变为 $f(1)=2$, 则改变定义后的函数在 $x=1$ 处是连续的.

(2) 若 $f(x_0^-)\neq f(x_0^+)$, 则 x_0 为 $f(x)$ 的跳跃间断点.

例如, 符号函数 $\operatorname{sgn}x=\begin{cases} -1, & x<0, \\ 0, & x=0, \\ 1, & x>0 \end{cases}$ 在 $x=0$ 处有定义, 但左、

右极限不相等, 即极限不存在, 故 $x=0$ 为第一类间断点, 且为跳跃间断点, 如图 1.50 所示.

图 1.50

例 1.61 求函数 $f(x)=\dfrac{1}{x-3}$ 的间断点, 并判断其类型.

解 因为函数 $f(x)=\dfrac{1}{x-3}$ 在 $x=3$ 处没有定义, 所以 $x=3$ 为函数 $f(x)$ 的间断点.

由 $\lim\limits_{x\to 3}f(x)=\lim\limits_{x\to 3}\dfrac{1}{x-3}=\infty$ 知, $f(x)$ 在 $x=3$ 处左、右极限都不存在, 故 $x=3$ 为函数 $f(x)$ 的第二类间断点, 也称为无穷间断点.

例 1.62 判断函数 $y=f(x)=\sin\dfrac{1}{x}$ 的间断点类型.

解 因为函数 $f(x)$ 在 $x=0$ 处没有定义, 极限 $\lim\limits_{x\to 0}\sin\dfrac{1}{x}$ 不存在, 所以 $x=0$ 为第二类间断点. 由于当 $x\to 0$ 时, $\sin\dfrac{1}{x}$ 的值在 -1 与 1 之间变动无数次 (见图 1.51), 所以我们也称 $x=0$ 为函数 $f(x)=\sin\dfrac{1}{x}$ 的振荡间断点.

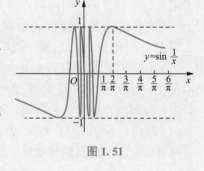

图 1.51

注 无穷间断点和振荡间断点都是第二类间断点的特殊情形.

1.6.3 初等函数的连续性

1. 连续函数的四则运算

由函数在某点连续的定义和极限的四则运算法则, 可得下述定理.

定理 1.16 如果函数 $f(x)$ 与 $g(x)$ 在点 x_0 处连续, 那么 $f(x)\pm g(x)$, $f(x)\cdot g(x)$, $\dfrac{f(x)}{g(x)}$ [当 $g(x_0)\neq 0$ 时] 都在点 x_0 处连续.

例如，函数 $f(x)=\sin x$ 与 $g(x)=3x^2+1$ 都在 $(-\infty,+\infty)$ 上连续，根据定理 1.16 可知，$\varphi(x)=$
$\dfrac{f(x)}{g(x)}=\dfrac{\sin x}{3x^2+1}$ 在 $(-\infty,+\infty)$ 上连续.

2. 复合函数的连续性

定理 1.17　若函数 $y=f(u)$ 在点 $u=u_0$ 处连续，函数 $u=\varphi(x)$ 在点 $x=x_0$ 处连续，且 $u_0=\varphi(x_0)$，则复合函数 $y=f[\varphi(x)]$ 在点 $x=x_0$ 处连续.

证明　因为函数 $u=\varphi(x)$ 在点 $x=x_0$ 处连续，所以
$$\lim_{x\to x_0}\varphi(x)=\varphi(x_0)=u_0.$$
又因为 $y=f(u)$ 在点 $u=u_0$ 处连续，所以
$$\lim_{u\to u_0}f(u)=f(u_0).$$
根据复合函数的极限运算法则得
$$\lim_{x\to x_0}f[\varphi(x)]=\lim_{u\to u_0}f(u)=f(u_0)=f[\lim_{x\to x_0}\varphi(x)]=f[\varphi(x_0)].$$
这说明复合函数 $y=f[\varphi(x)]$ 在点 $x=x_0$ 处连续.

可见，求复合函数的极限时，如果 $u=\varphi(x)$ 在点 $x=x_0$ 处极限存在，又 $y=f(u)$ 在对应的点 $u=u_0[u_0=\lim_{x\to x_0}\varphi(x)]$ 处连续，则极限符号可以与函数符号交换顺序. 本定理可看作定理 1.11 的推广.

■例 1.63　求极限 $\lim\limits_{x\to 0}\sin[(1+x)^{\frac{1}{x}}]$.

解　函数 $y=\sin[(1+x)^{\frac{1}{x}}]$ 可以看成由 $y=\sin u$ 和 $u=(1+x)^{\frac{1}{x}}$ 复合而成. 由于 $\lim\limits_{x\to 0}(1+x)^{\frac{1}{x}}=$ e，而 $y=\sin u$ 在 $u=$ e 处连续，由定理 1.17 可知
$$\lim_{x\to 0}\sin[(1+x)^{\frac{1}{x}}]=\sin[\lim_{x\to 0}(1+x)^{\frac{1}{x}}]=\sin\mathrm{e}.$$

■例 1.64　求极限 $\lim\limits_{x\to 0}\arcsin\left(\dfrac{\tan x}{x}\right)$.

解　$\lim\limits_{x\to 0}\arcsin\left(\dfrac{\tan x}{x}\right)=\arcsin\left(\lim\limits_{x\to 0}\dfrac{\tan x}{x}\right)=\arcsin 1=\dfrac{\pi}{2}.$

3. 反函数的连续性

定理 1.18　设函数 $y=f(x)$ 在区间 I_x 上是单调增加(或单调减少)的连续函数，则它的反函数 $x=f^{-1}(y)$ 是区间 $I_y=\{y\mid y=f(x),x\in I_x\}$ 上单调增加(或单调减少)的连续函数.

证明从略.

对于基本初等函数，指数函数 $y=a^x$ 是单调函数，当 $0<a<1$ 时其是单调减少的，而当 $a>1$ 时其是单调增加的. 根据连续的定义可以证明 a^x 是一个连续函数，则它的反函数 $\log_a x$ 也是连续函数.

同理，由于函数 $y=\sin x$ 在闭区间 $\left[-\dfrac{\pi}{2},\dfrac{\pi}{2}\right]$ 上是单调增加的连续函数，所以它的反函数 $y=\arcsin x$ 在闭区间 $[-1,1]$ 上也是单调增加的连续函数.

类似可得，$y=\arccos x,y=\arctan x,y=\operatorname{arccot}x$ 在其各自的定义域上都是单调的连续函数.

4. 初等函数的连续性

由初等函数的定义、基本初等函数的连续性、连续函数的四则运算及复合函数的连续性，可以得到如下重要结论：

一切初等函数在其定义区间内都是连续的.

所谓定义区间是指包含在定义域内的区间.

根据这个结论，如果 $f(x)$ 是初等函数，x_0 是其定义区间内的一点，那么 $\lim\limits_{x \to x_0} f(x) = f(x_0)$. 因此，要计算 $\lim\limits_{x \to x_0} f(x)$，只需求其函数值 $f(x_0)$ 即可.

■例 1.65 求 $\lim\limits_{x \to \frac{\pi}{2}} \ln\sin x$.

解 因为 $x_0 = \dfrac{\pi}{2}$ 是初等函数 $f(x) = \ln\sin x$ 的定义区间内的一点，所以由初等函数的连续性得

$$\lim\limits_{x \to \frac{\pi}{2}} \ln\sin x = \ln\sin \frac{\pi}{2} = \ln 1 = 0.$$

■例 1.66 设函数

$$f(x) = \begin{cases} \dfrac{a\sin x}{x} + b, & x > 0, \\ 2, & x = 0, \\ \dfrac{x}{2} - a, & x < 0, \end{cases}$$

选择适当的数 a 与 b，使 $f(x)$ 成为 $(-\infty, +\infty)$ 上的连续函数.

解 当 $x \in (-\infty, 0)$ 时，$f(x) = \dfrac{x}{2} - a$ 是初等函数，根据初等函数的连续性，知 $f(x)$ 连续.

当 $x \in (0, +\infty)$ 时，$f(x) = \dfrac{a\sin x}{x} + b$ 也是初等函数，所以也是连续的.

在 $x = 0$ 处，$f(0) = 2$，又

$$\lim\limits_{x \to 0^-} f(x) = \lim\limits_{x \to 0^-} \left(\frac{x}{2} - a \right) = -a,$$

$$\lim\limits_{x \to 0^+} f(x) = \lim\limits_{x \to 0^+} \left(\frac{a\sin x}{x} + b \right) = a + b,$$

故要使 $f(x)$ 在 $x = 0$ 处连续，须

$$\lim\limits_{x \to 0^-} f(x) = \lim\limits_{x \to 0^+} f(x) = f(0),$$

即

$$-a = a + b = 2,$$

解得 $\begin{cases} a = -2, \\ b = 4. \end{cases}$

综上，当 $\begin{cases} a = -2, \\ b = 4 \end{cases}$ 时，$f(x)$ 在 $(-\infty, +\infty)$ 上连续.

1.6.4　闭区间上连续函数的性质

在闭区间上连续的函数有很多重要的性质，这些性质在几何直观上是比较明显的，下面仅以定理的形式将性质表述出来.

1. 最大值和最小值定理

定义 1.28　设函数 $f(x)$ 在区间 I 上有定义，如果至少存在一点 $x_0 \in I$，使每一个 $x \in I$ 都有

$$f(x) \leqslant f(x_0) [\text{或} f(x) \geqslant f(x_0)],$$

那么称 $f(x_0)$ 是函数 $f(x)$ 在区间 I 上的最大值（或最小值）；称 x_0 为函数 $f(x)$ 的最大值点（或最小值点）.

最大值和最小值统称为最值，最大值点和最小值点统称为最值点.

定理 1.19（最大值和最小值定理）　如果函数 $f(x)$ 在闭区间 $[a,b]$ 上连续，那么函数 $f(x)$ 在 $[a,b]$ 上一定能取得它的最大值和最小值. 也就是说，存在 $\xi, \eta \in [a,b]$，使对一切 $x \in [a,b]$，有不等式

$$f(\xi) < f(x) < f(\eta)$$

成立（见图 1.52）.

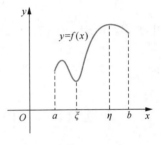

图 1.52

注　（1）若把定理中的闭区间改成开区间，则定理的结论不一定成立. 例如，函数 $y = x$ 在 $(2,3)$ 内是连续的，但它在 $(2,3)$ 内既无最大值又无最小值.

（2）若函数 $f(x)$ 在闭区间内有间断点，则定理的结论也不一定成立. 例如，函数 $f(x) = \begin{cases} x+1, & -1 \leqslant x < 0, \\ 0, & x=0, \\ x-1, & 0 < x \leqslant 1 \end{cases}$ 在 $x=0$ 处间断，$f(x)$ 在 $[-1,1]$ 上既无最大值也无最小值.

（3）在不满足定理条件下，有的函数也可能取得最大值和最小值. 如图 1.53 所示，虽然 $f(x)$ 在闭区间 $[a,b]$ 上不连续，但其存在最大值与最小值. 这说明定理 1.19 的条件是充分而非必要条件.

推论　如果函数 $f(x)$ 在闭区间 $[a,b]$ 上连续，那么函数 $f(x)$ 在 $[a,b]$ 上一定有界.

2. 零点定理与介值定理

如果函数 $f(x)$ 在点 $x=x_0$ 处有 $f(x_0)=0$，那么 x_0 称为 $f(x)$ 的零点.

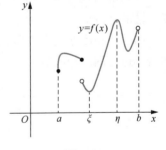

图 1.53

在代数学中，对多项式 $P(x)$ 来说，如果在区间 $[a,b]$ 上有 $P(a)$ 与 $P(b)$ 异号，就可以推断出在区间 (a,b) 内方程 $P(x)=0$ 至少有一个根，即函数 $P(x)$ 在 (a,b) 内至少有一个零点. 那么对于一般函数 $f(x)$ 及方程 $f(x)=0$，是否也能如此判断呢？

对于这个问题，我们可以通过零点定理来解决.

定理 1.20（零点定理）　如果函数 $f(x)$ 在闭区间 $[a,b]$ 上连续，且 $f(a) \cdot f(b) < 0$，那么在开区间 (a,b) 内至少存在一点 $\xi (a < \xi < b)$，使 $f(\xi) = 0$，即方程 $f(x) = 0$ 在 (a,b) 内至少存在一个根 ξ.

证明从略.

与定理 1.19 类似, 定理 1.20 的条件也是充分而非必要条件.

几何解释: 如图 1.54 所示, 在区间 $[a,b]$ 上的连续曲线 $y=f(x)$ 的两个端点位于 x 轴的上下两侧, 那么曲线弧与 x 轴至少有一个交点 ξ.

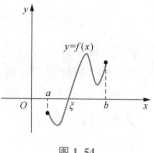

图 1.54

■例 1.67 证明方程 $x^4-3x^2+1=0$ 在区间 $(0,1)$ 内至少有一个根.

证明 设 $f(x)=x^4-3x^2+1$, 由于函数 $f(x)$ 是初等函数, 所以它在 $[0,1]$ 上连续. 又

$$f(0)=1>0, \ f(1)=-1<0,$$

根据零点定理, 在 $(0,1)$ 内至少有一点 ξ, 使

$$f(\xi)=0,$$

即

$$\xi^4-3\xi^2+1=0 \quad (0<\xi<1).$$

该等式说明方程 $x^4-3x^2+1=0$ 在区间 $(0,1)$ 内至少有一个根.

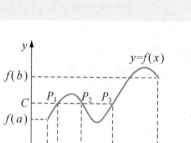

微课: 例 1.67

定理 1.21 (介值定理) 若函数 $f(x)$ 在闭区间 $[a,b]$ 上连续, 且在区间的端点处取不同的函数值,

$$f(a)=A, \ f(b)=B,$$

那么对于 A 和 B 之间的任意一个数 C, 在 (a,b) 内至少存在一点 ξ, 使

$$f(\xi)=C(a<\xi<b).$$

几何解释: 如图 1.55 所示, 连续曲线 $y=f(x)$ 与平行于 x 轴的直线 $y=C$ 至少相交于一点.

推论 在闭区间上连续的函数一定能取得介于最大值和最小值之间的任何值.

图 1.55

习题 1.6

1 设 $f(x)=\begin{cases} x\sin\dfrac{1}{x}+1, & x\neq 0, \\ k, & x=0 \end{cases}$ 在 $x=0$ 处连续, 则常数 $k=$ _____.

2 函数 $y=f(x)$ 在点 $x=x_0$ 处有定义是 $f(x)$ 在 $x=x_0$ 处连续的 _____ (填"充分""必要""充要"或"无关") 条件.

3 设函数 $f(x)=\begin{cases} \dfrac{\sin x}{x}, & x<0, \\ a-2x, & x\geq 0 \end{cases}$ 在点 $x=0$ 处连续, 则 $a=$ _____.

4 求下列函数的间断点，并判断间断点的类型.

(1) $y = \dfrac{1}{(x+2)^2}$.

(2) $y = \dfrac{x^3-1}{x^2-3x+2}$.

(3) $y = \begin{cases} \dfrac{1-x^2}{1-x}, & x \neq 1, \\ 0, & x = 1. \end{cases}$

(4) $y = \begin{cases} 0, & x < 1, \\ 2x+1, & 1 \leq x < 2, \\ 1+x^2, & 2 \leq x. \end{cases}$

(5) $y = \begin{cases} \dfrac{\sin x}{x}, & x < 0, \\ 0, & x = 0, \\ \mathrm{e}^{-x}, & x > 0. \end{cases}$

5 给下列函数 $f(x)$ 补充定义，使修改后的函数 $f(x)$ 在点 $x=0$ 处连续.

(1) $f(x) = \dfrac{\sqrt{1+x} - \sqrt{1-x}}{x}$.

(2) $f(x) = \sin x \cos \dfrac{1}{x}$.

(3) $f(x) = \ln(1+kx)^{\frac{m}{x}}$ (k, m 为常数).

6 设

$$f(x) = \begin{cases} \dfrac{1}{x}\sin x, & x < 0, \\ k, & x = 0, \quad (k \text{ 为常数.}) \\ x\sin\dfrac{1}{x}+1, & x > 0. \end{cases}$$

问：k 取何值时，函数 $f(x)$ 在其定义域内连续？

7 设

$$f(x) = \begin{cases} \dfrac{\sin 2x}{x}, & x < 0, \\ 3x^2-2x+k, & x \geq 0. \end{cases} \quad (k \text{ 为常数.})$$

问：k 为何值时，函数 $f(x)$ 在其定义域内连续？

8 计算下列函数极限：

(1) $\lim\limits_{x \to 2}(x^2 - 2\sqrt{2x} + \mathrm{e}^{-1})$;

(2) $\lim\limits_{x \to 0}\dfrac{\sqrt{x}-x}{\sqrt{x}}$;

(3) $\lim\limits_{x \to 0}\dfrac{x}{\sqrt{1+x}-\sqrt{1-x}}$;

(4) $\lim\limits_{x \to +\infty}(\sqrt{x^2+x} - \sqrt{x^2+1})$.

9 证明方程 $x^4 - x - 1 = 0$ 在区间 $(1,2)$ 内必有根.

10 设 $f(x) = \mathrm{e}^x - 2$，求证在区间 $(0,2)$ 内至少有一个点 x_0，使 $\mathrm{e}^{x_0} - 2 = x_0$.

本章小结

视野拓展小微课

复习题一

基础题型

一、判断题

1 任意两个函数都可以复合成复合函数. (   )

2 $y=\arcsin x$ 与 $y=\dfrac{\pi}{2}-\arccos x$ 为同一个函数. (   )

3 无界函数必为无穷大量. (   )

4 无穷小量的和必为无穷小量. (   )

5 单调函数必定无界. (   )

6 设函数 $f(x)$ 和 $g(x)$ 在 $x=x_0$ 处不连续，那么 $f(x)+g(x)$ 在该点也不连续. (   )

7 如果函数 $f(x)$ 在 $x=x_0$ 处无定义，则函数 $f(x)$ 在该点无极限. (   )

8 设函数 $f(x)=x^2$，则 $\lim\limits_{\Delta x\to 0}\dfrac{f(x_0+\Delta x)-f(x_0)}{\Delta x}=2x_0$. (   )

二、选择题

1 函数 $y=\sqrt{2x-x^2}-\arcsin\dfrac{2x-1}{7}$ 的定义域为(   ).

A. $[-3,4]$ B. $(-3,4)$ C. $[0,2]$ D. $(0,2)$

2 下列各组中，两个函数为同一函数的是(   ).

A. $f(x)=\lg x+\lg(x+1)$，$g(x)=\lg[x(x+1)]$

B. $y=f(x)$，$g(x)=f(\sqrt{x^2})$

C. $f(x)=|1-x|+1$，$g(x)=\begin{cases}x, & x\geqslant 1, \\ 2-x, & x<1\end{cases}$

D. $y=\dfrac{\sqrt{9-x^2}}{|x-5|-5}$，$g(x)=\dfrac{\sqrt{9-x^2}}{x}$

3 如果函数 $f(x)$ 的定义域是 $\left[-\dfrac{1}{3},3\right]$，则 $f\left(\dfrac{1}{x}\right)$ 的定义域是(   ).

A. $\left[-3,\dfrac{1}{3}\right]$ B. $[-3,0)\cup\left(0,\dfrac{1}{3}\right]$

C. $(-\infty,-3]\cup\left[\dfrac{1}{3},+\infty\right)$ D. $(-\infty,-3]\cup\left(0,\dfrac{1}{3}\right]$

4 $f(x)=\lg(1+x)$ 在(   )内有界.

A. $(1,+\infty)$ B. $(2,+\infty)$ C. $(1,2)$ D. $(-1,1)$

5 当 $x\to 0$ 时，(   )为无穷小量.

A. $\sin\dfrac{1}{x}$ B. $x\sin\dfrac{1}{x}$ C. $\dfrac{\sin x}{x}$ D. 2^x

6 当 $x \to 0$ 时，$\sin(x+x^2)$ 与 x 比较是(　　).

A. 高阶无穷小　　　　　　　　B. 低阶无穷小

C. 等价无穷小　　　　　　　　D. 同阶无穷小

7 当 $x \to +\infty$ 时，$x\sin x$ 是(　　).

A. 无穷大量　　　　　　　　　B. 无穷小量

C. 无界变量　　　　　　　　　D. 有界变量

8 $\lim\limits_{x \to \infty}\left(\dfrac{\sin x}{x}+\sin\dfrac{1}{x}\right)=(\quad)$.

A. $\dfrac{1}{2}$　　　　　B. 1　　　　　C. 0　　　　　D. 不存在

9 设函数 $f(x)=\begin{cases}\dfrac{\sqrt{x+4}-2}{x}, & x\neq 0 \\ k, & x=0\end{cases}$，在 $x=0$ 处连续，则 k 的值为(　　).

A. 4　　　　　B. $\dfrac{1}{4}$　　　　　C. 2　　　　　D. $\dfrac{1}{2}$

10 设 $f(x)=\dfrac{\sqrt{x}-1}{x-1}$，则 $x=1$ 是函数的(　　).

A. 连续点　　　　　　　　　　B. 可去间断点

C. 跳跃间断点　　　　　　　　D. 无穷间断点

三、填空题

1 $\lim\limits_{x \to -2}\dfrac{\sqrt{1-x}-\sqrt{3}}{x^2+x-2}=$_____.

2 $\lim\limits_{x \to \frac{\pi}{2}}(1+\cos x)^{2\sec x}=$_____.

3 设 $x \to \infty$ 时，$f(x)$ 与 $\dfrac{1}{x}$ 是等价无穷小，则 $\lim\limits_{x \to \infty}2xf(x)=$_____.

4 $\lim\limits_{x \to \infty}\left(\dfrac{1+x}{x}\right)^{-x}=$_____.

5 设函数 $f(x)=\begin{cases}1+\cos x, & x\geqslant 0, \\ ke^{2x}, & x<0\end{cases}$，在 $x=0$ 处连续，则常数 $k=$_____.

6 函数 $f(x)=\ln(\arcsin x)$ 的连续区间是_____.

7 函数 $f(x)=\dfrac{x}{\sqrt[3]{4-x}}$ 的间断点是_____.

四、计算题

1 $\lim\limits_{n \to \infty}\dfrac{2^n+3^n}{2^{n+1}+3^{n+1}}$.

2 $\lim\limits_{n \to \infty}\left[\dfrac{1}{1\times 3}+\dfrac{1}{3\times 5}+\cdots+\dfrac{1}{(2n-1)(2n+1)}\right]$.

3 $\lim\limits_{x \to 0}\dfrac{\arctan x}{x}$.

4 $\lim\limits_{x\to\infty}(\sqrt{x^2+1}-\sqrt{x^2-1})$.

5 $\lim\limits_{x\to+\infty}x[\ln(x+1)-\ln x]$.

6 $\lim\limits_{x\to\sqrt{2}}\sqrt{1+\arcsin^2\dfrac{x}{2}}$.

7 $\lim\limits_{x\to0}\left(\dfrac{1}{x+1}\right)^{\frac{1}{2x}+1}$.

五、解答题

1 设 $f(x)=\dfrac{x-1}{x+1}+|x-5|$，求 $f\left(-\dfrac{1}{x}\right)$.

2 设

$$f(x)=\begin{cases}\dfrac{x^2\sin\dfrac{1}{x}}{\mathrm{e}^x-1}, & x<0,\\[3mm] b, & x=0,\\[2mm] \dfrac{\ln(1+2x)}{x}+a, & x>0,\end{cases}$$

若 $f(x)$ 在 $(-\infty,+\infty)$ 内连续，求 a,b 的值.

六、证明题

证明方程 $x=a\sin x+b(a>0,b>0)$ 至少有一个不超过 $a+b$ 的正根.

微课：复习题一
基础题型第六题

拓展题型

1 （2013 计算机）如果 $f(x)=\dfrac{|x|}{x(x-1)(x-2)^2}$，那么以下区间是 $f(x)$ 的有界区间的是（　　）.

A. $(-1,0)$　　　　B. $(0,1)$　　　　C. $(1,2)$　　　　D. $(2,3)$

2 （2014 交通，2011 机械、电气）当 $x\to0$ 时，函数极限存在的为（　　）.

A. $f(x)=\begin{cases}\dfrac{|x|}{x}, & x\neq0,\\ 0, & x=0\end{cases}$　　　　B. $f(x)=\begin{cases}\dfrac{\sin x}{|x|}, & x\neq0,\\ 0, & x=0\end{cases}$

C. $f(x)=\begin{cases}x^2+2, & x<0,\\ 2^x, & x>0\end{cases}$　　　　D. $f(x)=\begin{cases}\dfrac{1}{2+x}, & x<0,\\ x+\dfrac{1}{2}, & x>0\end{cases}$

3 （2017 会计）极限 $\lim\limits_{x\to0}\dfrac{\sin(\pi+x)-\sin(\pi-x)}{x}=$（　　）.

A. -1　　　　B. -2　　　　C. 1　　　　D. 0

4 （2012 计算机）函数 $y=\dfrac{\sqrt{x+1}+1}{|x|+x-1}$ 的定义域为（　　）.

A. $[-1,+\infty)$ B. $\left[-1,\dfrac{1}{2}\right]$ C. $\left(\dfrac{1}{2},+\infty\right)$ D. $\left[-1,\dfrac{1}{2}\right]\cup\left(\dfrac{1}{2},+\infty\right)$

5 (2011 会计) 若 $\lim\limits_{x\to 1}f(x)$ 存在，且 $f(x)=x^3+\dfrac{2x^2+1}{x+1}+2\lim\limits_{x\to 1}f(x)$，则 $f(x)=$ _____.

6 (2013 计算机) 当 $x\to 0$ 时，若 $\lim\limits_{x\to 0}\dfrac{\sqrt[4]{x}+\sqrt[3]{x}}{x^k}=A(A\ne 0)$，则 $k=$ _____.

7 (2017 计算机) $f(x)=\dfrac{\dfrac{1}{x}-\dfrac{1}{x+1}}{\dfrac{1}{x-1}-\dfrac{1}{x}}$ 的第一类间断点为 _____.

8 (2014 计算机) 求极限 $\lim\limits_{x\to\infty}\dfrac{5x^2-3}{2x+1}\sin\dfrac{2}{x}=$ _____.

微课：复习题一
拓展题型第 9 题

9 (2014 计算机) 求极限 $\lim\limits_{n\to\infty}(\sqrt{n+\sqrt{n}}-\sqrt{n-\sqrt{n}})$.

10 (2014 计算机) 若 $f(x)=\begin{cases}x^2+1, & |x|\le c,\\ \dfrac{10}{|x|}, & |x|>c,\end{cases}$ 在定义域内连续，试求常数 c.

11 (2010 计算机) 设 $f(x)$ 在 $[0,1]$ 上连续，且 $0\le f(x)\le 1$，证明：在 $[0,1]$ 上至少存在一点 ξ，使 $f(\xi)=\xi$.

2

第 2 章
导数和微分

本章导学

　　导数和微分是微积分学中重要的基本概念，它们在科学技术、工程建设等领域中具有极为广泛的应用．大量与变化率有关的量，都可以用导数表示，如物体运动的速度、加速度，电路中的电流，机械设备的功率，以及人口的出生率等．导数能反映函数值相对于自变量的变化而变化的快慢程度；微分则能刻画自变量有一微小改变量时，相应的函数值时改变量．研究导数理论、函数导数与微分的求法及其应用的科学，称为微分学．本章将从实际问题出发，引入导数与微分的概念，并讨论其计算方法．

第 2 章
思维导图

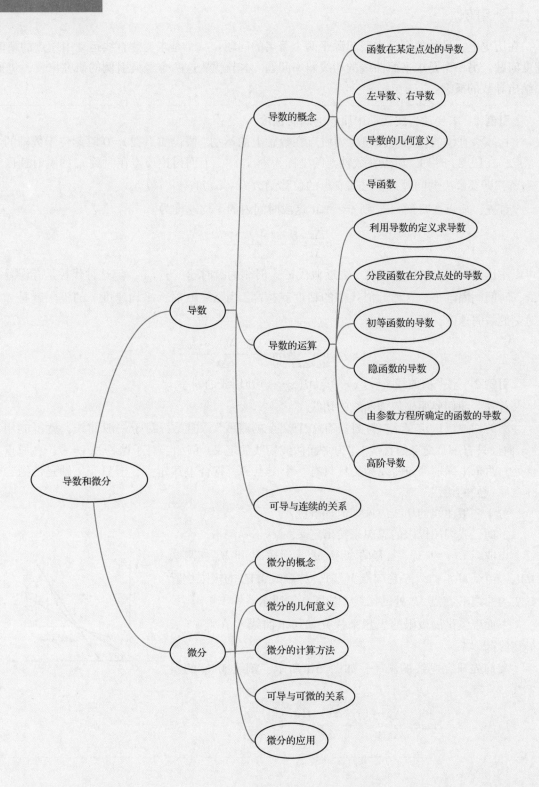

2.1　导数的概念

2.1.1　引例

在历史上，导数的概念主要起源于两个著名的问题：一个是求变速直线运动中质点的瞬时速度问题；另一个是求平面曲线的切线斜率问题. 本节就从这两个经典引例的研究出发，进而归纳出导数的概念.

> **引例 1**　求变速直线运动中质点的瞬时速度.
>
> 物体沿直线的运动可理想化为质点在数轴上的运动. 假设质点在 $t=0$ 时刻位于数轴的原点，在任意 t 时刻，质点在数轴上的坐标为 $s=s(t)$，下面讨论质点在时刻 t_0 的瞬时速度 $v(t_0)$，即要解决的问题是：已知质点的位移函数为 $s=s(t)$，求 $v(t_0)$.
>
> 首先，质点在时刻 $t=t_0$ 到 $t=t_0+\Delta t$ 这段时间内的平均速度为
>
> $$\bar{v}=\frac{\Delta s}{\Delta t}=\frac{s(t_0+\Delta t)-s(t_0)}{\Delta t},$$
>
> 可以用这段时间内的平均速度 $\bar{v}$ 去近似代替 t_0 时刻的瞬时速度 $v(t_0)$，但这种代替是有误差的，时间间隔越小，这种近似代替的精度就越高. 当 $\Delta t\to 0$ 时，平均速度 $\bar{v}$ 的极限就是 t_0 时刻的瞬时速度，即
>
> $$v(t_0)=\lim_{\Delta t\to 0}\frac{\Delta s}{\Delta t}=\lim_{\Delta t\to 0}\frac{s(t_0+\Delta t)-s(t_0)}{\Delta t}.$$
>
> **引例 2**　求平面曲线 $y=f(x)$ 在点 $M(x_0,y_0)$ 处切线的斜率.
>
> 首先，我们要明确何为曲线的切线.
>
> 圆的切线可以定义为"与圆只有一个交点的直线"，但是，对于一般曲线，就不能用"与曲线只有一个交点的直线"作为平面曲线切线的定义. 例如，对于抛物线 $y=x^2$，在原点 O 处，两个坐标轴都与曲线相交且只有一个交点 O，符合上述定义，但只有 x 轴是该抛物线在原点处的切线.
>
> 对于一般曲线的切线应该如何理解呢?
>
> 下面，我们用极限的思想来给出定义.
>
> 设曲线 $C[y=f(x)]$ 上有两点 M,M_0，连接 M 和 M_0 作割线 MM_0，当点 M 沿曲线 C 趋向点 M_0 时，称割线 MM_0 的极限位置 M_0T 为曲线 C 在点 M_0 处的切线，如图 2.1 所示.
>
> 下面继续借助极限的思想来探究如何求曲线 C 在点 $x=x_0$ 处切线的斜率.
>
> 我们先研究割线的斜率，如图 2.1 所示，割线 MM_0 的斜率为
>
>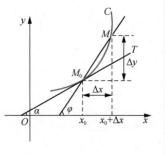
>
> 图 2.1
>
> $$\tan\varphi=\frac{\Delta y}{\Delta x}=\frac{f(x_0+\Delta x)-f(x_0)}{\Delta x}.$$

当动点 M 沿曲线 C 趋向点 M_0 时，割线 M_0M 越接近切线 M_0T，割线 M_0M 的斜率就越接近于切线的斜率，当 M 沿曲线 C 无限逼近点 M_0 时（$\Delta x \to 0$），割线 M_0M 斜率的极限就是切线 M_0T 的斜率，从而有

$$\tan\alpha = \lim_{\Delta x \to 0} \tan\varphi,$$

即切线斜率为

$$\tan\alpha = \lim_{\Delta x \to 0} \tan\varphi = \lim_{\Delta x \to 0} \frac{\Delta y}{\Delta x} = \lim_{\Delta x \to 0} \frac{f(x_0 + \Delta x) - f(x_0)}{\Delta x}.$$

以上两个例子分别属于物理学和几何学的问题，所讲实际问题的具体含义不同，但解决问题的思想和方法是相同的，即用"已知的简"（如平均速度、割线斜率）去逼近"未知的繁"（如瞬时速度、切线斜率），这里的逼近就是一个极限过程，这种方法就是所谓的逼近法，逼近法的思想将贯穿整个微积分学的始终.

2.1.2　导数的定义

上面两个引例在计算后得出了相同形式的结果，都要计算当自变量的改变量趋于零时，函数的改变量与自变量的改变量之比的极限，即

$$\lim_{\Delta x \to 0} \frac{f(x_0 + \Delta x) - f(x_0)}{\Delta x}. \tag{2.1}$$

微课：导数的定义

其中，$\dfrac{f(x_0 + \Delta x) - f(x_0)}{\Delta x} = \dfrac{\Delta y}{\Delta x}$ 是函数的平均变化率. 如果要计算瞬时变化率，就需要计算平均变化率的极限.

在实际问题中，还有许多有关变化率的概念都可以归结为形如式(2.1)的极限形式，如加速度、电流强度、角速度、线密度等. 抛开这些实际问题的具体背景，抓住它们在数学上的共性——求增量比的极限，由此抽象出导数的概念.

1. 函数在一点处的导数

定义 2.1　设函数 $y = f(x)$ 在点 x_0 的某个邻域内有定义，当自变量 x 在点 x_0 处取得增量 Δx（点 $x_0 + \Delta x$ 仍在该邻域内）时，相应的函数 y 取得增量 $\Delta y = f(x_0 + \Delta x) - f(x_0)$，如果当 $\Delta x \to 0$ 时，$\dfrac{\Delta y}{\Delta x}$ 的极限存在，即

$$\lim_{\Delta x \to 0} \frac{\Delta y}{\Delta x} = \lim_{\Delta x \to 0} \frac{f(x_0 + \Delta x) - f(x_0)}{\Delta x} \tag{2.2}$$

存在，那么称函数 $y = f(x)$ 在点 x_0 处**可导**，并称这个极限值为函数 $y = f(x)$ 在点 x_0 处的**导数**，记作

$$f'(x_0),\ y' \big|_{x=x_0}, \frac{\mathrm{d}y}{\mathrm{d}x}\Big|_{x=x_0} \text{或} \frac{\mathrm{d}f}{\mathrm{d}x}\Big|_{x=x_0},$$

即

$$f'(x_0) = \lim_{\Delta x \to 0} \frac{\Delta y}{\Delta x} = \lim_{\Delta x \to 0} \frac{f(x_0 + \Delta x) - f(x_0)}{\Delta x}. \tag{2.3}$$

此时也称函数 $y = f(x)$ 在点 x_0 处具有导数或导数存在. 如果极限[式(2.2)]不存在，则说函数 $y = f(x)$ 在点 x_0 处不可导. 如果不可导的原因是当 $\Delta x \to 0$ 时，$\dfrac{\Delta y}{\Delta x} \to \infty$，这时往往也称函数 $y =$

$f(x)$ 在点 x_0 处的导数为无穷大,习惯上记作 $f'(x_0) = \infty$.

在上述定义中,$\dfrac{\Delta y}{\Delta x} = \dfrac{f(x_0 + \Delta x) - f(x_0)}{\Delta x}$ 反映的是自变量 x 从 x_0 改变到 $x_0 + \Delta x$ 时,函数 $f(x)$

的平均变化速度,称为函数 $f(x)$ 的平均变化率;而导数 $f'(x_0) = \lim\limits_{\Delta x \to 0} \dfrac{\Delta y}{\Delta x}$ 反映的是函数 $f(x)$ 在点

x_0 处的变化速度,称为函数 $f(x)$ 在点 x_0 处的变化率.

由导数的定义,引例中的两个问题可表述如下:

变速直线运动中质点在时刻 t_0 的瞬时速度,就是位移函数 s 在 t_0 处对时间 t 的导数,即
$$v(t_0) = s'(t_0);$$

平面曲线切线的斜率就是曲线函数 $y = f(x)$ 在点 x_0 处对 x 的导数,即
$$k = f'(x_0).$$

注 (1)式(2.3)中自变量的增量 Δx 也常用 h 来表示,因此,式(2.3)也可以写作
$$f'(x_0) = \lim_{h \to 0} \frac{f(x_0 + h) - f(x_0)}{h}. \tag{2.4}$$

(2)在式(2.3)中,令 $x = x_0 + \Delta x$,则式(2.3)又可写作
$$f'(x_0) = \lim_{x \to x_0} \frac{f(x) - f(x_0)}{x - x_0}. \tag{2.5}$$

■**例 2.1** 求函数 $y = x^2$ 在点 $x = 2$ 处的导数.

解法 1 当自变量 x 由 2 改变到 $2 + \Delta x$ 时,函数增量为
$$\Delta y = (2 + \Delta x)^2 - 2^2 = 4\Delta x + (\Delta x)^2,$$

进而可得
$$\frac{\Delta y}{\Delta x} = 4 + \Delta x,$$

从而
$$f'(2) = \lim_{\Delta x \to 0} \frac{\Delta y}{\Delta x} = \lim_{\Delta x \to 0} (4 + \Delta x) = 4.$$

解法 2 由式(2.5)可得
$$f'(2) = \lim_{x \to 2} \frac{f(x) - f(2)}{x - 2} = \lim_{x \to 2} \frac{x^2 - 4}{x - 2} = \lim_{x \to 2} (x + 2) = 4.$$

注 在导数的定义式中,自变量的增量可以是正数、负数或 0.

■**例 2.2** 设 $y = f(x)$ 在 x_0 处可导.

(1)求极限 $\lim\limits_{h \to 0} \dfrac{f(x_0 + h) - f(x_0 - h)}{h}$.

(2)若 $\lim\limits_{\Delta x \to 0} \dfrac{f(x_0 + 2\Delta x) - f(x_0)}{\Delta x} = 1$,求 $f'(x_0)$.

解 (1)$\lim\limits_{h \to 0} \dfrac{f(x_0 + h) - f(x_0 - h)}{h} = \lim\limits_{h \to 0} \dfrac{f(x_0 + h) - f(x_0) + f(x_0) - f(x_0 - h)}{h}$

$\qquad\qquad = \lim\limits_{h \to 0} \dfrac{f(x_0 + h) - f(x_0)}{h} + \lim\limits_{h \to 0} \dfrac{f(x_0 - h) - f(x_0)}{-h}$

$\qquad\qquad = 2f'(x_0).$

（2）因为 $\lim\limits_{\Delta x\to 0}\dfrac{f(x_0+2\Delta x)-f(x_0)}{\Delta x}=2\lim\limits_{\Delta x\to 0}\dfrac{f(x_0+2\Delta x)-f(x_0)}{2\Delta x}=2f'(x_0)=1$，所以 $f'(x_0)=\dfrac{1}{2}$.

2. 导函数

前面我们给出了函数在一点处可导的概念，而如果函数 $y=f(x)$ 在开区间 (a,b) 内的每一点处都可导，那么就称函数 $y=f(x)$ 在开区间 (a,b) 内可导，或称函数 $y=f(x)$ 是开区间 (a,b) 内的可导函数. 此时，对于开区间 (a,b) 内每一点 x，都对应着 $f(x)$ 的一个确定的导数值，这就构成了一个新的函数，这个新函数称为函数 $y=f(x)$ 在 (a,b) 内的导函数，简称导数，记作

$$f'(x),y',\ \frac{\mathrm{d}y}{\mathrm{d}x}\text{或}\frac{\mathrm{d}f(x)}{\mathrm{d}x}.$$

注　求函数的导数是一种运算，其记号"′"或"$\dfrac{\mathrm{d}}{\mathrm{d}x}$"也起到运算符号的作用.

在式（2.3）和式（2.4）中把 x_0 换成 x，就得到导函数的定义式

$$f'(x)=\lim_{\Delta x\to 0}\frac{f(x+\Delta x)-f(x)}{\Delta x},x\in(a,b)\qquad(2.6)$$

和

$$f'(x)=\lim_{h\to 0}\frac{f(x+h)-f(x)}{h},x\in(a,b).\qquad(2.7)$$

应该注意，在式（2.6）和式（2.7）中，虽然 x 可以取开区间 (a,b) 内的任何一点，但是在求极限过程中，将 x 视为常量，Δx 和 h 是变量.

显然，函数 $y=f(x)$ 在点 x_0 处的导数 $f'(x_0)$ 就是导函数 $f'(x)$ 在点 x_0 处的函数值，即

$$f'(x_0)=f'(x)\big|_{x=x_0}.$$

利用导数的定义可以推导一些简单函数的导数，作为求导公式来使用.

■例 2.3　求函数 $f(x)=C$ 的导数（其中 C 为常数）.

解　根据导数定义，

$$f'(x)=\lim_{\Delta x\to 0}\frac{f(x+\Delta x)-f(x)}{\Delta x}=\lim_{\Delta x\to 0}\frac{C-C}{\Delta x}=0,$$

即

$$(C)'=0.$$

■例 2.4　（1）求函数 $f(x)=\sqrt{x}\,(x>0)$ 的导数.

（2）求函数 $f(x)=x^3$ 的导数.

解　（1）根据导数定义，使用分子有理化，得

$$f'(x)=\lim_{\Delta x\to 0}\frac{f(x+\Delta x)-f(x)}{\Delta x}=\lim_{\Delta x\to 0}\frac{\sqrt{x+\Delta x}-\sqrt{x}}{\Delta x}$$

$$=\lim_{\Delta x\to 0}\frac{\Delta x}{\Delta x(\sqrt{x+\Delta x}+\sqrt{x})}=\lim_{\Delta x\to 0}\frac{1}{\sqrt{x+\Delta x}+\sqrt{x}}=\frac{1}{2\sqrt{x}},$$

即

$$(\sqrt{x})'=\frac{1}{2\sqrt{x}}.$$

（2）根据导数定义，得

$$f'(x) = \lim_{\Delta x \to 0} \frac{f(x+\Delta x) - f(x)}{\Delta x} = \lim_{\Delta x \to 0} \frac{(x+\Delta x)^3 - x^3}{\Delta x} = \lim_{\Delta x \to 0} \left[3x^2 + 3x\Delta x + (\Delta x)^2 \right] = 3x^2,$$

即

$$(x^3)' = 3x^2.$$

一般地，对于幂函数 $y = x^\mu$（μ 为实数），有

$$(x^\mu)' = \mu x^{\mu-1}.$$

这就是幂函数的求导公式，公式的证明将在以后给出. 利用这个公式，可以很方便地求出幂函数的导数.

例如，例 2.4 使用公式可得

$$(\sqrt{x})' = (x^{\frac{1}{2}})' = \frac{1}{2}x^{-\frac{1}{2}} = \frac{1}{2\sqrt{x}}, \quad (x^3)' = 3x^2.$$

又如，

$$\left(\frac{1}{x}\right)' = (x^{-1})' = -x^{-2} = -\frac{1}{x^2}.$$

■例 2.5　求函数 $f(x) = \sin x$ 的导数.

解　根据导数定义，并结合三角函数的和差化积公式，得

$$f'(x) = \lim_{\Delta x \to 0} \frac{f(x+\Delta x) - f(x)}{\Delta x} = \lim_{\Delta x \to 0} \frac{\sin(x+\Delta x) - \sin x}{\Delta x}$$

$$= \lim_{\Delta x \to 0} \frac{2\cos\left(x + \frac{\Delta x}{2}\right)\sin\frac{\Delta x}{2}}{\Delta x}$$

$$= \lim_{\Delta x \to 0} \cos\left(x + \frac{\Delta x}{2}\right) \cdot \lim_{\Delta x \to 0} \frac{\sin\frac{\Delta x}{2}}{\frac{\Delta x}{2}}$$

$$= \cos x,$$

即

$$(\sin x)' = \cos x.$$

类似地，可求得

$$(\cos x)' = -\sin x.$$

■例 2.6　求 $f(x) = \log_a x$（$a > 0, a \neq 1$）的导数.

解　$$f'(x) = \lim_{\Delta x \to 0} \frac{f(x+\Delta x) - f(x)}{\Delta x} = \lim_{\Delta x \to 0} \frac{\log_a(x+\Delta x) - \log_a x}{\Delta x}$$

$$= \lim_{\Delta x \to 0} \frac{1}{x} \frac{\log_a\left(1 + \frac{\Delta x}{x}\right)}{\frac{\Delta x}{x}} = \lim_{\Delta x \to 0} \frac{1}{x} \log_a\left(1 + \frac{\Delta x}{x}\right)^{\frac{x}{\Delta x}}$$

$$= \frac{1}{x}\log_a\left[\lim_{\Delta x \to 0}\left(1 + \frac{\Delta x}{x}\right)^{\frac{x}{\Delta x}}\right] = \frac{1}{x}\log_a e = \frac{1}{x} \cdot \frac{\ln e}{\ln a} = \frac{1}{x\ln a},$$

即

$$(\log_a x)' = \frac{1}{x \ln a}.$$

特别地,

$$(\ln x)' = \frac{1}{x}.$$

3. 左导数和右导数

从函数 $f(x)$ 在点 x_0 处的导数 $f'(x_0)$ 的定义式

$$f'(x_0) = \lim_{\Delta x \to 0} \frac{f(x_0 + \Delta x) - f(x_0)}{\Delta x}$$

可知 $f'(x_0)$ 是一个极限, 而极限存在的充要条件是左、右极限都存在且相等, 从而可得函数 $f(x)$ 在点 x_0 处可导的充要条件是左、右极限

$$\lim_{\Delta x \to 0^-} \frac{f(x_0 + \Delta x) - f(x_0)}{\Delta x} \text{和} \lim_{\Delta x \to 0^+} \frac{f(x_0 + \Delta x) - f(x_0)}{\Delta x}$$

都存在且相等.

这两个极限分别叫作函数 $f(x)$ 在点 x_0 处的左导数和右导数, 定义如下.

定义 2.2　设函数 $y = f(x)$ 在 x_0 的某左半邻域 $(x_0 - \delta, x_0]$ 内有定义, 如果当 $\Delta x \to 0^-$ 时, 极限 $\lim\limits_{\Delta x \to 0^-} \frac{f(x_0 + \Delta x) - f(x_0)}{\Delta x}$ 存在, 则称此极限值为函数 $y = f(x)$ 在 x_0 处的左导数, 记为

$$f'_-(x_0) = \lim_{\Delta x \to 0^-} \frac{f(x_0 + \Delta x) - f(x_0)}{\Delta x} = \lim_{x \to x_0^-} \frac{f(x) - f(x_0)}{x - x_0}.$$

同理, 右导数为

$$f'_+(x_0) = \lim_{\Delta x \to 0^+} \frac{f(x_0 + \Delta x) - f(x_0)}{\Delta x} = \lim_{x \to x_0^+} \frac{f(x) - f(x_0)}{x - x_0}.$$

左导数和右导数统称为单侧导数.

若 $f(x)$ 在 (a, b) 内可导, 且在 $x = a$ 处右导数存在, 在 $x = b$ 处左导数存在, 则称 $f(x)$ 在 $[a, b]$ 上可导.

类似于极限与左、右极限的关系, 对于导数与左、右导数, 有如下定理.

定理 2.1　函数 $f(x)$ 在 x_0 处可导的充要条件是左导数 $f'_-(x_0)$ 和右导数 $f'_+(x_0)$ 都存在且相等.

2.1.3　导数的意义

1. 导数的几何意义

由曲线切线斜率问题的讨论及导数的定义可知, 函数 $y = f(x)$ 在点 x_0 处的导数 $f'(x_0)$, 在几何上表示曲线 $y = f(x)$ 在点 $M_0(x_0, f(x_0))$ 处的切线的斜率(见图 2.1), 即

$$f'(x_0) = \tan\alpha \left(\alpha \neq \frac{\pi}{2}\right),$$

其中 α 是切线的倾斜角.

注　如果 $f'(x_0)=\infty$，则曲线 $y=f(x)$ 在点 $M_0(x_0,f(x_0))$ 处的切线为垂直于 x 轴的直线 $x=x_0$.

由导数的几何意义及直线的点斜式方程，可知曲线 $y=f(x)$ 上点 $M_0(x_0,f(x_0))$ 处的切线方程为

$$y-y_0=f'(x_0)(x-x_0).$$

如果 $f'(x_0)\neq0$，那么曲线 $y=f(x)$ 在点 $M_0(x_0,f(x_0))$ 处的法线方程为

$$y-y_0=-\frac{1}{f'(x_0)}(x-x_0).$$

如果 $f'(x_0)=0$，那么曲线 $y=f(x)$ 在点 $M_0(x_0,f(x_0))$ 处的切线方程为

$$y=f(x_0),$$

法线方程为

$$x=x_0.$$

例2.7　求 $y=x^3$ 在 $(1,1)$ 处的切线方程和法线方程.

解　由于 $f'(x)=3x^2$，因此 $f'(1)=3$. 所求的切线方程为

$$y-1=3(x-1),$$

即

$$3x-y-2=0.$$

所求的法线方程为

$$y-1=-\frac{1}{3}(x-1),$$

即

$$x+3y-4=0.$$

2. 导数的经济意义

在经济学中，经常用到成本、收入、利润等量，其中利润是收入与成本的差. 将产量或销量 q 作为自变量，成本、收入、利润作为因变量，就可得到成本函数 $C(q)$、收入函数 $R(q)$ 和利润函数 $L(q)$，其导数具有以下经济意义.

（1）边际成本函数 $C'(q)$

成本函数 $C(q)$ 的导数 $C'(q)$ 称为边际成本，其经济意义为：当产量为 q 时，再生产一个单位产品所增加的成本为 $C'(q)$.

（2）边际收入函数 $R'(q)$

收入函数 $R(q)$ 的导数 $R'(q)$ 称为边际收入，其经济意义为：当销量为 q 时，再销售一个单位产品所增加的收入为 $R'(q)$.

（3）边际利润函数 $L'(q)$

利润函数 $L(q)$ 的导数 $L'(q)$ 称为边际利润，其经济意义为：当销量为 q 时，再销售一个单位产品利润的改变量为 $L'(q)$.

2.1.4　函数的可导性与连续性的关系

设函数 $y=f(x)$ 在点 x_0 处可导，即

$$\lim_{\Delta x\to0}\frac{\Delta y}{\Delta x}=f'(x_0)$$

存在，由于

$$\Delta y = \frac{\Delta y}{\Delta x} \cdot \Delta x,$$

于是

$$\lim_{\Delta x \to 0} \Delta y = \lim_{\Delta x \to 0} \frac{\Delta y}{\Delta x} \cdot \lim_{\Delta x \to 0} \Delta x = f'(x_0) \cdot 0 = 0.$$

这说明函数 $y=f(x)$ 在点 x_0 处是连续的，从而有函数的可导性与连续性的关系定理，如下所述.

定理 2.2　如果函数 $y=f(x)$ 在 x_0 处是可导的，那么函数 $y=f(x)$ 在 x_0 处一定是连续的.

反之，函数在某点连续，却不一定在该点可导.

例如，函数 $y=x^{\frac{1}{3}}$ 在区间 $(-\infty,+\infty)$ 上是连续的，当然在点 $x=0$ 处也连续，但它在 $x=0$ 处是不可导的. 因为在点 $x=0$ 处有

$$\lim_{\Delta x \to 0} \frac{f(0+\Delta x)-f(0)}{\Delta x} = \lim_{\Delta x \to 0} \frac{(\Delta x)^{\frac{1}{3}}-0}{\Delta x} = \lim_{\Delta x \to 0} \frac{1}{(\Delta x)^{\frac{2}{3}}} = +\infty,$$

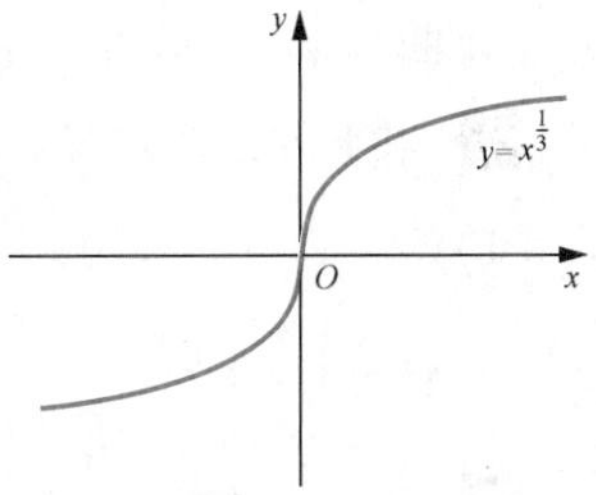

即导数为无穷大（导数不存在）（见图 2.2）. 这说明连续未必可导.

图 2.2

■**例 2.8**　讨论函数 $y=f(x)=|x|=\begin{cases} x, & x \geqslant 0, \\ -x, & x<0 \end{cases}$ 在点 $x=0$ 处的连续性与可导性.

解　作图，如图 2.3 所示.

因为 $\lim_{x \to 0^+} f(x) = \lim_{x \to 0^+} x = 0$，$\lim_{x \to 0^-} f(x) = \lim_{x \to 0^-} (-x) = 0$，

所以　　　　　　　　$\lim_{x \to 0} f(x) = 0 = f(0),$

即函数在 $x=0$ 处是连续的.

但是，右导数

$$f'_+(0) = \lim_{x \to 0^+} \frac{f(x)-f(0)}{x-0} = \lim_{x \to 0^+} \frac{x-0}{x-0} = 1,$$

左导数

$$f'_-(0) = \lim_{x \to 0^-} \frac{f(x)-f(0)}{x-0} = \lim_{x \to 0^-} \frac{-x-0}{x-0} = -1,$$

$f'_+(0) \neq f'_-(0)$，所以函数在点 $x=0$ 处不可导.

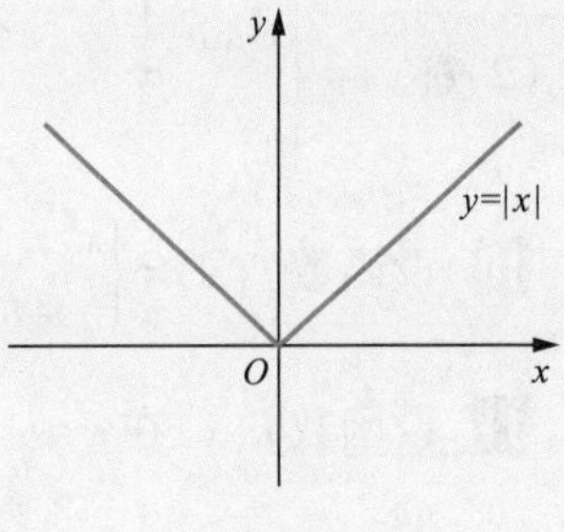

微课：例 2.8

图 2.3

习题 2.1

1　设 $f(x)$ 可导且下列各极限均存在，讨论下列各式是否成立.

（1）$\lim_{x \to 0} \frac{f(x)-f(0)}{x-0} = f'(0).$　　（2）$\lim_{h \to 0} \frac{f(a+2h)-f(a)}{h} = f'(a).$

（3）$\lim_{\Delta x \to 0} \frac{f(x_0)-f(x_0-\Delta x)}{\Delta x} = f'(x_0).$　　（4）$\lim_{\Delta x \to 0} \frac{f(x_0+\Delta x)-f(x_0-\Delta x)}{2\Delta x} = f'(x_0).$

2 函数 $f(x)$ 在点 x_0 处连续是 $f(x)$ 在点 x_0 处可导的(　　)条件.

A. 充分条件
B. 必要条件
C. 充分且必要条件
D. 既非充分条件也非必要条件

3 回答下列问题.

(1)如果曲线 $y=f(x)$ 处处都有切线,是否函数 $y=f(x)$ 必处处都可导?

(2)如果曲线 $y=f(x)$ 在点 x_0 处的导数 $f'(x_0)=0$,则曲线在该点的切线平行于哪一个坐标轴?

(3)如果曲线 $y=f(x)$ 在点 x_0 处的导数 $f'(x_0)=\infty$,则曲线在该点的切线平行于哪一个坐标轴?

(4)曲线 $y=\sqrt{x}$ 是否存在平行于 x 轴的切线?为什么?

4 求下列函数的导数:

(1)$y=x^5$;

(2)$y=\sqrt[3]{x^2}$;

(3)$y=\sqrt{x\sqrt{x}}$;

(4)$y=\dfrac{1}{x^4}$.

5 已知物体的运动方程为 $s=t^2$,求物体在 $t=3$ 时的速度.

6 求下列曲线在 $x=1$ 处的切线方程和法线方程:

(1)$y=x^{\frac{3}{2}}$;

(2)$y=\ln x$;

(3)$y=\sin x$;

(4)$y=\log_5 x$.

7 设 $y=\cos x$,根据导数定义证明 $y'=-\sin x$.

8 设 $f(x)=\cos x$,求 $f'\left(\dfrac{\pi}{2}\right)$,$f'(\pi)$.

9 讨论下列函数在 $x=0$ 处的连续性与可导性.

(1)$y=|\sin x|$.

(2)$f(x)=\begin{cases} x^2\sin\dfrac{1}{x}, & x\neq 0, \\ 0, & x=0. \end{cases}$

10 设函数 $f(x)=\begin{cases} x^2, & x\leqslant 1, \\ ax+b, & x>1. \end{cases}$ 当 a 和 b 为何值时,函数在 $x=1$ 处连续且可导?

11 设函数 $f(x)$ 在 $x=a$ 处可导,且 $\lim\limits_{h\to 0}\dfrac{h}{f(a-2h)-f(a)}=\dfrac{1}{4}$,求 $f'(a)$.

12 设 $f'(x_0)=5$,且 $\lim\limits_{\Delta x\to 0}\dfrac{f(x_0)-f(x_0-k\Delta x)}{\Delta x}=-10$,求 k 的值.

13 若 $f(x)$ 在点 $x=0$ 处连续,且 $\lim\limits_{x\to 0}\dfrac{f(x)}{x}$ 存在,证明 $f(x)$ 在点 $x=0$ 处可导.

2.2　函数和、差、积、商的求导法则

利用导数的定义可以计算函数的导数,但对一些比较复杂的函数,我们可以借助求导公式和求导法则更加方便地进行计算. 本节将介绍导数的四则运算法则,然后推导几个基本初等函数的导数公式.

2.2.1　函数和、差的求导法则

定理 2.3　如果函数 $u=u(x)$ 及 $v=v(x)$ 在点 x 处可导,那么函数 $f(x)=u(x)+v(x)$ 在点 x 处也可导,且

$$f'(x)=[u(x)+v(x)]'=u'(x)+v'(x).$$

*证明**　由导数定义与极限运算法则,有

$$
\begin{aligned}
f'(x)&=\lim_{\Delta x\to 0}\frac{f(x+\Delta x)-f(x)}{\Delta x}\\
&=\lim_{\Delta x\to 0}\frac{[u(x+\Delta x)+v(x+\Delta x)]-[u(x)+v(x)]}{\Delta x}\\
&=\lim_{\Delta x\to 0}\frac{[u(x+\Delta x)-u(x)]+[v(x+\Delta x)-v(x)]}{\Delta x}\\
&=\lim_{\Delta x\to 0}\frac{u(x+\Delta x)-u(x)}{\Delta x}+\lim_{\Delta x\to 0}\frac{v(x+\Delta x)-v(x)}{\Delta x}\\
&=u'(x)+v'(x),
\end{aligned}
$$

所以函数 $f(x)=u(x)+v(x)$ 在点 x 处可导,且

$$f'(x)=[u(x)+v(x)]'=u'(x)+v'(x),$$

简记为

$$(u+v)'=u'+v'.$$

同理可得

$$(u-v)'=u'-v'.$$

因此,两个可导函数的和(差)的导数等于这两个函数的导数的和(差).

这个法则可以推广到有限多个函数的情形.

例 2.9　求函数 $y=x^3+\sqrt{x}+\cos x+\ln x+\sin\dfrac{\pi}{7}$ 的导数.

解　$y'=(x^3)'+(\sqrt{x})'+(\cos x)'+(\ln x)'+\left(\sin\dfrac{\pi}{7}\right)'$

$$=3x^2+\frac{1}{2\sqrt{x}}-\sin x+\frac{1}{x}.$$

2.2.2　函数积的求导法则

定理 2.4　如果函数 $u=u(x)$ 及 $v=v(x)$ 在点 x 处可导,那么函数 $f(x)=u(x)\cdot v(x)$ 在点 x 处也可导,且

$$f'(x)=u'(x)v(x)+u(x)v'(x),$$

简记为

$$(uv)'=u'v+uv'.$$

证明从略.

定理 2.4 可表述为:两个可导函数乘积的导数等于第一个因子的导数与第二个因子的乘积,加上第一个因子和第二个因子的导数的乘积.

特别地，当 $v(x)=C$（C 为常数）时，
$$[Cu(x)]'=Cu'(x),$$
即计算一个常数与一个可导函数的乘积的导数时，常数因子可提到求导记号的外面.

乘积的求导法则也可以推广到任意有限个函数乘积的情形.

例如，$(uvw)'=u'vw+uv'w+uvw'$.

例 2.10　设 $y=x^3\ln x$，求 y'.

解　$y'=(x^3)'\ln x+x^3(\ln x)'=3x^2\ln x+x^3\cdot\dfrac{1}{x}=3x^2\ln x+x^2$.

例 2.11　设 $y=e^x\left(\sqrt{x}+\dfrac{1}{x}\right)$，求 y'.

微课：导数的四则运算法则及例 2.11、例 2.12

解　$y'=(e^x)'\left(\sqrt{x}+\dfrac{1}{x}\right)+e^x\left(\sqrt{x}+\dfrac{1}{x}\right)'=e^x\left(\sqrt{x}+\dfrac{1}{x}\right)+e^x\left[(\sqrt{x})'+\left(\dfrac{1}{x}\right)'\right]$

$=e^x\left(\sqrt{x}+\dfrac{1}{x}\right)+e^x\left(\dfrac{1}{2\sqrt{x}}-\dfrac{1}{x^2}\right)$

$=e^x\left(\sqrt{x}+\dfrac{1}{x}+\dfrac{1}{2\sqrt{x}}-\dfrac{1}{x^2}\right)$.

2.2.3　函数商的求导法则

定理 2.5　如果函数 $u=u(x)$ 及 $v=v(x)$ 在点 x 处可导且 $v(x)\neq0$，那么函数 $f(x)=\dfrac{u(x)}{v(x)}$ 在点 x 处也可导，且
$$f'(x)=\frac{u'(x)v(x)-u(x)v'(x)}{[v(x)]^2},$$
简记为
$$\left(\frac{u}{v}\right)'=\frac{u'v-uv'}{v^2}.$$

特别地，当 $v\neq0$ 时，$\left(\dfrac{1}{v}\right)'=-\dfrac{v'}{v^2}$.

证明从略.

定理 2.5 可表述为：两个可导函数商的导数等于分子的导数与分母的乘积减去分母的导数与分子的乘积，再除以分母的平方.

例 2.12　设 $y=\tan x$，求 y'.

解　$y'=(\tan x)'=\left(\dfrac{\sin x}{\cos x}\right)'=\dfrac{(\sin x)'\cos x-\sin x(\cos x)'}{\cos^2 x}$

$=\dfrac{\cos^2 x+\sin^2 x}{\cos^2 x}=\dfrac{1}{\cos^2 x}$

$=\sec^2 x,$

即
$$(\tan x)'=\sec^2 x.$$

同理可得

$$(\cot x)' = -\csc^2 x.$$

例 2.13 设 $y = \sec x$，求 y'.

解 $y' = (\sec x)' = \left(\dfrac{1}{\cos x}\right)' = -\dfrac{(\cos x)'}{\cos^2 x} = \dfrac{\sin x}{\cos^2 x} = \sec x \tan x$，

即

$$(\sec x)' = \sec x \tan x.$$

同理可得

$$(\csc x)' = -\csc x \cot x.$$

例 2.14 已知 $f(x) = \dfrac{1 - \cos x}{1 + \cos x}$，求 $f'\left(\dfrac{\pi}{2}\right)$.

解 因为 $f'(x) = \dfrac{(1 - \cos x)'(1 + \cos x) - (1 - \cos x)(1 + \cos x)'}{(1 + \cos x)^2}$

$$= \frac{\sin x (1 + \cos x) - (1 - \cos x)(-\sin x)}{(1 + \cos x)^2}$$

$$= \frac{\sin x + \sin x \cos x + \sin x - \sin x \cos x}{(1 + \cos x)^2}$$

$$= \frac{2\sin x}{(1 + \cos x)^2},$$

所以

$$f'\left(\frac{\pi}{2}\right) = \frac{2\sin \dfrac{\pi}{2}}{\left(1 + \cos \dfrac{\pi}{2}\right)^2} = \frac{2}{(1 + 0)^2} = 2.$$

习题 2.2

1 求下列函数的导数：

(1) $y = x^{a+b}$；

(2) $y = 2\sqrt{x} - \dfrac{1}{x} + 7\sqrt{5}$；

(3) $y = (x^2 - 3)(x^4 + x^2 - 1)$；

(4) $y = \dfrac{ax + b}{a + b}$；

(5) $y = (\sqrt{x} + 1)\left(\dfrac{1}{\sqrt{x}} - 1\right)$；

(6) $y = \dfrac{x^2 - 1}{x^2 + 1}$；

(7) $f(t) = \dfrac{t}{t^2 - 1}$；

(8) $u = \dfrac{1 - v^2}{\sqrt{\pi}}$；

(9) $y = 3x - \dfrac{2x}{2 - x}$；

(10) $y = (x - a)(x - b)$；

(11) $y = (x+1)\sqrt{2x}$；　　　　　　(12) $y = (1+ax^b)(1+bx^a)$.

2　求下列函数的导数：

(1) $y = 2\sqrt{x}\ln x$；　　　　　　(2) $y = \log_a\sqrt{x}$；

(3) $y = x^n\ln x$；　　　　　　(4) $y = \dfrac{1-\ln x}{1+\ln x}$；

(5) $\rho = \varphi\sin\varphi + \cos\varphi$；　　　　　　(6) $\rho = \dfrac{\varphi}{1-\cos\varphi}$；

(7) $y = \tan x - x\tan x$；　　　　　　(8) $y = x\sin x \cdot \ln x$.

3　求下列函数在指定点的导数：

(1) 已知 $\varphi(x) = x\cos x + 3x^2$，求 $\varphi'(-\pi)$，$\varphi'(\pi)$.

(2) 已知 $f(x) = \dfrac{x\sin x}{1+\cos x}$，求 $f'(x)$ 及 $f'\left(\dfrac{\pi}{3}\right)$.

4　已知物体的运动方程为 $s = t^3 + 10\mathrm{m}$，求该物体在 $t = 3\mathrm{s}$ 时的瞬时速度.

5　已知某种产品的产量 y 是原料 x 的函数，$y = x + 4x^2 - 0.2x^3$，试求产量 y 对原料 x 的变化率.

2.3　反函数的导数与复合函数的导数

2.3.1　反函数的求导法则

基本初等函数中的反三角函数，其导数可以利用反函数的求导法则求出，下面我们来看一下反函数的求导法则。

定理 2.6　如果 $x = \varphi(y)$ 是直接函数，在区间 I_y 内单调、可导，且 $\varphi'(y) \neq 0$，那么它的反函数 $y = f(x)$ 在对应的区间 I_x 内也可导，并且

$$f'(x) = \frac{1}{\varphi'(y)} \text{或} \frac{\mathrm{d}y}{\mathrm{d}x} = \frac{1}{\dfrac{\mathrm{d}x}{\mathrm{d}y}}.$$

即反函数的导数等于直接函数的导数的倒数.

■例 2.15　求反正弦函数 $y = \arcsin x$ 的导数.

解　因为 $y = \arcsin x\,(-1 \leqslant x \leqslant 1)$ 是 $x = \sin y\left(-\dfrac{\pi}{2} \leqslant y \leqslant \dfrac{\pi}{2}\right)$ 的反函数，而 $x = \sin y$ 在区间 $\left(-\dfrac{\pi}{2}, \dfrac{\pi}{2}\right)$ 内单调可导，且 $(\sin y)' = \cos y > 0$，所以有

$$y' = (\arcsin x)' = \frac{1}{(\sin y)'} = \frac{1}{\cos y}.$$

在区间 $\left(-\dfrac{\pi}{2}, \dfrac{\pi}{2}\right)$ 内，$\cos y = \sqrt{1-\sin^2 y} = \sqrt{1-x^2}$，于是

$$(\arcsin x)' = \frac{1}{\sqrt{1-x^2}} \quad (-1 \leqslant x \leqslant 1).$$

同理可得

$$(\arccos x)' = -\frac{1}{\sqrt{1-x^2}} \quad (-1 \leqslant x \leqslant 1),$$

$$(\arctan x)' = \frac{1}{1+x^2},$$

$$(\text{arccot}\, x)' = -\frac{1}{1+x^2}.$$

例 2.16 求指数函数 $y = a^x (a>0, a \neq 1)$ 的导数.

解 因为 $y = a^x (a>0, a \neq 1)(-\infty < x < +\infty)$ 是 $x = \log_a y (0 < y < +\infty)$ 的反函数, 而 $x = \log_a y$ 在区间 $(0, +\infty)$ 内单调可导, 且 $(\log_a y)' = \frac{1}{y \ln a} \neq 0$, 所以有

$$(a^x)' = \frac{1}{(\log_a y)'} = \frac{1}{\dfrac{1}{y \ln a}} = y \ln a = a^x \ln a,$$

即

$$(a^x)' = a^x \ln a.$$

特别地, 当 $a = e$ 时, 有

$$(e^x)' = e^x.$$

2.3.2 初等函数的求导公式

现将已学过的导数公式总结如下.

(1) $(C)' = 0$ (C 为常数).

(2) $(x^\alpha)' = \alpha x^{\alpha-1}$.

(3) $(\log_a x)' = \frac{1}{x \ln a} (a>0, a \neq 1)$. 特别地, $(\ln x)' = \frac{1}{x}$.

(4) $(a^x)' = a^x \ln a (a>0, a \neq 1)$. 特别地, $(e^x)' = e^x$.

(5) $(\sin x)' = \cos x$.

(6) $(\cos x)' = -\sin x$.

(7) $(\tan x)' = \sec^2 x$.

(8) $(\cot x)' = -\csc^2 x$.

(9) $(\sec x)' = \sec x \tan x$.

(10) $(\csc x)' = -\csc x \cot x$.

(11) $(\arcsin x)' = \frac{1}{\sqrt{1-x^2}}$.

(12) $(\arccos x)' = -\frac{1}{\sqrt{1-x^2}}$.

(13) $(\arctan x)' = \frac{1}{1+x^2}$.

(14) $(\text{arccot}\, x)' = -\frac{1}{1+x^2}$.

2.3.3 复合函数的求导法则

至此, 我们只研究了一些简单函数的导数, 而对于实际中经常遇到的复合函数, 我们还不知它们是否可导、如何求导, 下面我们一起来学习复合函数求导法则, 进而扩大我们的求导范围.

定理 2.7 如果 $u = \varphi(x)$ 在点 x 处可导, 而 $y = f(u)$ 在对应点 $u = \varphi(x)$ 处可导, 那么复合函数 $y = f[\varphi(x)]$ 在点 x 处可导, 并且

$$\frac{dy}{dx} = f'(u) \cdot \varphi'(x) = f'[\varphi(x)] \cdot \varphi'(x) \ \text{或} \ \frac{dy}{dx} = \frac{dy}{du} \cdot \frac{du}{dx}.$$

证明 设当 x 取得改变量 Δx 时，u 相应取得的改变量为 Δu，从而 y 相应取得的改变量为

$$\Delta y = f(u+\Delta x)-f(u)=f[\varphi(x+\Delta x)]-f[\varphi(x)].$$

当 $\Delta u \neq 0$ 时，有

$$\frac{\Delta y}{\Delta x}=\frac{\Delta y}{\Delta u}\cdot\frac{\Delta u}{\Delta x}.$$

因为 $u=\varphi(x)$ 在点 x 处可导，则它在点 x 处必连续，所以当 $\Delta x \to 0$ 时，$\Delta u \to 0$. 因此，

$$\frac{\mathrm{d}y}{\mathrm{d}x}=\lim_{\Delta x \to 0}\frac{\Delta y}{\Delta x}=\lim_{\Delta x \to 0}\frac{\Delta y}{\Delta u}\cdot\frac{\Delta u}{\Delta x}=\lim_{\Delta u \to 0}\frac{\Delta y}{\Delta u}\cdot\lim_{\Delta x \to 0}\frac{\Delta u}{\Delta x}=f'(u)\cdot\varphi'(x)=f'[\varphi(x)]\cdot\varphi'(x),$$

即

$$\frac{\mathrm{d}y}{\mathrm{d}x}=\frac{\mathrm{d}y}{\mathrm{d}u}\cdot\frac{\mathrm{d}u}{\mathrm{d}x}.$$

对于 $\Delta u=0$ 的情形，其证明要复杂些，根据本课程的要求，我们不提供其证明.

复合函数的求导法则亦称链式法则，这个法则可以推广到多个中间变量的情形.

例如，设 $y=f(u)$，$u=\varphi(v)$，$v=\psi(x)$，则复合函数 $y=f\{\varphi[\psi(x)]\}$ 对 x 的导数为

$$\frac{\mathrm{d}y}{\mathrm{d}x}=f'(u)\cdot\varphi'(v)\cdot\psi'(x) \text{ 或} \frac{\mathrm{d}y}{\mathrm{d}x}=\frac{\mathrm{d}y}{\mathrm{d}u}\cdot\frac{\mathrm{d}u}{\mathrm{d}v}\cdot\frac{\mathrm{d}v}{\mathrm{d}x}.$$

■**例 2.17** 求下列函数的导数：

(1) $y=(1+5x)^{10}$;   (2) $y=\log_3(\sin x)$;

(3) $y=\sqrt[3]{1-x^2}$;   (4) $y=\tan^2 x$;

(5) $y=\dfrac{x}{2}\sqrt{a^2-x^2}$;   (6) $y=\ln(x+\sqrt{x^2+a^2})$.

解 (1) 设 $y=u^{10}$，$u=1+5x$，则由复合函数的求导法则可得

$$y'=(u^{10})'\cdot(1+5x)'=10u^9\cdot 5=50u^9=50(1+5x)^9.$$

(2) 设 $y=\log_3 u$，$u=\sin x$，则

$$y'=(\log_3 u)'\cdot(\sin x)'=\frac{1}{u\ln 3}\cos x=\frac{1}{\ln 3}\cdot\frac{\cos x}{\sin x}=\frac{\cot x}{\ln 3}.$$

(3) 由复合函数的求导法则，有

$$y'=[(1-x^2)^{\frac{1}{3}}]'=\frac{1}{3}(1-x^2)^{\frac{1}{3}-1}(1-x^2)'=\frac{1}{3}(1-x^2)^{-\frac{2}{3}}(-2x)=-\frac{2x}{3\sqrt[3]{(1-x^2)^2}}.$$

(4) $y'=(\tan^2 x)'=2\tan x\cdot(\tan x)'=2\tan x\cdot\sec^2 x.$

(5) $y'=\dfrac{1}{2}[x'\sqrt{a^2-x^2}+x(\sqrt{a^2-x^2})']$

$$=\frac{1}{2}\left[\sqrt{a^2-x^2}+x\cdot\frac{1}{2\sqrt{a^2-x^2}}\cdot(a^2-x^2)'\right]$$

$$=\frac{1}{2}\left[\sqrt{a^2-x^2}+\frac{x}{2\sqrt{a^2-x^2}}\cdot(-2x)\right]$$

$$=\frac{a^2-2x^2}{2\sqrt{a^2-x^2}}.$$

$$(6)\, y'=\frac{1}{x+\sqrt{x^2+a^2}}\cdot(x+\sqrt{x^2+a^2})'$$

$$=\frac{1}{x+\sqrt{x^2+a^2}}\cdot\left[1+\frac{(x^2+a^2)'}{2\sqrt{x^2+a^2}}\right]$$

$$=\frac{1}{x+\sqrt{x^2+a^2}}\cdot\left(1+\frac{2x}{2\sqrt{x^2+a^2}}\right)$$

$$=\frac{1}{x+\sqrt{x^2+a^2}}\cdot\frac{\sqrt{x^2+a^2}+x}{\sqrt{x^2+a^2}}$$

$$=\frac{1}{\sqrt{x^2+a^2}}.$$

　　大家熟练掌握复合函数的求导法则后，可以按照复合运算的前后顺序，层层求导直接得出最后结果，无须引入中间变量来计算.

例 2.18　求函数 $f(x)=\cos\ln\sqrt{1-2x}$ 的导数.

解　$f'(x)=-\sin\ln\sqrt{1-2x}\cdot\dfrac{1}{\sqrt{1-2x}}\cdot\dfrac{1}{2\sqrt{1-2x}}\cdot(-2)=\dfrac{\sin\ln\sqrt{1-2x}}{1-2x}.$

微课：复合函
数求导法则及
例 2.18

例 2.19　设下列函数可导，求其导数.

$(1)\, y=f(\sqrt{x}+x^{\alpha}).$　　　　　$(2)\, y=f[\,(x+a)^n\,].$

$(3)\, y=[\,f(x+a)\,]^n.$　　　　　$(4)\, y=f(\ln x).$

解　$(1)\, y'=[\,f(\sqrt{x}+x^{\alpha})\,]'=f'(\sqrt{x}+x^{\alpha})\cdot\left(\dfrac{1}{2\sqrt{x}}+\alpha x^{\alpha-1}\right).$

$(2)\, y'=\{f[\,(x+a)^n\,]\}'=f'[\,(x+a)^n\,]\cdot n\,(x+a)^{n-1}.$

$(3)\, y'=n\,[\,f(x+a)\,]^{n-1}\cdot f'(x+a).$

$(4)\, y'=[\,f(\ln x)\,]'=f'(\ln x)(\ln x)'=\dfrac{1}{x}f'(\ln x).$

习题 2.3

1　求下列函数的导数：

$(1)\, y=(1-x+x^3)^7;$　　　　　$(2)\, y=\cos(2-5x);$

$(3)\, y=\sin x^2;$　　　　　　　　$(4)\, y=\tan^3 x;$

$(5)\, \varphi(t)=\ln(1+t^2);$　　　　$(6)\, y=\ln\dfrac{1+t}{1-t};$

$(7)\, y=(\arcsin x)^2;$　　　　　　$(8)\, y=\arctan 2^x;$

$(9)\, y=\mathrm{e}^{\sin x};$　　　　　　　　$(10)\, y=\dfrac{1}{\sqrt{2\pi}}\mathrm{e}^{-\frac{x^2}{2}};$

$(11)\, y=\sqrt{b^2-x^2};$　　　　　$(12)\, y=\arccos\sqrt{x}.$

2 求下列函数的导数：

(1) $y = \ln(\sin t^2)$；

(2) $y = \ln^3(x^3)$；

(3) $y = \log_5 \dfrac{x}{1-x}$；

(4) $y = \sin^n x \cos nx$；

(5) $y = \ln\sqrt{x} + \sqrt{\ln x}$；

(6) $y = x^{2a} + a^{2x} + a^{2a}$；

(7) $y = e^{-x}(x^2 - 2x + 5)$；

(8) $y = x\arcsin\dfrac{x}{2} + \sqrt{4 - x^2}$.

3 求下列函数对 x 的导数：

(1) $y = f(e^x)$；

(2) $y = f(\sin^2 x) + f(\cos^2 x)$.

4 设 $f(u)$ 为可导函数，且 $f(x+3) = x^5$，求 $f'(x+3)$ 和 $f'(x)$.

2.4　隐函数及其导数

2.4.1　隐函数求导

函数 $y = f(x)$ 表示两个变量 y 与 x 之间的对应关系，这种对应关系可以用各种不同方式表达. 如果把因变量 y 直接表示成关于自变量 x 的表达式的形式，即 $y = f(x)$ 的形式，这种函数叫显函数. 例如，$y = \sin 5x, y = x^3 - 4x^2 + 5$ 等都是显函数. 而有些函数关系的表示形式不是这样的，如 $y - x^3 + 4x^2 - 5 = 0, x^2 + y^2 = r^2, xy - x + e^y = 0$ 等方程，也可以表示函数，确定的是 y 关于 x 的函数，x 与 y 的关系隐含在方程中，这样的函数称为隐函数.

对于隐函数，有的能转化成显函数，有的转化起来是很困难的，甚至是不可能的. 为此，我们需要讨论隐函数的求导法则.

定义 2.3　如果在方程 $F(x,y) = 0$ 中，当 x 取某区间 I_x 内的任一值时，相应地在某个范围 I_y 内总有满足这个方程的 y 值存在，那么就说方程 $F(x,y) = 0$ 在 $x \in I_x, y \in I_y$ 的范围内确定了一个隐函数.

隐函数的求导方法：

(1) 将 $F(x,y) = 0$ 的两端同时对 x 求导，等式左边在求导过程中将变量 y 看作 x 的函数；

(2) 求导后得到一个关于 y' 的方程，解此方程得到 y' 的表达式，在该表达式中允许含有 y.

例 2.20　求由方程 $y = x\ln y$ 确定的隐函数 y 对 x 的导数 y'.

解　因为 y 是 x 的函数，所以 $\ln y$ 是 x 的复合函数，应用复合函数求导法则，方程两边同时对 x 求导，得

$$y' = \ln y + x \cdot \frac{1}{y} \cdot y',$$

解出 y'，得

$$y' = \frac{y\ln y}{y - x}.$$

微课：隐函数
求导及例 2.20

■例 2.21　求由方程 $e^y+xy-e=y^2$ 确定的隐函数 y 对 x 的导数 $\dfrac{dy}{dx}$.

解　这里 e^y 和 y^2 是由中间变量 y 复合而成的 x 的函数，方程两边同时对 x 求导，得

$$e^y\frac{dy}{dx}+y+x\frac{dy}{dx}=2y\frac{dy}{dx},$$

解得

$$\frac{dy}{dx}=\frac{y}{2y-e^y-x}.$$

■例 2.22　求曲线 $x^2+xy+y^2=4$ 在点 $(2,-2)$ 处的切线方程.

解　方程两边同时对 x 求导，得

$$2x+y+xy'+2yy'=0,$$

解得

$$y'=-\frac{2x+y}{x+2y}.$$

切线的斜率为

$$y'\Big|_{\substack{x=2\\y=-2}}=1,$$

于是所求切线方程为

$$y-(-2)=1\cdot(x-2),$$

即

$$x-y-4=0.$$

2.4.2　对数求导法

在实际求导数时，我们有时会遇到虽然给定的函数是显函数，但直接求导很困难或很麻烦的情况，如幂指函数 $y=[u(x)]^{v(x)}$［其中 $u(x),v(x)$ 都是可导函数，且 $u(x)>0$］及经多次乘除运算和乘方开方运算得到的函数. 对于这两类函数，我们通常对等式两端同取自然对数，将其转化为隐函数，再利用隐函数求导方法求出其导数，这种方法通常称为对数求导法.

■例 2.23　设 $y=x^x(x>0)$，求 y'.

解　等式两边取对数，得

$$\ln y=x\ln x,$$

上式两边同时对 x 求导，得

$$\frac{1}{y}y'=\ln x+x\frac{1}{x},$$

于是得

$$y'=y(1+\ln x)=x^x(1+\ln x).$$

微课：对数求导法及例 2.23

由于幂指函数 $y=[u(x)]^{v(x)}$ 可改写成复合函数 $y=e^{v(x)\ln u(x)}$，所以幂指函数也可使用复合函数求导法则求导. 如例 2.23 也可采用以下解法：

$$y'=(e^{x\ln x})'=e^{x\ln x}\cdot(x\ln x)'=x^x\left(\ln x+x\cdot\frac{1}{x}\right)=x^x(\ln x+1).$$

■例 2.24 设 $y = \sqrt{\dfrac{(x-1)(x+2)}{(3-x)(4+x)}}$，求 y'.

解 等式两边同时取对数，得

$$\ln y = \frac{1}{2}\left[\ln(x-1)+\ln(x+2)-\ln(3-x)-\ln(4+x)\right],$$

两边对 x 求导，得

$$\frac{1}{y}y' = \frac{1}{2}\left[\frac{1}{x-1}+\frac{1}{x+2}+\frac{1}{3-x}-\frac{1}{4+x}\right],$$

所以

$$y' = \frac{y}{2}\left(\frac{1}{x-1}+\frac{1}{x+2}+\frac{1}{3-x}-\frac{1}{4+x}\right)$$

$$= \frac{1}{2}\sqrt{\frac{(x-1)(x+2)}{(3-x)(x+4)}}\left(\frac{1}{x-1}+\frac{1}{x+2}+\frac{1}{3-x}-\frac{1}{4+x}\right).$$

习题 2.4

1 求由下列方程所确定的隐函数 y 对 x 的导数 $\dfrac{\mathrm{d}y}{\mathrm{d}x}$.

(1) $x^2+y^2=a^2$.

(2) $y=x+\dfrac{1}{2}\ln y$.

(3) $xy+\mathrm{e}^y=\mathrm{e}^x$.

(4) $y=1+x\mathrm{e}^y$.

(5) $y=\ln(x^2+y)$.

(6) $\cos(xy)=y$.

(7) $y\sin x-\cos(x-y)=0$.

(8) $xy=\mathrm{e}^{x+y}$.

2 求下列隐函数在指定点的导数 $\dfrac{\mathrm{d}y}{\mathrm{d}x}$.

(1) $y=\cos x+\dfrac{1}{2}\sin y$，$\left(\dfrac{\pi}{2},0\right)$.

(2) $2y=\mathrm{e}^x+\ln y+1$，$(0,1)$.

3 求椭圆 $\dfrac{x^2}{16}+\dfrac{y^2}{9}=1$ 在点 $x=2$ 处的切线方程.

4 设 $\ln\sqrt{x^2+y^2}-\arctan\dfrac{y}{x}=\ln 2$，求 $\dfrac{\mathrm{d}y}{\mathrm{d}x}$.

5 用对数求导法，求下列函数的导数 $\dfrac{\mathrm{d}y}{\mathrm{d}x}$.

(1) $y=x^{\sin x}(x>0)$.

(2) $x^y=y^x$.

(3) $y=\dfrac{\sqrt{x+2}(3-x)}{(2x+1)^5}$.

(4) $y=\sqrt[3]{\dfrac{x(x^2+1)}{(x^2-1)^2}}\sin x^2$.

6 设 $y=[f(x)]^{g(x)}$，其中 $f(x),g(x)$ 均为可导函数，且 $f(x)>0$，求 $\dfrac{\mathrm{d}y}{\mathrm{d}x}$.

2.5 参数方程求导与高阶导数

2.5.1 参数方程求导

一般地，如果参数方程

$$\begin{cases} x=\varphi(t), \\ y=\psi(t) \end{cases} \tag{2.8}$$

确定 y 与 x 之间的函数关系，则称此函数为由参数方程[式(2.8)]所确定的函数.

在实际问题中，有时需要计算由参数方程确定的函数的导数. 我们可以通过先消去参数 t 将函数化为显函数再求导，但有时消参数会有困难. 因此，我们一般采取参数方程所特有的求导方法进行求导.

我们发现，在式(2.8)中，如果函数 $x=\varphi(t)$, $y=\psi(t)$ 都可导，且 $\varphi'(t)\neq 0$, $x=\varphi(t)$ 具有单调连续的反函数 $t=\varphi^{-1}(x)$，则参数方程确定的函数可以看成由 $y=\psi(t)$ 与 $t=\varphi^{-1}(x)$ 复合而成的函数，根据复合函数与反函数的求导法则，有

$$\frac{dy}{dx}=\frac{dy}{dt}\cdot\frac{dt}{dx}=\frac{\dfrac{dy}{dt}}{\dfrac{dx}{dt}}=\frac{\psi'(t)}{\varphi'(t)}.$$

■**例 2.25** 已知椭圆的参数方程为 $\begin{cases} x=a\cos t, \\ y=b\sin t, \end{cases}$ 求其在 $t=\dfrac{\pi}{6}$ 处的切线方程.

解 当 $t=\dfrac{\pi}{6}$ 时，椭圆上相应点的坐标是 $\left(a\cos\dfrac{\pi}{6}, b\sin\dfrac{\pi}{6}\right)$，即 $\left(\dfrac{\sqrt{3}a}{2}, \dfrac{b}{2}\right)$.

由于

$$\frac{dy}{dx}=\frac{(b\sin t)'}{(a\cos t)'}=\frac{b\cos t}{-a\sin t}=-\frac{b}{a}\cot t,$$

当 $t=\dfrac{\pi}{6}$ 时，曲线在对应点的切线的斜率为

$$k=\frac{dy}{dx}\bigg|_{t=\frac{\pi}{6}}=-\frac{\sqrt{3}\,b}{a},$$

所求切线方程为

$$y-\frac{b}{2}=-\frac{\sqrt{3}\,b}{a}\left(x-\frac{\sqrt{3}\,a}{2}\right),$$

即

$$\sqrt{3}\,bx+ay-2ab=0.$$

2.5.2 高阶导数

我们知道，变速直线运动的速度 $v(t)$ 是位置函数 $s(t)$ 对时间 t 的导数，即

$$v=\frac{ds}{dt} \text{或} v=s'.$$

而加速度 a 又是速度 v 对时间 t 的变化率,即速度 v 对时间 t 的导数:

$$a = \frac{\mathrm{d}v}{\mathrm{d}t} = \frac{\mathrm{d}}{\mathrm{d}t}\left(\frac{\mathrm{d}s}{\mathrm{d}t}\right) \text{ 或 } a = (s')'.$$

这种导数的导数 $\frac{\mathrm{d}}{\mathrm{d}t}\left(\frac{\mathrm{d}s}{\mathrm{d}t}\right)$ 或 $a = (s')'$ 叫作 s 对 t 的二阶导数,记作

$$\frac{\mathrm{d}^2 s}{\mathrm{d}t^2} \text{ 或 } s''(t),$$

即直线运动的加速度就是位置函数 s 对 t 的二阶导数.

定义 2.4 一般地,如果函数 $y = f(x)$ 的导数 $f'(x)$ 在点 x 处可导,那么称 $f'(x)$ 在点 x 的导数为函数 $f(x)$ 在点 x 处的二阶导数,记作

$$f''(x), y'' \text{ 或 } \frac{\mathrm{d}^2 y}{\mathrm{d}x^2}.$$

类似地,二阶导数 $y'' = f''(x)$ 的导数称为 $y = f(x)$ 的三阶导数,记作

$$f'''(x), y''' \text{ 或 } \frac{\mathrm{d}^3 y}{\mathrm{d}x^3}.$$

定义 2.5 一般地,函数 $y = f(x)$ 的 $n-1$ 阶导数的导数称为函数 $y = f(x)$ 的 n 阶导数 ($n \geq 4$),记作

$$f^{(n)}(x), \ y^{(n)} \text{ 或 } \frac{\mathrm{d}^n y}{\mathrm{d}x^n}.$$

二阶和二阶以上的导数统称为高阶导数,函数 $f(x)$ 的各阶导数在点 $x = x_0$ 处的导数值记为

$$f'(x_0), f''(x_0), \cdots, f^{(n)}(x_0) \text{ 或 } y'\big|_{x=x_0}, y''\big|_{x=x_0}, \cdots, y^{(n)}\big|_{x=x_0}.$$

例 2.26 已知 $f(x) = (1+x)^3$,求 $f''(2)$.

解 因为 $f'(x) = 3(1+x)^2, f''(x) = 6(1+x)$,所以
$$f''(2) = 6(1+2) = 18.$$

例 2.27 求函数 $y = \mathrm{e}^x$ 的 n 阶导数.

解 因为 $y' = \mathrm{e}^x, y'' = \mathrm{e}^x, y''' = \mathrm{e}^x, \cdots$,
所以

$$y^{(n)} = \mathrm{e}^x.$$

例 2.28 已知函数 $y = x^n$ (n 为正整数),求 $y^{(n)}, y^{(n+1)}$.

解 因为 $y' = nx^{n-1}, y'' = n(n-1)x^{n-2}, y''' = n(n-1)(n-2)x^{n-3}, \cdots$,
所以

$$y^{(n)} = n!, y^{(n+1)} = 0.$$

例 2.29 求函数 $y = \dfrac{1}{1+x}$ 的 n 阶导数.

解 因为 $y = (1+x)^{-1}$,所以

$$y' = (-1)(1+x)^{-2} = (-1)\frac{1}{(1+x)^2},$$

$$y'' = (-1)(-2)(1+x)^{-3} = (-1)^2 \frac{2!}{(1+x)^3},$$

$$\cdots,$$

从而

$$y^{(n)} = (-1)^n \frac{n!}{(1+x)^{n+1}}.$$

■例 2.30 求函数 $y = \sin x$ 的 n 阶导数.

解 因为

微课：例 2.30

$$y' = \cos x = \sin\left(x + \frac{\pi}{2}\right),$$

$$y'' = \cos\left(\frac{\pi}{2} + x\right) = \sin\left(x + 2 \cdot \frac{\pi}{2}\right),$$

$$y''' = \cos\left(x + 2 \cdot \frac{\pi}{2}\right) = \sin\left(x + 3 \cdot \frac{\pi}{2}\right),$$

$$y^{(4)} = \cos\left(x + 3 \cdot \frac{\pi}{2}\right) = \sin\left(x + 4 \cdot \frac{\pi}{2}\right)$$

$$\cdots,$$

所以

$$y^{(n)} = (\sin x)^{(n)} = \sin\left(x + n \cdot \frac{\pi}{2}\right).$$

同理可得

$$(\cos x)^{(n)} = \cos\left(x + n \cdot \frac{\pi}{2}\right).$$

■例 2.31 已知 $e^y + xy = e$，求 $y''(0)$.

解 两边同时对 x 求导，得

$$e^y \cdot y' + y + xy' = 0, \tag{2.9}$$

所以

$$y' = -\frac{y}{e^y + x}.$$

式(2.9)两边再对 x 求导，得

$$e^y(y')^2 + e^y y'' + y' + y' + xy'' = 0,$$

所以

$$y'' = -\frac{e^y(y')^2 + 2y'}{e^y + x},$$

将 $y' = -\dfrac{y}{e^y + x}$ 代入得

$$y'' = \frac{2y(e^y + x) - y^2 e^y}{(e^y + x)^3}.$$

由于 $e^y + xy = e$，当 $x = 0$ 时，$y = 1$，因此

$$y''(0) = e^{-2}.$$

习题 2.5

1 求下列参数方程所确定的函数的导数 $\dfrac{\mathrm{d}y}{\mathrm{d}x}$.

(1) $\begin{cases} x = \mathrm{e}^t \cos t, \\ y = \mathrm{e}^t \sin t. \end{cases}$
(2) $\begin{cases} x = \theta(1-\sin\theta), \\ y = \theta\cos\theta. \end{cases}$

2 求下列函数的二阶导数:

(1) $y = x\mathrm{e}^{x^2}$;
(2) $y = \dfrac{\mathrm{e}^x}{x}$;

(3) $y = \ln(1+x^2)$;
(4) $y = x\ln x$;

(5) $y = \tan x$;
(6) $y = \sqrt{a^2-x^2}$;

(7) $y = (1+x^2)\arctan x$;
(8) $y = \ln(x+\sqrt{1+x^2})$.

3 求下列函数的 n 阶导数:

(1) $y = x\mathrm{e}^x$;
(2) $y = a^x$;

(3) $y = \ln(1+x)$;
(4) $y = \cos x$.

(5) $y = \dfrac{1-x}{1+x}$;
(6) $y = a_0 x^n + a_1 x^{n-1} + \cdots + a_n$.

4 求下列函数在指定点的导数.

(1) 设 $y = 2x^2 + \mathrm{e}^{-x}$, 求 $y''(1)$.

(2) 设 $f(x) = x^2 \ln x$, 求 $f'''(2)$.

2.6 微分及其应用

导数反映函数相对于自变量的变化快慢程度, 即变化率. 在实际问题中, 我们有时还需要了解当自变量有微小变化时, 函数大约有多少变化. 为此, 我们引入微分的概念.

2.6.1 微分的定义

引例 1 设有一正方形金属薄片, 受温度变化的影响, 其边长从 x_0 变化到 $x_0+\Delta x$, 如图 2.4 所示, 问: 该金属薄片的面积改变了多少?

解 根据题意, 该金属薄片面积的改变量为

$$\Delta S = S(x_0+\Delta x) - S(x_0) = (x_0+\Delta x)^2 - x_0^2$$
$$= 2x_0\Delta x + (\Delta x)^2,$$

即

$$\Delta S = 2x_0\Delta x + (\Delta x)^2.$$

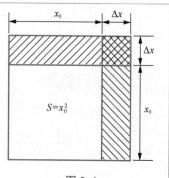

图 2.4

ΔS 包括两部分：第一部分 $2x_0\Delta x$ 是 Δx 的线性函数(图 2.4 中斜线部分的面积)，称其为函数改变量的线性主要部分(简称为线性主部)；第二部分 $(\Delta x)^2$(图 2.4 中有交叉斜线的小正方形的面积)，当 $\Delta x \to 0$ 时，它是比 Δx 高阶的无穷小，即 $(\Delta x)^2 = o(\Delta x)$. 因此，当 $|\Delta x|$ 很小时，面积的改变量 ΔS 可用第一部分 $2x_0\Delta x$ 来近似地代替，而且 $|\Delta x|$ 越小，近似程度越好，即

$$\Delta S \approx 2x_0\Delta x.$$

引例 2　物体在进行自由落体运动时，求其由时刻 t_0 到 $t_0+\Delta t$ 所经过的路程的近似值.

解　路程 s 是时间 t 的函数，

$$s = \frac{1}{2}gt^2.$$

当时间从 t_0 变到 $t_0+\Delta t$ 时，路程 s 相应的变化量为

$$\Delta s = \frac{1}{2}g(t_0+\Delta t)^2 - \frac{1}{2}gt_0^2 = gt_0\Delta t + \frac{1}{2}g(\Delta t)^2,$$

其中 $gt_0\Delta t$ 是 Δt 的线性函数，$\frac{1}{2}g(\Delta t)^2$ 是比 Δt 高阶的无穷小(当 $\Delta t \to 0$ 时). 因此，当 $|\Delta t|$ 很小时，路程的改变量 Δs 可以用第一部分 $gt_0\Delta t$ 来代替，第二部分 $\frac{1}{2}g(\Delta t)^2$ 可以忽略不计，即

$$\Delta s \approx gt_0\Delta t.$$

在实际中还有许多类似问题，抛开其具体意义，可归结为如下情形：函数 $y=f(x)$，给自变量的取值 x_0 以增量 Δx，函数的增量 $\Delta y = f(x_0+\Delta x) - f(x_0)$ 可表示为 Δx 的线性函数 $A\Delta x$(其中 A 不依赖于 Δx)与当 $\Delta x \to 0$ 时比 Δx 高阶的无穷小的和，即

$$\Delta y = A\Delta x + o(\Delta x),$$

当 $A \neq 0$ 且 $|\Delta x|$ 很小时，我们可以近似地用 $A\Delta x$ 来代替 Δy. 由此，我们引入微分的定义.

定义 2.6　设函数 $y=f(x)$ 在点 x_0 的某邻域 $U(x_0)$ 内有定义，$\Delta x + x_0 \in U(x_0)$，如果相应于 Δx，函数的增量 $\Delta y = f(x_0+\Delta x) - f(x_0)$ 可以表示成

$$\Delta y = A\Delta x + o(\Delta x), \tag{2.10}$$

其中 A 是不依赖于 Δx 的常数，$o(\Delta x)$ 是比 Δx 高阶的无穷小($\Delta x \to 0$)，那么称函数 $y=f(x)$ 在点 x_0 处是可微的，$A\Delta x$ 为函数 $y=f(x)$ 在点 x_0 处相应于自变量增量 Δx 的微分，记作 $\mathrm{d}y\big|_{x=x_0}$ 或 $\mathrm{d}f(x)\big|_{x=x_0}$，即

$$\mathrm{d}y\big|_{x=x_0} = A\Delta x. \tag{2.11}$$

微课：微分的定义

下面给出函数在一点可微的充分必要条件.

定理 2.8　函数 $y=f(x)$ 在点 x_0 处可微的充分必要条件是函数在点 x_0 处可导，且

$$\mathrm{d}y\big|_{x=x_0} = f'(x_0)\Delta x. \tag{2.12}$$

证明　必要性　如果函数 $y=f(x)$ 在点 x_0 可微，当 x 有改变量 Δx 时，根据微分的定义有

$$\Delta y = A\Delta x + o(\Delta x),$$

两边同除以 Δx，得

$$\frac{\Delta y}{\Delta x} = A + \frac{o(\Delta x)}{\Delta x},$$

当 $\Delta x \to 0$ 时，得

$$\lim_{\Delta x \to 0} \frac{\Delta y}{\Delta x} = \lim_{\Delta x \to 0} \left[A + \frac{o(\Delta x)}{\Delta x} \right] = A,$$

也就是

$$A = f'(x_0).$$

因此，如果函数 $y = f(x)$ 在点 x_0 可微，那么 $y = f(x)$ 在点 x_0 也一定可导，且 $A = f'(x_0)$. 从而 $\mathrm{d}y \big|_{x = x_0} = f'(x_0) \Delta x$.

充分性 如果 $y = f(x)$ 在点 x_0 可导，即

$$\lim_{\Delta x \to 0} \frac{\Delta y}{\Delta x} = f'(x_0),$$

根据函数极限与无穷小的关系，上式可以写成

$$\frac{\Delta y}{\Delta x} = f'(x_0) + \alpha,$$

其中 $\alpha \to 0 (\Delta x \to 0)$. 因此，

$$\Delta y = f'(x_0) \Delta x + \alpha \Delta x.$$

因为 $\alpha = o(\Delta x)$，且 $f'(x_0)$ 不依赖于 Δx，所以 $f(x)$ 在点 x_0 处可微.

由此可见，函数 $f(x)$ 在点 x_0 处可微与可导是等价的，即可微必可导，可导必可微，并且函数 $f(x)$ 在点 x_0 的微分可表示为 $\mathrm{d}y \big|_{x = x_0} = f'(x_0) \Delta x$.

从而，当 $f'(x_0) \neq 0$ 时，有

$$\lim_{\Delta x \to 0} \frac{\Delta y}{\mathrm{d}y} = \lim_{\Delta x \to 0} \frac{\Delta y}{f'(x_0) \Delta x} = \frac{1}{f'(x_0)} \lim_{\Delta x \to 0} \frac{\Delta y}{\Delta x} = \frac{1}{f'(x_0)} \cdot f'(x_0) = 1,$$

即当 $\Delta x \to 0$ 时，Δy 与 $\mathrm{d}y$ 是等价无穷小.

■例 2.32 求函数 $y = x^3$ 当 $x = 3, \Delta x = 0.01$ 时的微分.

解 因为 $f'(3) = (x^3)' \big|_{x=3} = 3x^2 \big|_{x=3} = 27$，所以

$$\mathrm{d}y \Big|_{\substack{x=3 \\ \Delta x = 0.01}} = f'(3) \cdot \Delta x \big|_{\Delta x = 0.01} = 27 \times 0.01 = 0.27.$$

如果函数 $f(x)$ 对于区间 (a, b) 内每一点 x 都可微，则称函数 $f(x)$ 为区间 (a, b) 内的可微函数. 函数 $f(x)$ 在区间 (a, b) 内的微分记为

$$\mathrm{d}y = f'(x) \Delta x.$$

显然，若 $f(x) = x$，则 $\mathrm{d}f(x) = \mathrm{d}x$，即 $(x)' \cdot \Delta x = \mathrm{d}x$，从而得到

$$\Delta x = \mathrm{d}x.$$

也就是说，自变量 x 的改变量 Δx 就是自变量 x 的微分，记作 $\mathrm{d}x$. 于是，函数的微分又可记作

$$\mathrm{d}y = f'(x) \Delta x = f'(x) \mathrm{d}x, \tag{2.13}$$

从而有

$$\frac{\mathrm{d}y}{\mathrm{d}x} = f'(x),$$

即函数的微分与自变量的微分之商就是函数的导数，因此，导数又叫"微商".

■例 2.33 求函数 $y=\sin x$ 在点 $x=0$ 与点 $x=1$ 处的微分.

解 $dy\big|_{x=0}=(\sin x)'\big|_{x=0}dx=\cos x\big|_{x=0}dx=1dx=dx.$

$dy\big|_{x=1}=(\sin x)'\big|_{x=1}dx=\cos x\big|_{x=1}dx=\cos 1dx.$

2.6.2 微分的几何意义

为了使大家对微分有比较直观的了解,下面先来说明微分的几何意义.

如图 2.5 所示,函数 $y=f(x)$ 的图形是一条连续曲线,当函数 $y=f(x)$ 在点 $M(x,y)$ 处的横坐标 x 有改变量 Δx 时,我们得到曲线上另一点 $N(x+\Delta x,y+\Delta y)$,MT 是曲线在点 M 处的切线. 显然,

$$MQ=\Delta x,\quad QN=\Delta y,$$
$$QP=f'(x_0)\Delta x=dy.$$

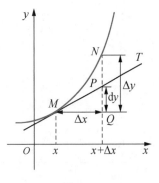

图 2.5

由此可见,当 Δy 是曲线 $y=f(x)$ 上点的纵坐标的增量时,dy 就是曲线的切线上点的纵坐标的相应增量. 当 $|\Delta x|$ 很小时,$|\Delta y-dy|$ 趋近于 0,因此,在点 M 的附近,可以用切线段近似代替曲线段,在局部范围内用线性函数近似代替非线性函数,这在数学上称为非线性函数的局部线性化."以直代曲"是微分学的基本思想方法之一. 这种思想方法在自然科学和工程问题的研究中是经常采用的.

2.6.3 微分的计算

根据微分的表达式 $dy=f'(x)dx$,要计算函数的微分,只需要计算函数的导数,再乘以自变量的微分. 由此,可得到微分公式和微分法则.

1. 基本初等函数的导数公式与微分公式

表 2.1 列出了基本初等函数的导数公式与微分公式,其中 C 为常数,$a>0$ 且 $a\neq 1$.

表 2.1

序号	导数公式	微分公式
1	$(C)'=0$	$dC=0$
2	$(x^{\alpha})'=\alpha x^{\alpha-1}$	$d(x^{\alpha})=\alpha x^{\alpha-1}dx$
3	$(a^x)'=a^x\ln a$	$d(a^x)=a^x\ln a dx$
4	$(e^x)'=e^x$	$d(e^x)=e^x dx$
5	$(\log_a x)'=\dfrac{1}{x\ln a}$	$d(\log_a x)=\dfrac{1}{x\ln a}dx$
6	$(\ln x)'=\dfrac{1}{x}$	$d(\ln x)=\dfrac{1}{x}dx$
7	$(\sin x)'=\cos x$	$d(\sin x)=\cos x dx$
8	$(\cos x)'=-\sin x$	$d(\cos x)=-\sin x dx$
9	$(\tan x)'=\dfrac{1}{\cos^2 x}=\sec^2 x$	$d(\tan x)=\dfrac{1}{\cos^2 x}dx=\sec^2 x dx$

序号	导数公式	微分公式
10	$(\cot x)' = -\dfrac{1}{\sin^2 x} = -\csc^2 x$	$\mathrm{d}(\cot x) = -\dfrac{1}{\sin^2 x}\mathrm{d}x = -\csc^2 x\,\mathrm{d}x$
11	$(\sec x)' = \sec x\tan x$	$\mathrm{d}(\sec x) = \sec x\tan x\,\mathrm{d}x$
12	$(\csc x)' = -\csc x\cot x$	$\mathrm{d}(\csc x) = -\csc x\cot x\,\mathrm{d}x$
13	$(\arcsin x)' = \dfrac{1}{\sqrt{1-x^2}}$	$\mathrm{d}(\arcsin x) = \dfrac{1}{\sqrt{1-x^2}}\mathrm{d}x$
14	$(\arccos x)' = -\dfrac{1}{\sqrt{1-x^2}}$	$\mathrm{d}(\arccos x) = -\dfrac{1}{\sqrt{1-x^2}}\mathrm{d}x$
15	$(\arctan x)' = \dfrac{1}{1+x^2}$	$\mathrm{d}(\arctan x) = \dfrac{1}{1+x^2}\mathrm{d}x$
16	$(\text{arccot}\,x)' = -\dfrac{1}{1+x^2}$	$\mathrm{d}(\text{arccot}\,x) = -\dfrac{1}{1+x^2}\mathrm{d}x$

2. 函数和、差、积、商的求导法则与微分法则

为了方便大家对照学习,表2.2列出了函数和、差、积、商的求导法则与微分法则,其中 C 为常数.

表2.2

序号	函数和、差、积、商的求导法则	函数和、差、积、商的微分法则
1	$(u \pm v)' = u' \pm v'$	$\mathrm{d}(u \pm v) = \mathrm{d}u \pm \mathrm{d}v$
2	$(uv)' = u'v + uv'$	$\mathrm{d}(uv) = v\mathrm{d}u + u\mathrm{d}v$
3	$(Cu)' = Cu'$	$\mathrm{d}(Cu) = C\mathrm{d}u$
4	$\left(\dfrac{u}{v}\right)' = \dfrac{u'v - uv'}{v^2}$	$\mathrm{d}\left(\dfrac{u}{v}\right) = \dfrac{v\mathrm{d}u - u\mathrm{d}v}{v^2}\,(v \neq 0)$

3. 复合函数的微分法则

设 $y = f(u), u = \varphi(x)$ 都可导,则复合函数 $y = f[\varphi(x)]$ 的微分为

$$\mathrm{d}y = f'(u)\mathrm{d}u = f'[\varphi(x)]\mathrm{d}[\varphi(x)] = f'[\varphi(x)] \cdot \varphi'(x)\mathrm{d}x.$$

如果求 $y = f(u)$ 的微分,会得到 $\mathrm{d}y = f'(u)\mathrm{d}u$,这时 u 是自变量. 而如果求由 $y = f(u), u = \varphi(x)$ 所构成的复合函数 $y = f[\varphi(x)]$ 的微分,由复合函数的微分法则,会得到 $\mathrm{d}y = f'[\varphi(x)] \cdot \varphi'(x)\mathrm{d}x$,即

$$\mathrm{d}y = f'[\varphi(x)] \cdot \varphi'(x)\mathrm{d}x = f'(u)\mathrm{d}u,$$

这时 u 是中间变量.

从上面的式子可以看出:无论 u 是自变量还是中间变量,只要函数可微,其微分形式都可以写成 $\mathrm{d}y = f'(u)\mathrm{d}u$,即函数的微分在形式上保持不变. 这一性质称为一阶微分的形式不变性.

■**例 2.34** 设 $y = \cos(\sin x)$,求 $\mathrm{d}y$.

解法 1 由导数与微分的关系可知

$$\mathrm{d}y = [\cos(\sin x)]'\mathrm{d}x = -\sin(\sin x)\cos x\,\mathrm{d}x.$$

解法 2 由一阶微分的形式不变性得

$$\mathrm{d}y = \mathrm{d}\cos(\sin x) = -\sin(\sin x)\mathrm{d}\sin x = -\sin(\sin x)\cos x\,\mathrm{d}x.$$

例 2.35　设 $y = e^{-\frac{x}{2}}\cos 3x$，求 $\mathrm{d}y$.

微课: 例 2.35

解法 1　由导数与微分的关系可知

$$\mathrm{d}y = \left(e^{-\frac{x}{2}}\cos 3x \right)'\mathrm{d}x = \left(-\frac{1}{2}e^{-\frac{x}{2}}\cos 3x - 3e^{-\frac{x}{2}}\sin 3x \right)\mathrm{d}x.$$

解法 2　由一阶微分的形式不变性得

$$\begin{aligned}
\mathrm{d}y &= \mathrm{d}\left(e^{-\frac{x}{2}}\cos 3x \right) = \cos 3x\,\mathrm{d}\left(e^{-\frac{x}{2}} \right) + e^{-\frac{x}{2}}\,\mathrm{d}(\cos 3x) \\
&= e^{-\frac{x}{2}}\cos 3x\,\mathrm{d}\left(-\frac{x}{2} \right) + e^{-\frac{x}{2}}(-\sin 3x)\mathrm{d}(3x) \\
&= -\frac{1}{2}e^{-\frac{x}{2}}\cos 3x\,\mathrm{d}x - 3e^{-\frac{x}{2}}\sin 3x\,\mathrm{d}x \\
&= \left(-\frac{1}{2}e^{-\frac{x}{2}}\cos 3x - 3e^{-\frac{x}{2}}\sin 3x \right)\mathrm{d}x.
\end{aligned}$$

例 2.36　设函数 $y = y(x)$ 由方程 $e^{xy} = x - y$ 确定，求 $\mathrm{d}y\big|_{x=0}$.

解法 1　方程两边同时对 x 求导，得

$$e^{xy}(y + xy') = 1 - y',$$

整理得

$$y' = \frac{1 - ye^{xy}}{1 + xe^{xy}},$$

所以

$$\mathrm{d}y = \frac{1 - ye^{xy}}{1 + xe^{xy}}\mathrm{d}x.$$

将 $x = 0$ 代入原方程，得 $y = -1$，故

$$\mathrm{d}y\big|_{x=0} = \frac{1 + e^{0}}{1 + 0}\mathrm{d}x = 2\mathrm{d}x.$$

解法 2　方程两边同时微分，得

$$\mathrm{d}e^{xy} = \mathrm{d}(x - y),$$

即

$$e^{xy}(y\mathrm{d}x + x\mathrm{d}y) = \mathrm{d}x - \mathrm{d}y,$$

整理得

$$\mathrm{d}y = \frac{1 - ye^{xy}}{1 + xe^{xy}}\mathrm{d}x.$$

将 $x = 0$ 代入原方程，得 $y = -1$，故

$$\mathrm{d}y\big|_{x=0} = \frac{1 + e^{0}}{1 + 0}\mathrm{d}x = 2\mathrm{d}x.$$

注　求函数的微分，可以先求导，再乘以 $\mathrm{d}x$；也可以直接利用微分法则和一阶微分的形式不变性求解.

*2.6.4　微分在近似计算中的应用

由于当自变量的改变量趋于零时，可用微分近似代替函数的增量，因此，在实际应用中，我们常常利用微分把一些复杂的计算公式替换为简单的近似公式.

由微分的定义可知，当函数 $y=f(x)$ 在点 x_0 处可导，且 $|\Delta x|$ 很小时，有

$$\Delta y \approx \mathrm{d}y \mid_{x=x_0} = f'(x_0)\Delta x. \tag{2.14}$$

而 $\Delta y = f(x_0 + \Delta x) - f(x_0)$，因此，式(2.14)可以变形为

$$f(x_0 + \Delta x) - f(x_0) \approx f'(x_0)\Delta x,$$

即

$$f(x_0 + \Delta x) \approx f(x_0) + f'(x_0)\Delta x. \tag{2.15}$$

在式(2.15)中，令 $x_0 + \Delta x = x$，则

$$f(x) \approx f(x_0) + f'(x_0)(x - x_0). \tag{2.16}$$

在式(2.16)中，令 $x_0 = 0$，则

$$f(x) \approx f(0) + f'(0)(x). \tag{2.17}$$

利用式(2.15)、式(2.16)、式(2.17)都可以计算函数的近似值，当 $|x|$ 很小时，利用式(2.17)可以推得下面一些常用的近似公式：

(1) $\mathrm{e}^x \approx 1 + x$；

(2) $\ln(1+x) \approx x$；

(3) $\sin x \approx x$（x 为弧度）；

(4) $\tan x \approx x$（x 为弧度）；

(5) $\sqrt[n]{1+x} \approx 1 + \dfrac{1}{n}x$.

下面仅证明(1)和(5)，其他几个近似公式都可以用类似方法推得.

证明 (1)设 $f(x) = \mathrm{e}^x$，于是 $f(0) = 1$，且

$$f'(0) = (\mathrm{e}^x)' \mid_{x=0} = \mathrm{e}^x \mid_{x=0} = 1,$$

于是由 $f(x) \approx f(0) + f'(0)x$ 可得

$$\mathrm{e}^x \approx 1 + x.$$

(5)设 $f(x) = \sqrt[n]{1+x}$，于是 $f(0) = 1$，且

$$f'(0) = (\sqrt[n]{1+x})' \mid_{x=0} = [(1+x)^{\frac{1}{n}}]' \mid_{x=0} = \frac{1}{n}(1+x)^{\frac{1}{n}-1} \mid_{x=0} = \frac{1}{n},$$

于是由 $f(x) \approx f(0) + f'(0)x$ 可得

$$\sqrt[n]{1+x} \approx 1 + \frac{1}{n}x.$$

■例 2.37（受热金属球体积的改变量） 半径为 10cm 的实心金属球受热后，半径增加了 0.05cm，求体积增大的近似值.

解 该题是求函数改变量的问题. 设金属球的体积为 V，半径为 r，则

$$V(r) = \frac{4}{3}\pi r^3,$$

进而可得 $V' = 4\pi r^2$. $r = 10$，$\Delta r = 0.05$，由式(2.14)得

$$\Delta V \approx \mathrm{d}V = 4\pi r^2 \cdot \Delta r = 4\pi(10)^2 \cdot 0.05 \approx 62.831\,9(\mathrm{cm}^3),$$

即体积增大的近似值为 62.931 9 cm^3.

■例 2.38 求 $\mathrm{e}^{-0.03}$ 的近似值.

解 由近似公式 $\mathrm{e}^x \approx 1 + x$ 得

$$\mathrm{e}^{-0.03} \approx 1 - 0.03 = 0.97.$$

习题 2.6

1 选择题.

(1) 一元函数中连续是可微的( )条件.

A. 充分　　　　　B. 必要　　　　　C. 充要　　　　　D. 无关

(2) $f(x)$ 在点 $x=x_0$ 处可微是 $f(x)$ 在点 $x=x_0$ 处连续的( ).

A. 充分且必要条件　　　　　　　B. 必要非充分条件

C. 充分非必要条件　　　　　　　D. 既非充分也非必要条件

(3) 当 $|\Delta x|$ 充分小，$f'(x_0)\neq0$ 时，函数 $y=f(x)$ 的改变量 Δy 与微分 $\mathrm{d}y$ 的关系是( ).

A. $\Delta y=\mathrm{d}y$　　　B. $\Delta y<\mathrm{d}y$　　　C. $\Delta y>\mathrm{d}y$　　　D. $\Delta y\approx\mathrm{d}y$

2 设 $y=x^3-\dfrac{1}{x}$，求当 $x=2,\Delta x=0.2$ 时的 Δy 和 $\mathrm{d}y$.

3 求下列函数的微分：

(1) $y=\dfrac{1}{x}+2\sqrt{x}$ ；

(2) $y=x\sin 2x$ ；

(3) $y=\dfrac{x}{\sqrt{x^2+1}}$ ；

(4) $y=\left[\ln(1-x)\right]^2$ ；

(5) $y=x^2\mathrm{e}^{2x}$ ；

(6) $y=\mathrm{e}^{-x}\cos(3-x)$.

(7) $y=\arcsin\sqrt{1-x^2}\ (x>0)$ ；

(8) $\ln\sqrt{x^2+y^2}=\arctan\dfrac{y}{x}$.

4 将适当的函数填入下列括号内，使等式成立.

(1) $\mathrm{d}\underline{\hspace{2cm}}=2x\mathrm{d}x$.

(2) $\mathrm{d}\underline{\hspace{2cm}}=\dfrac{1}{1+x^2}\mathrm{d}x$.

(3) $\mathrm{d}\underline{\hspace{2cm}}=\dfrac{1}{\sqrt{x}}\mathrm{d}x$.

(4) $\mathrm{d}\underline{\hspace{2cm}}=\mathrm{e}^{-x}\mathrm{d}x$.

(5) $\mathrm{d}\underline{\hspace{2cm}}=\dfrac{1}{x^2}\mathrm{d}x$.

(6) $\mathrm{d}\underline{\hspace{2cm}}=\sin 3x\mathrm{d}x$.

* 5 (圆环面积) 水管壁的正截面是一个圆环，设它的内半径为 R_0，壁厚为 h，利用微分计算这个圆环面积的近似值.

本章小结

视野拓展小微课

复习题二

基础题型

一、判断题

1 函数 $y=f(x)$ 在点 (x_0,y_0) 处连续，则函数 $y=f(x)$ 在该点也可导. (   )

2 函数 $y=f(x)$ 在点 (x_0,y_0) 的导数等于曲线 $y=f(x)$ 在该点处的切线的斜率. (   )

3 设函数 $y=f(x)$，则 $[f(x_0)]'=f'(x_0)$. (   )

4 设函数 $y=f(x)$ 和 $y=g(x)$ 在同一区间上可导且 $f'(x)=g'(x)$，则 $f(x)=g(x)$. (   )

5 设函数 $y=\ln 2x$，则 $y'=(\ln 2x)'\cdot(2x)'$. (   )

6 曲线 $y=x^2$ 在点 $(1,1)$ 处的切线方程是 $x+2y-3=0$. (   )

7 如果函数在一点的导数不存在，则曲线在该点没有切线. (   )

8 设函数 $y=f(u),u=\varphi(x)$，则 $\mathrm{d}y=f'(u)\mathrm{d}x$. (   )

9 如果函数 $f(x)$ 在点 x_0 可导，则函数 $y=f(x)$ 在点 x_0 处必有定义. (   )

10 当 $|x|$ 很小时，由微分的定义有 $\sqrt[n]{1+x}\approx 1+\dfrac{x}{n}$. (   )

二、选择题

1 函数 $y=f(x)$ 在点 x_0 处可导，且曲线 $y=f(x)$ 在点 $(x_0,f(x_0))$ 处的切线平行于 x 轴，则 $f'(x_0)$ 的值(   ).

A. 等于零   B. 大于零   C. 小于零   D. 不存在

2 函数 $f(x)=|x-2|$ 在点 $x=2$ 处的导数为(   ).

A. 1   B. 0   C. -1 D. 不存在

3 设 $y=f(-2x)$，则 $y'=($ $)$.

A. $f'(2x)$ B. $-f'(-2x)$ C. $f'(-2x)$ D. $-2f'(-2x)$

4 设 $y=3^{\sin x}$，则 $y'=($ $)$.

A. $3^{\sin x}\ln 3$ B. $3^{\sin x}\cdot\ln 3\cdot\cos x$ C. $3^{\sin x}\cdot\cos x$ D. $3^{\sin x-1}\cdot\sin x$

5 设 $y=\arctan \mathrm{e}^x$，则 $y'=($ $)$.

A. $\dfrac{\mathrm{e}^x}{1+\mathrm{e}^{2x}}$ B. $\dfrac{1}{1+\mathrm{e}^{2x}}$ C. $\dfrac{1}{\sqrt{1+\mathrm{e}^{2x}}}$ D. $\dfrac{\mathrm{e}^x}{\sqrt{1-\mathrm{e}^{2x}}}$

6 设 $y=\tan\dfrac{x}{2}-\cot\dfrac{x}{2}$，则 $y'=($ $)$.

A. $\dfrac{1}{2}\sin^2 x$ B. $2\csc^2 x$ C. $2\sec^2 x$ D. $2\cos^2 x$

7 设 $y=\ln(1-2x)$，则 $y''=($ $)$.

A. $\dfrac{1}{(1-2x)^2}$ B. $\dfrac{2}{(1-2x)^2}$ C. $\dfrac{-4}{(1-2x)^2}$ D. $\dfrac{4}{(1-2x)^2}$

8 设 $y=x^n+\mathrm{e}^x$，则 $y^{(n)}=$（　　）.

A. e^x　　　　　　B. $n!$　　　　　　C. $n!+n\mathrm{e}^x$　　　　　　D. $n!+\mathrm{e}^x$

9 设 $y=\ln\sqrt{\dfrac{1+x}{1-x}}$，则 $\mathrm{d}y=$（　　）.

A. $\dfrac{1}{1+x^2}\mathrm{d}x$　　　B. $\dfrac{1}{1-x^2}\mathrm{d}x$　　　C. $\dfrac{1}{x^2-1}\mathrm{d}x$　　　D. $\dfrac{1}{2(1-x^2)}\mathrm{d}x$

三、填空题

1 设函数 $y=f(x)$ 在点 x_0 处可导，则 $\lim\limits_{h\to0}\dfrac{f(x_0-h)-f(x_0)}{h}=$_____.

2 曲线 $y=x^3$ 在点 M_1_____和点 M_2_____处的切线斜率都等于 3.

3 若 $y=f(x)$ 在点 (x_0,y_0) 处有垂直于 x 轴的切线，则 $f'(x_0)=$_____.

4 设函数 $y=x(x-1)(x-2)(x-3)$，则 $y'(0)=$_____.

5 设曲线 $y=\dfrac{1}{1+x^2}$ 在点 M 处的切线平行于 x 轴，则点 M 的坐标为_____.

6 设 $f(x)=a_0x^n+a_1x^{n-1}+\cdots+a_{n-1}x+a_n$，则 $f^{(n+1)}(x)=$_____.

7 一物体按规律 $s(t)=3t-t^2$ 做直线运动，速度 $v\left(\dfrac{3}{2}\right)=$_____.

8 已知函数 $y=f(x)$ 在点 $x=x_0$ 处可导，则曲线 $f(x)$ 在点 $(x_0,f(x_0))$ 处的切线的斜率 $k=$_____.

9 $\dfrac{x}{\sqrt{1-x^2}}\mathrm{d}x=\mathrm{d}$_____.

10 曲线 $y=\ln x$ 在点 $(1,0)$ 处的法线方程为_____.

四、计算题

1 $y=\sin x\cdot\log_2 x$，求 y'.

2 $y=\sin 2^{\sqrt{x}}$，求 y'.

3 $y=\ln\ln\ln x$，求 y'.

4 $y=\sqrt{1+\sqrt{\ln x}}$，求 y'.

5 已知隐函数 $y=y(x)$ 由方程 $y=\sin(x+y)$ 确定，求 y'.

6 已知隐函数 $y=y(x)$ 由方程 $\sin y+\mathrm{e}^x-xy^2=0$ 确定，求 y'.

7 $y=x^{\sin x}$，求 $y'\big|_{x=\pi}$.

8 $y=\dfrac{\ln x}{x}$，求 y''.

9 $y=\tan^2 x+\ln\cos x$，求 $\mathrm{d}y$；

10 $y=\mathrm{e}^{x^2}\cos^4 x$，求 $\mathrm{d}y$.

五、解答题

1 设函数 $f(x)=\begin{cases}-x^2, & x<0,\\ x\arctan x, & x\geqslant0.\end{cases}$ 求 $f'(0)$.

2 设函数 $f(x)=\begin{cases} ax, & x\leqslant 0, \\ \sin bx, & x>0. \end{cases}$ 问：a,b 满足什么关系时，$f(x)$ 处处连续可导？

3 求与直线 $x+9y-1=0$ 垂直的曲线 $y=x^3-3x^2+5$ 的切线方程.

4 设 $f'(a)=-2$，求 $\lim\limits_{x\to 0}\dfrac{x}{f(a-2x)-f(a-x)}$.

拓展题型

1 (2021 高数一)已知函数 $f(x)=\begin{cases} \dfrac{1}{2}x^2, & x\leqslant 0, \\ \sin x, & x>0, \end{cases}$ 则 $f(x)$ 在 $x=0$ 处(　　).

A. 左右导数存在且相等
B. 左导数存在，右导数不存在
C. 左导数不存在，右导数存在
D. 左、右导数都存在但不相等

2 (2019 财经)若函数 $f(x)$ 在 x_0 处可导，则极限 $\lim\limits_{\Delta x\to 0}\dfrac{f(x_0+3\Delta x)-f(x_0)}{\Delta x}$ 可表示为(　　).

A. $-f'(x_0)$　　　　B. $3f'(x_0)$　　　　C. $\dfrac{1}{3}f'(x_0)$　　　　D. $-3f'(x_0)$

3 (2019 财经)函数 $f(x)=|x-1|$ 在点 $x=1$ 处(　　).
A. 不连续　　　　B. 有水平切线　　　　C. 连续但不可导　　D. 可微

4 (2019 机械、交通、电气、电子、土木)若 $f(x)=e^{-x}\cos x$，则 $f'(0)=$(　　).
A. 2　　　　　　B. 1　　　　　　C. -1　　　　　　D. -2

5 (2020 高数一)函数 $y=\dfrac{1}{x}+2\ln x$ 在点 $(1,1)$ 处的切线方程是_____.

6 (2019 机械、交通、电气、电子、土木)函数 $f(x)$ 在点 x_0 可导是 $f(x)$ 在点 x_0 连续的_____(填"充分""必要"或"充要")条件.

7 (2019 财经)已知 $\begin{cases} x=a(\sin t-t\cos t), \\ y=a(\cos t+t\sin t), \end{cases}$ 则 $\dfrac{dy}{dx}\Big|_{t=\frac{3\pi}{4}}=$_____.

8 (2019 财经)设 $y=\cos(\sin x)$，则 $dy=$_____.

9 (2019 公共课)求曲线 $\begin{cases} x=\dfrac{t^2}{2}, \\ y=t^2(t-1) \end{cases}$ 在 $t=2$ 处的切线方程与法线方程.

10 (2019 机械、交通、电气、电子、土木)求函数 $y=e^{2x}\sin 3x$ 的一阶及二阶导数.

3

第 3 章
微分中值定理与导数的应用

本章导学

　　上一章中，我们学习了导数的概念，并讨论了导数的计算方法，而导数刻画的是函数局部的性态，假若利用导数来研究函数在某区间内的整体性态(如单调性、极值、凹凸性、拐点)，并解决一些有关的实际问题，则须在局部和整体之间搭建一座桥梁，建立理论基础，此理论基础即本章将要介绍的微分中值定理.

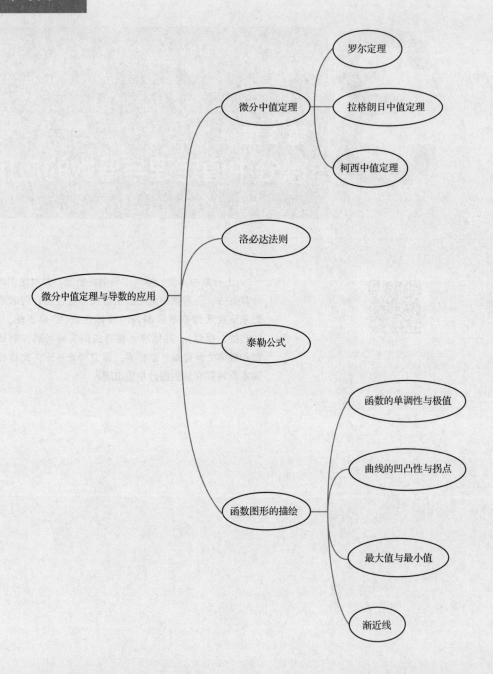

3.1　微分中值定理

3.1.1　罗尔定理

定理 3.1(罗尔定理)　如果函数 $y=f(x)$ 满足条件

(1)在闭区间 $[a,b]$ 上连续;

(2)在开区间 (a,b) 内可导;

(3)$f(a)=f(b)$,

则在开区间 (a,b) 内至少存在一点 ξ,使 $f'(\xi)=0$.

注　(1)定理的 3 个条件是结论成立的充分非必要条件,如果有某一个条件不满足,定理的结论就可能不成立. 例如.

①函数 $y=f(x)=\begin{cases}1, & x=0, \\ x, & 0<x\le 1\end{cases}$ 在闭区间 $[0,1]$ 上不连续[见图 3.1(a)];

②函数 $y=f(x)=|x|$,$x\in[-1,1]$ 在 $x=0$ 处不可导[见图 3.1(b)];

③函数 $y=f(x)=x^3$ 在闭区间 $[0,1]$ 上端点处函数值不相等[见图 3.1(c)].

显然,这 3 个函数在相应的开区间内没有水平切线,即不存在内点 ξ,使 $f'(\xi)=0$.

(2)即使罗尔定理的 3 个条件不满足,但定理的结论仍可能成立. 例如函数 $f(x)=x^3$,显然其在闭区间 $[-1,1]$ 上连续,在开区间 $(-1,1)$ 内可导,在区间 $[-1,1]$ 的两端点处函数值不相等 $[f(-1)=-1$,$f(1)=1]$,但仍存在 $\xi=0\in(-1,1)$,使 $f'(\xi)=0$[见图 3.1(d)].

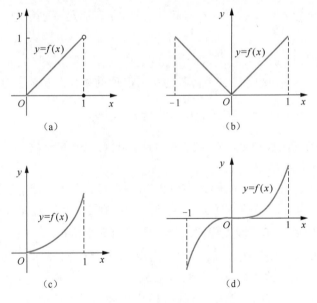

图 3.1

罗尔定理的**几何意义**:如果连续曲线除端点外处处都具有不垂直于 x 轴的切线,且两端点处的纵坐标相等,那么其上至少有一条平行于 x 轴的切线(见图 3.2).

罗尔定理的**代数意义**:当 $f(x)$ 可导时,在方程 $f(x)=0$ 的两个实根之间至少存在方程 $f'(x)=0$ 的一个实根.

罗尔定理与零点定理都可以用于证明方程在给定的某开区间内至少存在一个根，但零点定理证明的是方程 $f(x)=0$ 在某开区间内至少存在一个实根，罗尔定理证明的是方程 $f'(x)=0$ 在某开区间内至少存在一个实根.

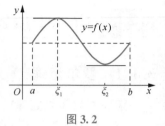

图 3.2

对于罗尔定理，大家可以借助其几何意义理解学习，此处补充对罗尔定理的理论证明，供学有余力的同学自行阅读学习.

*证明 因为 $y=f(x)$ 在闭区间 $[a,b]$ 上连续，由闭区间上连续函数的性质可知，$f(x)$ 在闭区间 $[a,b]$ 上必有最大值 M 和最小值 m.

(1)若 $M=m$，此时 $f(x)$ 在 $[a,b]$ 上恒为常数，则在 (a,b) 内处处有 $f'(x)=0$.

(2)若 $M>m$，由于 $f(a)=f(b)$，m 与 M 中至少有一个不等于端点的函数值，我们不妨假定 $m\neq f(a)$［同理可证 $M\neq f(a)$］，就是说最小值不在两个端点处取得，则在 (a,b) 内至少存在一点 ξ，使 $f(\xi)=m$.

由于 $f(\xi)=m$ 是 $f(x)$ 在 $[a,b]$ 上的最小值，若 $\xi+\Delta x\in[a,b]$，则 $f(\xi+\Delta x)-f(\xi)\geqslant 0$.

又由于 $f(x)$ 在 (a,b) 内可导，所以 $f(x)$ 在点 ξ 处可导，即 $f'(\xi)$ 存在，从而

$$f'_+(\xi)=\lim_{\Delta x\to 0^+}\frac{f(\xi+\Delta x)-f(\xi)}{\Delta x}\geqslant 0,$$

$$f'_-(\xi)=\lim_{\Delta x\to 0^-}\frac{f(\xi+\Delta x)-f(\xi)}{\Delta x}\leqslant 0,$$

所以

$$f'(\xi)=0.$$

■例 3.1 验证函数 $f(x)=x\sqrt{3-x}$ 在区间 $[0,3]$ 上是否满足罗尔定理，若满足，求出定理中的 ξ.

解 因为函数 $f(x)=x\sqrt{3-x}$ 在闭区间 $[0,3]$ 上连续，在开区间 $(0,3)$ 内可导，且 $f(0)=f(3)=0$，所以函数 $f(x)$ 在区间 $[0,3]$ 上满足罗尔定理的条件. 故至少存在一点 $\xi\in(0,3)$，使 $f'(\xi)=0$，即 $f'(\xi)=\sqrt{3-\xi}-\dfrac{\xi}{2\sqrt{3-\xi}}=0$，解得 $\xi=2\in(0,3)$.

■例 3.2 不用求出函数 $f(x)=(x-2)(x-3)(x-4)(x-5)$ 的导数，说明方程 $f'(x)=0$ 有几个实根，并指出它们所在的区间.

解 显然函数 $f(x)$ 在 $[2,5]$ 上连续，在 $(2,5)$ 内可导，且 $f(2)=f(3)=f(4)=f(5)=0$，在区间 $[2,3]$，$[3,4]$，$[4,5]$ 上分别应用罗尔定理，知存在 $\xi_1\in(2,3),\xi_2\in(3,4),\xi_3\in(4,5)$，使 $f'(\xi_1)=f'(\xi_2)=f'(\xi_3)=0$，即方程 $f'(x)=0$ 至少有 3 个实根.

又因为 $f'(x)=0$ 为一元三次方程，所以其至多有 3 个实根. 因此，方程 $f'(x)=0$ 恰好有 3 个实根，并且分别位于区间 $(2,3)$，$(3,4)$，$(4,5)$ 内.

■例 3.3 设 $f(x)$ 在 $[0,1]$ 上连续，在 $(0,1)$ 内可导，且 $f(1)=0$，试证：至少存在一点 $\xi\in(0,1)$，使 $f'(\xi)=-\dfrac{2f(\xi)}{\xi}$.

证明 设 $F(x)=x^2f(x)$，显然 $F(x)$ 在 $[0,1]$ 上连续，在 $(0,1)$ 内可导，且 $F'(x)=2xf(x)+x^2f'(x)$. 又 $F(0)=0$，$F(1)=f(1)=0$，由罗尔定理知，至少存在一点 $\xi\in(0,1)$，使 $F'(\xi)=0$，即

$$2\xi f(\xi)+\xi^2 f'(\xi)=0.$$

因为 $\xi\neq0$，所以

$$2f(\xi)+\xi f'(\xi)=0,$$

从而 $f'(\xi)=-\dfrac{2f(\xi)}{\xi}$ 成立.

3.1.2　拉格朗日中值定理

定理 3.2(拉格朗日中值定理)　如果函数 $y=f(x)$ 满足条件

(1)在闭区间 $[a,b]$ 上连续；

(2)在开区间 (a,b) 内可导，

则在开区间 (a,b) 内至少存在一点 ξ，使

$$f'(\xi)=\frac{f(b)-f(a)}{b-a}.$$

我们先看定理的几何意义. 连续与可导的条件与罗尔定理一

样，在图 3.3 中，连接曲线两端点的弦 AB 的斜率为 $\dfrac{f(b)-f(a)}{b-a}$，

显然在曲线上至少存在一点 $C(\xi,f(\xi))$，使过该点的切线(斜率

为 $f'(\xi)$)与弦 AB 平行，即

$$f'(\xi)=\frac{f(b)-f(a)}{b-a}\text{或}f(b)-f(a)=f'(\xi)(b-a).$$

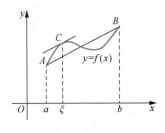

图 3.3

在拉格朗日中值定理中，如果再增加一个条件 $f(a)=f(b)$，

那么定理的结论正是罗尔定理的结论. 可见，罗尔定理是拉格朗

日中值定理的一种特殊情况. 因此，证明拉格朗日中值定理时，可以考虑构造一个辅助函数，

使其符合罗尔定理的条件，然后利用罗尔定理进行证明.

证明　构造辅助函数

$$\varphi(x)=f(x)-\frac{f(b)-f(a)}{b-a}x,$$

显然，$\varphi(x)$ 在闭区间 $[a,b]$ 上连续，在开区间 (a,b) 内可导，且有

$$\varphi(a)=f(a)-\frac{f(b)-f(a)}{b-a}\cdot a=\frac{bf(a)-af(b)}{b-a},$$

$$\varphi(b)=f(b)-\frac{f(b)-f(a)}{b-a}\cdot b=\frac{bf(a)-af(b)}{b-a},$$

即

$$\varphi(a)=\varphi(b),$$

所以函数 $\varphi(x)$ 在区间 $[a,b]$ 上满足罗尔定理的条件. 因此，在 (a,b) 内至少存在一点 ξ，使

$$\varphi'(\xi)=0,$$

即

$$f'(\xi)-\frac{f(b)-f(a)}{b-a}=0,$$

于是有

$$f'(\xi)=\frac{f(b)-f(a)}{b-a}\text{或}f(b)-f(a)=f'(\xi)(b-a).$$

注 构造辅助函数的方法并不唯一，也可以设 $\varphi(x)=f(x)-f(a)-\dfrac{f(b)-f(a)}{b-a}(x-a)$.

■**例 3.4** 验证函数 $f(x)=\arctan x$ 在区间 $[0,1]$ 上满足拉格朗日中值定理，并求 ξ 的值.

解 函数 $f(x)=\arctan x$ 在闭区间 $[0,1]$ 上连续，在开区间 $(0,1)$ 内可导，因此，其满足拉格朗日中值定理的条件.

$$f'(x)=\frac{1}{1+x^2},$$

由拉格朗日中值定理得

$$\frac{\arctan 1-\arctan 0}{1-0}=\frac{1}{1+\xi^2},$$

于是有

$$1+\xi^2=\frac{4}{\pi},$$

解得

$$\xi=\pm\sqrt{\frac{4}{\pi}-1}.$$

又由于

$$\xi=-\sqrt{\frac{4}{\pi}-1}\notin(0,1),$$

应舍去，所以 $\xi=\sqrt{\dfrac{4}{\pi}-1}\in(0,1)$.

由本例可以看出，在求拉格朗日中值定理中的 ξ 时，需检查求出的值是否属于开区间 (a,b). 由于 $a<\xi<b$，所以拉格朗日中值定理还可以用于证明不等式.

■**例 3.5** 设 $0<a<b$，证明不等式 $\dfrac{b-a}{b}<\ln\dfrac{b}{a}<\dfrac{b-a}{a}$.

证明 由于 $f(x)=\ln x$ 在 $[a,b]$ 上连续，在 (a,b) 内可导，所以其满足拉格朗日中值定理，于是存在 $\xi\in(a,b)$，使 $f'(\xi)=\dfrac{f(b)-f(a)}{b-a}$，即 $\dfrac{1}{\xi}=\dfrac{\ln b-\ln a}{b-a}$，

从而得

$$\ln b-\ln a=\ln\frac{b}{a}=\frac{1}{\xi}(b-a).$$

又因为 $0<a<\xi<b$，所以 $\dfrac{b-a}{b}<\dfrac{b-a}{\xi}<\dfrac{b-a}{a}$，

即

$$\frac{b-a}{b}<\ln\frac{b}{a}<\frac{b-a}{a}.$$

由拉格朗日中值定理可以得到两个非常重要的推论.

推论 1 如果 $f(x)$ 在开区间 (a,b) 内的导数 $f'(x)\equiv 0$，则在区间 (a,b) 内 $f(x)=C$.

证明 设 x_1,x_2 是开区间 (a,b) 内的任意两点，且 $x_1<x_2$，则由拉格朗日中值定理得

$$f(x_2)-f(x_1)=f'(\xi)(x_2-x_1)\quad(x_1<\xi<x_2).$$

由已知条件知 $f'(\xi)=0$，所以 $f(x_2)-f(x_1)=0$，即

$$f(x_2)=f(x_1).$$

因为 x_1,x_2 是区间 (a,b) 内的任意两点，所以 $f(x)=C$.

这个推论是常数的导数等于零的逆定理.

推论 2　如果对于开区间 (a,b) 内的任意 x，总有 $f'(x) \equiv g'(x)$，那么在开区间 (a,b) 内，$f(x)$ 与 $g(x)$ 之差是一个常数，即

$$f(x)-g(x)=C(C \text{ 是常数}).$$

证明　设 $F(x)=f(x)-g(x)$，则 $F'(x)=[f(x)-g(x)]'=f'(x)-g'(x) \equiv 0$，由推论 1 可知，在区间 (a,b) 内，$F(x)=C$，即

$$f(x)-g(x)=C.$$

推论 2 为下一章中不定积分与原函数之间关系的讨论奠定了基础.

设 $y=f(x)$ 在区间 $[a,b]$ 上满足拉格朗日中值定理的条件，x 和 $x+\Delta x$ 是该区间内的任意两点，在区间 $[x, x+\Delta x]$（不妨设 $\Delta x>0$）上使用拉格朗日中值定理，得

$$f(x+\Delta x)-f(x)=f'(\xi)\Delta x(x<\xi<x+\Delta x),$$

即

$$\Delta y=f'(\xi)\Delta x. \tag{3.1}$$

式 (3.1) 称为有限增量公式，该式精确地表达了函数 $y=f(x)$ 当自变量变化 Δx 时，相应的函数值的变化量 Δy 与函数在点 ξ 的导数之间的关系.

把式 (3.1) 变形得 $\dfrac{\Delta y}{\Delta x}=f'(\xi)$，该式表明函数在某一闭区间上的平均变化率至少与该区间内某一点的导数相等，它是用函数的局部性研究函数整体性的桥梁.

如果在式 (3.1) 中引入参数 θ，当 $0<\theta<1$ 时，$\xi=x+\theta\Delta x$，可得

$$\Delta y=f'(x+\theta\Delta x)\Delta x. \tag{3.2}$$

■例 3.6　对于任意的 $x \in (-\infty,+\infty)$，证明 $\arctan x+\operatorname{arccot} x=\dfrac{\pi}{2}$.

证明　设 $f(x)=\arctan x+\operatorname{arccot} x$，则对于任意的 $x \in (-\infty,+\infty)$，有

$$f'(x)=\frac{1}{1+x^2}-\frac{1}{1+x^2} \equiv 0.$$

由推论 1 知，在 $(-\infty,+\infty)$ 内，$f(x)=\arctan x+\operatorname{arccot} x=C$.

再取一个特殊的 x 值来确定 C，取 $x=1$，有

$$f(1)=\arctan 1+\operatorname{arccot} 1=\frac{\pi}{4}+\frac{\pi}{4}=\frac{\pi}{2}=C,$$

因此，在 $(-\infty,+\infty)$ 内，

$$\arctan x+\operatorname{arccot} x=\frac{\pi}{2}.$$

3.1.3　柯西中值定理

定理 3.3（柯西中值定理）　如果函数 $f(x),g(x)$ 满足条件

(1) 在闭区间 $[a,b]$ 上连续；

(2) 在开区间 (a,b) 内可导，且 $g'(x) \neq 0$，

那么在开区间 (a,b) 内至少存在一点 ξ，使

$$\frac{f(b)-f(a)}{g(b)-g(a)}=\frac{f'(\xi)}{g'(\xi)}.$$

证明略.

若取 $g(x)=x$，则 $g(b)-g(a)=b-a$，$g'(x)=1$，这样就可以得到

$$f'(\xi)=\frac{f(b)-f(a)}{b-a}.$$

这就是拉格朗日中值定理的结论. 因此，柯西中值定理是拉格朗日中值定理的推广. 拉格朗日中值定理在微分学中占有非常重要的地位，有时人们称拉格朗日中值定理为微分中值定理.

习题 3.1

1 判断下列函数是否在给定的区间上满足罗尔定理的条件，若满足，求出定理中的 ξ.

(1) $f(x)=\ln\sin x$，$\left[\dfrac{\pi}{6},\dfrac{5\pi}{6}\right]$.

(2) $f(x)=\dfrac{3}{x^2+1}$，$[-1,1]$.

2 下列函数在给定的区间上是否满足拉格朗日中值定理的条件？如果满足，求出定理中的 ξ.

(1) $f(x)=\sqrt{x}$，$x\in[1,4]$.

(2) $f(x)=\mathrm{e}^x$，$x\in[0,1]$.

(3) $f(x)=x^3-5x^2+x-2$，$x\in[-1,0]$.

(4) $f(x)=\ln x$，$x\in[1,2]$.

3 已知函数 $f(x)=(x+1)(x+2)(x+3)$，则方程 $f'(x)=0$ 有（　　）个实根.

A. 0　　　　　　　　B. 1　　　　　　　　C. 2　　　　　　　　D. 3

4 用拉格朗日中值定理证明：若 $\lim\limits_{x\to0^+}f(x)=f(0)=0$，且当 $x>0$ 时，$f'(x)>0$，则当 $x>0$ 时，$f(x)>0$.

5 已知函数 $f(x)$ 在 $[0,a]$ 上连续，在 $(0,a)$ 内可导，且 $f(a)=0$. 证明：至少存在一点 $\xi\in(0,a)$，使 $f(\xi)+\xi f'(\xi)=0$.

微课：习题 3.1
第 5 题

6 用拉格朗日中值定理证明：

(1) 当 $x>0$ 时，$\dfrac{x}{1+x}<\ln(1+x)<x$；

(2) 若 $a>b>0$，$n>1$，则 $nb^{n-1}(a-b)<a^n-b^n<na^{n-1}(a-b)$.

7 证明下列等式成立.

(1) 当 x 在 $[-1,1]$ 上取值时，$\arcsin x+\arccos x=\dfrac{\pi}{2}$.

(2) 当 $-\infty<x<+\infty$ 时，$\arctan x=\arcsin\dfrac{x}{\sqrt{1+x^2}}$.

3.2 洛必达法则

如果当 $x \to x_0$（或 $x \to \infty$）时，两个函数 $f(x)$ 和 $g(x)$ 都趋于零或都趋于无穷大，那么极限 $\lim\limits_{\substack{x \to x_0 \\ (x \to \infty)}} \dfrac{f(x)}{g(x)}$ 可能存在，也可能不存在，通常把这类极限叫作未定式，记为"$\dfrac{0}{0}$"或"$\dfrac{\infty}{\infty}$"．例如，$\lim\limits_{x \to 0} \dfrac{\sin x}{x}$ 为"$\dfrac{0}{0}$"型未定式，$\lim\limits_{x \to +\infty} \dfrac{\ln x}{x^2}$ 为"$\dfrac{\infty}{\infty}$"型未定式．这类极限即使存在，也不能用商的极限的运算法则进行运算，下面介绍求这类极限的极为简便而且非常重要的方法——洛必达法则．

3.2.1 "$\dfrac{0}{0}$"型未定式

定理 3.4（洛必达法则 I）　设函数 $f(x)$ 和函数 $g(x)$ 满足条件

（1）$\lim\limits_{x \to x_0} f(x) = 0$，$\lim\limits_{x \to x_0} g(x) = 0$；

（2）函数 $f(x)$，$g(x)$ 在 x_0 的某去心邻域内可导，且 $g'(x) \neq 0$；

（3）$\lim\limits_{x \to x_0} \dfrac{f'(x)}{g'(x)} = A$（或 ∞），

则

$$\lim_{x \to x_0} \frac{f(x)}{g(x)} = \lim_{x \to x_0} \frac{f'(x)}{g'(x)} = A（或 \infty）.$$

具体证明过程需要用到柯西中值定理，证明从略．

注　（1）如果函数 $f'(x)$ 与 $g'(x)$ 仍满足洛必达法则 I 中的条件，则可继续使用洛必达法则 I，即有

$$\lim_{x \to x_0} \frac{f(x)}{g(x)} = \lim_{x \to x_0} \frac{f'(x)}{g'(x)} = \lim_{x \to x_0} \frac{f''(x)}{g''(x)}.$$

洛必达法则 I 可以连续多次使用．

（2）洛必达法则 I 中，极限过程 $x \to x_0$ 若换成 $x \to x_0^+, x \to x_0^-, x \to \infty, x \to +\infty, x \to -\infty$，结论仍然成立．

例 3.7　求 $\lim\limits_{x \to 0} \dfrac{e^x - 1}{x - x^2}$．

解　因为 $\lim\limits_{x \to 0} (e^x - 1) = 0$，$\lim\limits_{x \to 0} (x - x^2) = 0$，所以这是"$\dfrac{0}{0}$"型未定式．使用洛必达法则 I，得

$$\lim_{x \to 0} \frac{e^x - 1}{x - x^2} = \lim_{x \to 0} \frac{e^x}{1 - 2x} = 1.$$

例 3.8　求 $\lim\limits_{x \to 1} \dfrac{\ln x}{x - 1}$．

解　因为 $\lim\limits_{x \to 1} \ln x = 0$，$\lim\limits_{x \to 1} (x - 1) = 0$，所以这是"$\dfrac{0}{0}$"型未定式．使用洛必达法则 I，得

$$\lim_{x \to 1} \frac{\ln x}{x - 1} = \lim_{x \to 1} \frac{\dfrac{1}{x}}{1} = \lim_{x \to 1} \frac{1}{x} = 1.$$

■例 3.9 求下列极限.

(1) $\lim\limits_{x\to 0}\dfrac{1-\cos x}{x^2}$.   (2) $\lim\limits_{x\to 0}\dfrac{(1+x)^{\alpha}-1}{x}$($\alpha$ 为实数).

(3) $\lim\limits_{x\to 1}\dfrac{x^3-3x+2}{x^3-x^2-x+1}$.   (4) $\lim\limits_{x\to 0}\dfrac{x-\sin x}{x^3}$.

解 这 4 个极限都是 "$\dfrac{0}{0}$" 型未定式,用洛必达法则 I 进行求解.

(1) $\lim\limits_{x\to 0}\dfrac{1-\cos x}{x^2}=\lim\limits_{x\to 0}\dfrac{(1-\cos x)'}{(x^2)'}=\lim\limits_{x\to 0}\dfrac{\sin x}{2x}=\dfrac{1}{2}$.

(2) $\lim\limits_{x\to 0}\dfrac{(1+x)^{\alpha}-1}{x}=\lim\limits_{x\to 0}\dfrac{\left[(1+x)^{\alpha}-1\right]'}{(x)'}=\lim\limits_{x\to 0}\dfrac{\alpha(1+x)^{\alpha-1}}{1}=\alpha$.

(3) $\lim\limits_{x\to 1}\dfrac{x^3-3x+2}{x^3-x^2-x+1}=\lim\limits_{x\to 1}\dfrac{3x^2-3}{3x^2-2x-1}=\lim\limits_{x\to 1}\dfrac{6x}{6x-2}=\dfrac{3}{2}$.

(4) $\lim\limits_{x\to 0}\dfrac{x-\sin x}{x^3}=\lim\limits_{x\to 0}\dfrac{1-\cos x}{3x^2}=\lim\limits_{x\to 0}\dfrac{\sin x}{6x}=\dfrac{1}{6}$.

说明:本例中,(1)(2)两小题还可以先用等价无穷小替换分子,然后计算极限;(3)(4)两小题连续使用了两次洛必达法则 I,其中(4)在第一次使用洛必达法则 I 后可以对分子进行等价无穷小替换,这样可使计算更简便.

■例 3.10 求 $\lim\limits_{x\to +\infty}\dfrac{\pi-2\arctan x}{\dfrac{1}{x}}$.

解 $\lim\limits_{x\to +\infty}\dfrac{\pi-2\arctan x}{\dfrac{1}{x}}\overset{\frac{0}{0}}{=}\lim\limits_{x\to +\infty}\dfrac{-\dfrac{2}{1+x^2}}{-\dfrac{1}{x^2}}=\lim\limits_{x\to +\infty}\dfrac{2x^2}{1+x^2}=2$.

3.2.2 "$\dfrac{\infty}{\infty}$" 型未定式

定理 3.5(洛必达法则 II) 设函数 $f(x)$ 和函数 $g(x)$ 满足条件

(1) $\lim\limits_{x\to x_0}f(x)=\infty$, $\lim\limits_{x\to x_0}g(x)=\infty$;

(2) 函数 $f(x)$,$g(x)$ 在 x_0 的某去心邻域内可导,且 $g'(x)\ne 0$;

(3) $\lim\limits_{x\to x_0}\dfrac{f'(x)}{g'(x)}=A$(或 ∞),

则

$$\lim\limits_{x\to x_0}\dfrac{f(x)}{g(x)}=\lim\limits_{x\to x_0}\dfrac{f'(x)}{g'(x)}=A(或\infty).$$

注 (1) 与洛必达法则 I 一样,在满足条件的情况下,洛必达法则 II 可以连续多次使用.

(2) 洛必达法则 II 中,极限过程 $x\to x_0$ 若换成 $x\to x_0^+$,$x\to x_0^-$,$x\to \infty$,$x\to +\infty$,$x\to -\infty$,结论仍然成立.

例 3.11　求 $\lim\limits_{x\to 0^+}\dfrac{\ln\cot x}{\ln x}$.

解　$\lim\limits_{x\to 0^+}\dfrac{\ln\cot x}{\ln x}\overset{\frac{\infty}{\infty}}{=}\lim\limits_{x\to 0^+}\dfrac{\dfrac{1}{\cot x}(-\csc^2 x)}{\dfrac{1}{x}}=-\lim\limits_{x\to 0^+}\dfrac{x}{\sin x\cos x}=-\lim\limits_{x\to 0^+}\dfrac{x}{\sin x}\cdot\lim\limits_{x\to 0^+}\dfrac{1}{\cos x}=-1.$

例 3.12　求 $\lim\limits_{x\to +\infty}\dfrac{\ln x}{x^n}(n>0)$.

解　$\lim\limits_{x\to +\infty}\dfrac{\ln x}{x^n}\overset{\frac{\infty}{\infty}}{=}\lim\limits_{x\to +\infty}\dfrac{\dfrac{1}{x}}{nx^{n-1}}=\lim\limits_{x\to +\infty}\dfrac{1}{nx^n}=0.$

例 3.13　求 $\lim\limits_{x\to +\infty}\dfrac{x^n}{\mathrm{e}^{\lambda x}}(n\text{ 为正整数},\ \lambda>0)$.

解　$\lim\limits_{x\to +\infty}\dfrac{x^n}{\mathrm{e}^{\lambda x}}\overset{\frac{\infty}{\infty}}{=}\lim\limits_{x\to +\infty}\dfrac{nx^{n-1}}{\lambda\mathrm{e}^{\lambda x}}\overset{\frac{\infty}{\infty}}{=}\lim\limits_{x\to +\infty}\dfrac{n(n-1)x^{n-2}}{\lambda^2\mathrm{e}^{\lambda x}}\overset{\frac{\infty}{\infty}}{=}\lim\limits_{x\to +\infty}\dfrac{n(n-1)(n-2)x^{n-3}}{\lambda^3\mathrm{e}^{\lambda x}}\overset{\frac{\infty}{\infty}}{=}\cdots=\lim\limits_{x\to +\infty}\dfrac{n!}{\lambda^n\mathrm{e}^{\lambda x}}=0.$

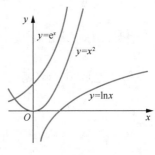

图 3.4

说明：无穷小间有速度快慢的比较，同样地，无穷大也有速度快慢之分（即无穷大的比较，在高等数学中我们不讨论无穷大的比较）．上述两例说明在自变量的同一变化趋势 $x\to +\infty$ 中，虽然函数 $\ln x, x^n, \mathrm{e}^{\lambda x}$ 都是无穷大，但从变大的速度来讲，函数 $\ln x$ 比 x^n 增长慢，x^n 比 $\mathrm{e}^{\lambda x}$ 增长慢．因此，在描述一个量增长得非常快时，常常说它是"指数型"增长．此处，我们可以借助函数图形帮助理解，如图 3.4 所示．

并不是所有"$\dfrac{0}{0}$"型和"$\dfrac{\infty}{\infty}$"型未定式都可以用洛必达法则进行计算，下面举例说明．

例 3.14　求极限 $\lim\limits_{x\to \infty}\dfrac{x+\sin x}{x-\sin x}$.

解　该极限属于"$\dfrac{\infty}{\infty}$"型未定式，用洛必达法则得

$$\lim\limits_{x\to \infty}\dfrac{x+\sin x}{x-\sin x}=\lim\limits_{x\to \infty}\dfrac{1+\cos x}{1-\cos x}.$$

由于 $\lim\limits_{x\to \infty}\cos x$ 不存在，所以上式右端极限不存在，因此本题不满足洛必达法则的条件，不能使用洛必达法则．原极限可用下面的方法求出：

$$\lim\limits_{x\to \infty}\dfrac{x+\sin x}{x-\sin x}=\lim\limits_{x\to \infty}\dfrac{1+\dfrac{\sin x}{x}}{1-\dfrac{\sin x}{x}}=1.$$

洛必达法则虽然是求未定式的一种有效的方法，但它不是万能的，有时也会失效．使用洛必达法则求不出极限并不意味着原极限一定不存在，此时可以改用其他方法求解．

3.2.3 其他类型的未定式

除"$\dfrac{0}{0}$"型和"$\dfrac{\infty}{\infty}$"型未定式，还有"$0 \cdot \infty$""$\infty-\infty$""0^0""∞^0""1^∞"等类型的未定式，求解这些未定式时，通常利用代数恒等式变形，将其转化为"$\dfrac{0}{0}$"型或"$\dfrac{\infty}{\infty}$"型未定式，然后使用洛必达法则进行计算.

1. "$0 \cdot \infty$"型未定式

在自变量的同一个变化趋势下，若 $\lim f(x)=0$，$\lim g(x)=\infty$，则 $\lim f(x)g(x)$ 就构成了"$0 \cdot \infty$"型未定式，对它可以做如下转化：

$$\lim f(x)g(x)=\lim \frac{f(x)}{\dfrac{1}{g(x)}}\left(\text{"}\dfrac{0}{0}\text{"型}\right),$$

或

$$\lim f(x)g(x)=\lim \frac{g(x)}{\dfrac{1}{f(x)}}\left(\text{"}\dfrac{\infty}{\infty}\text{"型}\right).$$

例 3.15 求 $\lim\limits_{x \to 0^+} x^2 \ln x$.

解 这是"$0 \cdot \infty$"型未定式，先将其转化为"$\dfrac{\infty}{\infty}$"型未定式，再使用洛必达法则.

$$\lim_{x \to 0^+} x^2 \ln x \overset{0 \cdot \infty}{=\!=\!=} \lim_{x \to 0^+} \frac{\ln x}{\dfrac{1}{x^2}} \overset{\frac{\infty}{\infty}}{=\!=\!=} \lim_{x \to 0^+} \frac{\dfrac{1}{x}}{-\dfrac{2}{x^3}}=-\lim_{x \to 0^+} \frac{x^2}{2}=0.$$

注 若将本例转化为"$\dfrac{0}{0}$"型未定式，则有

$$\lim_{x \to 0^+} x^2 \ln x \overset{0 \cdot \infty}{=\!=\!=} \lim_{x \to 0^+} \frac{x^2}{\dfrac{1}{\ln x}} \overset{\frac{0}{0}}{=\!=\!=} \lim_{x \to 0^+} \frac{2x}{-\dfrac{1}{\ln^2 x} \cdot \dfrac{1}{x}}=-\lim_{x \to 0^+}\left(2x^2 \cdot \ln^2 x\right),$$

此种转化方式会使计算越来越复杂. 因此，在将"$0 \cdot \infty$"型未定式转化为"$\dfrac{0}{0}$"型或"$\dfrac{\infty}{\infty}$"型未定式时，需要合理转化才能使计算简便，在转化时一般将较为简单的函数取倒数放到分母上.

2. "$\infty-\infty$"型未定式

在自变量的同一个变化趋势下，若 $\lim f(x)=\infty$，$\lim g(x)=\infty$，则 $\lim[f(x)-g(x)]$ 就构成了"$\infty-\infty$"型未定式. 对于"$\infty-\infty$"型未定式，通常先用通分等方法进行化简，然后再使用洛必达法则.

■例 3. 16　求极限 $\lim\limits_{x\to 1}\left(\dfrac{1}{x-1}-\dfrac{3}{x^3-1}\right)$.

解　先通分，再用洛必达法则，得

$$\lim_{x\to 1}\left(\frac{1}{x-1}-\frac{3}{x^3-1}\right)=\lim_{x\to 1}\frac{x^2+x-2}{x^3-1}\overset{\frac{0}{0}}{=\!=}\lim_{x\to 1}\frac{2x+1}{3x^2}=1.$$

3.　"0^0""∞^0""1^∞"型未定式

这 3 种未定式可看作幂指函数 $[f(x)]^{g(x)}$ 求极限. 先将幂指函数转化为复合函数，再利用复合函数求极限的法则，得

$$\lim\,[f(x)]^{g(x)}=\lim e^{g(x)\ln f(x)}=e^{\lim g(x)\ln f(x)}.$$

无论 $[f(x)]^{g(x)}$ 是上述 3 种类型中的哪一种，$\lim g(x)\ln f(x)$ 均为"$0\cdot\infty$"型未定式，在此基础上再次进行转化，然后使用洛必达法则.

■例 3. 17　求极限 $\lim\limits_{x\to 0^+}x^x$.

解　该极限为"0^0"型未定式. 将 x^x 转化为复合函数后再求极限，得

$$\lim_{x\to 0^+}x^x\overset{0^0}{=\!=}\lim_{x\to 0^+}e^{\ln x^x}=\lim_{x\to 0^+}e^{x\ln x}=e^{\lim\limits_{x\to 0^+}x\ln x}.$$

因为

$$\lim_{x\to 0^+}x\ln x\overset{0\cdot\infty}{=\!=}\lim_{x\to 0^+}\frac{\ln x}{\frac{1}{x}}\overset{\frac{\infty}{\infty}}{=\!=}\lim_{x\to 0^+}\frac{\frac{1}{x}}{-\frac{1}{x^2}}=-\lim_{x\to 0^+}x=0,$$

所以

$$\lim_{x\to 0^+}x^x=e^{\lim\limits_{x\to 0^+}x\ln x}=e^0=1.$$

■例 3. 18　求极限 $\lim\limits_{x\to 0^+}\left(\dfrac{1}{x}\right)^x$.

解　该极限为"∞^0"型未定式. 将 $\left(\dfrac{1}{x}\right)^x$ 转化为复合函数后再求极限，得

$$\lim_{x\to 0^+}\left(\frac{1}{x}\right)^x\overset{\infty^0}{=\!=}\lim_{x\to 0^+}e^{x\ln\frac{1}{x}}=e^{\lim\limits_{x\to 0^+}x\ln\frac{1}{x}}.$$

因为

$$\lim_{x\to 0^+}x\ln\frac{1}{x}\overset{0\cdot\infty}{=\!=}\lim_{x\to 0^+}\frac{\ln\frac{1}{x}}{\frac{1}{x}}\overset{\frac{\infty}{\infty}}{=\!=}\lim_{x\to 0^+}\frac{x\cdot\left(-\frac{1}{x^2}\right)}{-\frac{1}{x^2}}=\lim_{x\to 0^+}x=0,$$

所以

$$\lim_{x\to 0^+}\left(\frac{1}{x}\right)^x=e^{\lim\limits_{x\to 0^+}x\ln\frac{1}{x}}=e^0=1.$$

■例 3. 19　求极限 $\lim\limits_{x\to 0}(\cos x)^{\frac{1}{x^2}}$.

解　该极限为"1^∞"型未定式，先进行恒等变形转化，然后用洛必达法则，得

$$\lim_{x\to 0}(\cos x)^{\frac{1}{x^2}}\overset{1^\infty}{=\!=}\lim_{x\to 0}e^{\frac{\ln\cos x}{x^2}}=e^{\lim\limits_{x\to 0}\frac{\ln\cos x}{x^2}}\overset{\frac{0}{0}}{=\!=}e^{-\lim\limits_{x\to 0}\frac{\tan x}{2x}}=e^{-\frac{1}{2}}.$$

微课：例 3.19

注 使用洛必达法则求极限时应注意以下问题.

(1)不满足洛必达法则的条件$\left[\text{不是未定式或极限}\lim\limits_{\substack{x\to x_0\\(x\to\infty)}}\dfrac{f'(x)}{g'(x)}\text{不存在}\right]$时,不能使用洛必达法则.

(2)应用洛必达法则时,若中间结果仍是"$\dfrac{0}{0}$"型或"$\dfrac{\infty}{\infty}$"型未定式,且满足洛必达法则的条件,则可以连续多次使用洛必达法则,即

$$\lim_{\substack{x\to x_0\\(x\to\infty)}}\frac{f(x)}{g(x)}=\lim_{\substack{x\to x_0\\(x\to\infty)}}\frac{f'(x)}{g'(x)}=\lim_{\substack{x\to x_0\\(x\to\infty)}}\frac{f''(x)}{g''(x)}=\cdots.$$

(3)使用洛必达法则的同时,可以使用等价无穷小替换等方法进行化简,这样能起到事半功倍的效果.

(4)使用洛必达法则求未定式是常用方法,但该方法在有些极限计算中不一定是最佳方法,甚至在某些特殊情况下洛必达法则可能失效.洛必达法则失效并不意味着原极限不存在,此时应寻求其他解法.

■例 3.20 求极限$\lim\limits_{x\to+\infty}\dfrac{\sqrt{1+x^2}}{x}$.

解 $\lim\limits_{x\to+\infty}\dfrac{\sqrt{1+x^2}}{x}\overset{\frac{\infty}{\infty}}{=}\lim\limits_{x\to+\infty}\dfrac{\frac{2x}{2\sqrt{1+x^2}}}{1}=\lim\limits_{x\to+\infty}\dfrac{x}{\sqrt{1+x^2}}\overset{\frac{\infty}{\infty}}{=}\lim\limits_{x\to+\infty}\dfrac{1}{\frac{2x}{2\sqrt{1+x^2}}}=\lim\limits_{x\to+\infty}\dfrac{\sqrt{1+x^2}}{x},$

对于本题,洛必达法则失效,我们必须寻求其他解法.

正确解法:$\lim\limits_{x\to+\infty}\dfrac{\sqrt{1+x^2}}{x}=\lim\limits_{x\to+\infty}\sqrt{\dfrac{1}{x^2}+1}=1.$

习题 3.2

1 用洛必达法则求下列极限.

(1)$\lim\limits_{x\to 0}\dfrac{\ln(1+x)}{x}$.

(2)$\lim\limits_{x\to 0}\dfrac{\sin ax}{\sin bx}(a\neq 0,b\neq 0)$.

(3)$\lim\limits_{x\to+\infty}\dfrac{\ln\left(1+\dfrac{1}{x}\right)}{\operatorname{arccot}x}$.

(4)$\lim\limits_{x\to 0}\dfrac{e^x-e^{-x}}{\sin 2x}$.

(5)$\lim\limits_{x\to 0^+}\dfrac{\ln\tan 5x}{\ln\tan 3x}$.

(6)$\lim\limits_{x\to 0}\dfrac{xe^{\frac{x}{2}}}{1-e^x}$.

(7)$\lim\limits_{x\to\frac{\pi}{2}}\dfrac{\ln\sin x}{(\pi-2x)^2}$.

(8)$\lim\limits_{x\to+\infty}\dfrac{\ln\ln x}{x}$.

(9)$\lim\limits_{x\to+\infty}\dfrac{(\ln x)^n}{x}(n\text{ 为正整数})$.

(10)$\lim\limits_{x\to 0}\dfrac{\tan x-x}{x^2\sin x}$.

2 计算下列极限.

(1) $\lim\limits_{x\to 0} x\cot 2x$.

(2) $\lim\limits_{x\to 0^+}\sin x\ln x$.

(3) $\lim\limits_{x\to 0^+}(\tan x)^x$.

(4) $\lim\limits_{x\to\frac{\pi}{2}}(\sec x-\tan x)$.

(5) $\lim\limits_{x\to 0}(1+\sin x)^{\frac{1}{x}}$.

(6) $\lim\limits_{x\to 1}\left(\dfrac{x}{x-1}-\dfrac{1}{\ln x}\right)$.

微课:习题 3.2
第 2 题(6)

3 证明极限 $\lim\limits_{x\to 0}\dfrac{x^2\sin\dfrac{1}{x}}{\sin x}$ 存在,但不能用洛必达法则求解.

*3.3　泰勒公式

泰勒公式

用简单函数逼近复杂函数是数学研究中常用的手段,而所谓的简单函数,选用多项式函数是相对理想的,因为多项式函数只需要对自变量进行加法、减法和乘法的运算,而且具有很好的分析性质. 本节讨论的泰勒中值定理,一方面可以实现用多项式函数近似表示复杂函数,同时给出这种近似表示所产生的误差;另一方面,泰勒中值定理建立了函数与其各阶导数之间的桥梁,这一点在微积分学的理论中有着深远的意义.

本节包含 3.3.1 泰勒中值定理、3.3.2 麦克劳林公式、3.3.3 几个重要初等函数的麦克劳林公式、3.3.4 泰勒公式的应用共 4 小节内容. 考虑到同学们不同的学习需求,详细内容以二维码形式提供,学有余力的同学可以扫码学习.

3.4　函数的单调性与极值

3.4.1　函数单调性的判别法

在第一章中我们介绍了函数单调性的概念,但利用单调性的概念判断函数在某个区间的单调性,有时比较复杂,下面我们利用导数研究函数的单调性.

在图 3.5(a)中,函数 $f(x)$ 在闭区间 $[a,b]$ 上单调递增,其图形是沿 x 轴的正方向逐渐上升的曲线,此曲线上各点的切线的倾斜角均为锐角,过曲线上任意点的切线的斜率均为正值,即在区间 (a,b) 内 $f'(x)>0$.

在图 3.5(b)中,函数 $f(x)$ 在闭区间 $[a,b]$ 上单调递减,其图形是沿 x 轴的正方向逐渐降低的曲线,此曲线上各点的切线的倾斜角均为钝角,过曲线上任意点的切线的斜率均为负值,即在区间 (a,b) 内 $f'(x)<0$.

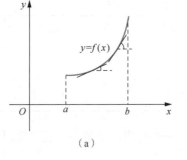

(a)

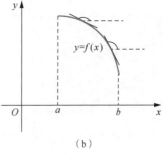

(b)

图 3.5

从上面的分析可以看出，函数的单调性与函数导数的符号有密切的关系，因此我们可以利用函数导数的符号判断函数的单调性，下面给出利用函数的导数判断函数单调性的方法.

定理 3.6（单调性判别定理） 设函数 $f(x)$ 在闭区间 $[a,b]$ 上连续，在开区间 (a,b) 内可导.

(1)如果在 (a,b) 内 $f'(x)>0$，那么函数 $f(x)$ 在 $[a,b]$ 上单调递增.

(2)如果在 (a,b) 内 $f'(x)<0$，那么函数 $f(x)$ 在 $[a,b]$ 上单调递减.

证明 设 $f(x)$ 在闭区间 $[a,b]$ 上连续，在开区间 (a,b) 内可导. 在闭区间 $[a,b]$ 上任取 $x_1,x_2(x_1<x_2)$，$f(x)$ 在 $[x_1,x_2]$ 上满足拉格朗日中值定理的条件，在 (x_1,x_2) 内至少存在一点 ξ，使

$$f(x_2)-f(x_1)=f'(\xi)(x_2-x_1)\quad(x_1<\xi<x_2).$$

因为 $x_2-x_1>0$，所以当 $f'(\xi)>0$ 时，必有 $f(x_2)-f(x_1)>0$，即 $f(x_1)<f(x_2)$，故 $f(x)$ 在 $[a,b]$ 上单调增加.

同理可证定理中的(2).

在使用该定理时应注意以下几点：

(1)如果在 (a,b) 内，$f'(x)\equiv0$，由 3.1 节的推论 1 可知，$f(x)$ 在 $[a,b]$ 内是一个常数函数；

(2)该定理中的闭区间换成开区间(包括无穷区间)或半开区间，结论同样成立；

(3)函数在某区间内有限个点处的导数为零，其余点处导数符号保持定号，那么函数在该区间内仍有单调性.

例如函数 $y=x^3$，$y'=3x^2\geqslant0$，仅当 $x=0$ 时，$y'=0$；当 $x\neq0$ 时，$y'>0$，该函数在 $(-\infty,+\infty)$ 上为单调递增函数. 对此，有更一般性的结论：

在函数 $f(x)$ 的可导区间 (a,b) 内，若 $f'(x)\geqslant0$ 或 $f'(x)\leqslant0$(等号仅在有限个点处成立)，则函数 $f(x)$ 在 (a,b) 内单调增加或单调减少.

我们注意到，函数 $y=x^3$ 在 $x=0$ 处的导数 $f'(0)=0$. 我们通常称函数的一阶导数等于零的点为函数的驻点(稳定点)，即若 $f'(x_0)=0$，则称 $x=x_0$ 为函数 $f(x)$ 的驻点.

例 3.21 判断函数 $f(x)=x-e^x$ 的单调性.

解 函数 $f(x)$ 的定义域为 $(-\infty,+\infty)$，$f'(x)=1-e^x$.

令 $f'(x)=0$，得 $x=0$.

当 $x<0$ 时，$f'(x)>0$；当 $x>0$ 时，$f'(x)<0$.

函数 $f(x)$ 在各区间上的单调性如表 3.1 所示.

表 3.1

x	$(-\infty,0)$	0	$(0,+\infty)$
$f'(x)$	$+$	0	$-$
$f(x)$	↗	-1	↘

由表 3.1 可知，$f(x)$ 在区间 $(-\infty,0)$ 内单调增加，在区间 $(0,+\infty)$ 内单调减少.

说明：表 3.1 中的"↗"表示函数单调增加，"↘"表示函数单调减少，后同.

■**例 3.22**　判断函数 $f(x) = \sqrt[3]{x^2}$ 的单调性.

解　函数 $f(x)$ 的定义域为 $(-\infty, +\infty)$，$f'(x) = \dfrac{2}{3\sqrt[3]{x}}$，在 $x = 0$ 处，$f'(x)$ 不存在.

函数 $f(x)$ 在各区间上的单调性如表 3.2 所示.

表 3.2

x	$(-\infty, 0)$	0	$(0, +\infty)$
$f'(x)$	$-$	不存在	$+$
$f(x)$	↘	0	↗

由表 3.2 可知，$f(x)$ 在区间 $(-\infty, 0)$ 内单调减少，在区间 $(0, +\infty)$ 内单调增加，如图 3.6 所示.

从上面例 3.21 和例 3.22 可以看出，函数单调区间的分界点为驻点和一阶导数不存在的点 [即 $f'(x)$ 没有意义的点]，用函数的驻点和一阶导数不存在的点把函数的定义域划分成若干个区间，根据 $f'(x)$ 符号的正（负）来判断单调增加（单调减少）区间，这些区间就是函数的单调区间.

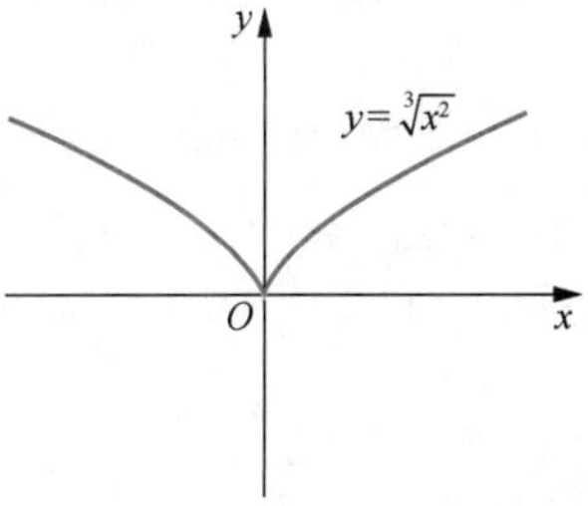

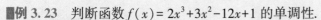

图 3.6

由此，我们得出判断函数 $f(x)$ 的单调性（或求函数的单调区间）的一般步骤：

（1）确定函数 $f(x)$ 的定义域；

（2）求出函数 $f(x)$ 的全部驻点和一阶导数不存在的点，用这些点按由小到大的顺序把函数 $f(x)$ 的定义域划分成若干个区间；

（3）列表，根据 $f'(x)$ 符号的正负来讨论函数 $f(x)$ 在各区间上的单调性.

■**例 3.23**　判断函数 $f(x) = 2x^3 + 3x^2 - 12x + 1$ 的单调性.

解　（1）函数 $f(x)$ 的定义域为 $(-\infty, +\infty)$.

（2）$f'(x) = 6x^2 + 6x - 12 = 6(x-1)(x+2)$，令 $f'(x) = 0$，得驻点 $x_1 = 1, x_2 = -2$.

（3）列表并考察 $f'(x)$ 在各区间上的符号，如表 3.3 所示.

表 3.3

x	$(-\infty, -2)$	-2	$(-2, 1)$	1	$(1, +\infty)$
$f'(x)$	$+$	0	$-$	0	$+$
$f(x)$	↗	21	↘	-6	↗

由表 3.3 可知，$f(x)$ 在区间 $(-\infty, -2)$ 和 $(1, +\infty)$ 内单调递增，在区间 $(-2, 1)$ 内单调递减.

利用函数的单调性还可以证明一些不等式. 如果函数 $f(x)$ 在 $[a, b]$ 上连续，在 (a, b) 内可导，对一切 $x \in (a, b)$，有 $f'(x) > 0$，则可推出 $f(x)$ 单调增加，所以有 $f(x) > f(a)$. 这就提供了证明不等式的依据.

■**例3.24** 证明:当 $x>0$ 时,$e^x>x+1$.

证明 设 $f(x)=e^x-x-1$,则 $f(0)=0$. 显然 $f(x)$ 在 $[0,+\infty)$ 上连续,且当 $x>0$ 时,$f'(x)=e^x-1>0$,所以函数 $f(x)=e^x-x-1$ 在 $(0,+\infty)$ 内是单调增加的,即 $f(x)>f(0)=0$.

故当 $x>0$ 时,$f(x)=e^x-x-1>0$,即 $e^x>x+1$.

3.4.2 函数的极值及其求法

1. 极值的定义

定义3.1 设函数 $f(x)$ 在 x_0 的某邻域内有定义,对于 x_0 的去心邻域内的任意 x,

(1)若 $f(x)<f(x_0)$,那么 $f(x_0)$ 是 $f(x)$ 的一个极大值,点 $x=x_0$ 是 $f(x)$ 的一个极大值点;

(2)若 $f(x)>f(x_0)$,那么 $f(x_0)$ 是 $f(x)$ 的一个极小值,点 $x=x_0$ 是 $f(x)$ 的一个极小值点.

函数的极大值和极小值统称为极值,极大值点和极小值点统称为极值点.

关于函数的极值,大家应注意以下几点.

(1)函数极值是局部概念,如果 $f(x_0)$ 是函数 $f(x)$ 的一个极大值,那么 $f(x_0)$ 只在 x_0 的某邻域内是最大的,但它不一定是 $f(x)$ 在整个定义区间上的最大值. 对于函数的极小值也是如此.

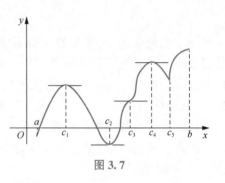

(2)在函数的一个定义区间内,可能存在多个极大值,也可能存在多个极小值,如图 3.7 所示,$f(c_1)$,$f(c_4)$ 是 $f(x)$ 的两个极大值,$x=c_1,x=c_4$ 是 $f(x)$ 的极大值点;$f(c_2),f(c_5)$ 是 $f(x)$ 的两个极小值,$x=c_2,x=c_5$ 是 $f(x)$ 的极小值点.

图 3.7

(3)函数的极大值不一定大于极小值,如图 3.7 中 $f(c_1)<f(c_5)$.

(4)极值的定义决定了函数的极值只能在区间的内部取得,在区间的端点处不能取得极值.

2. 函数极值的求法

在图 3.7 中,函数 $f(x)$ 在极值点 c_1,c_2,c_4 处的切线都是水平的,故在这些极值点处 $f'(x)=0$;而 c_5 虽然也是极值点,但 $f(x)$ 在 c_5 处出现尖点,此时函数的导数不存在. 由此引出函数存在极值的必要条件.

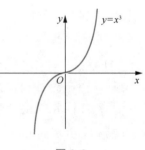

图 3.8

定理3.7(必要条件) 设函数 $f(x)$ 在点 x_0 可导,且在点 x_0 取得极值,那么 $f'(x_0)=0$.

定理 3.7 说明可导函数的极值点必定是它的驻点. 但是函数的驻点不一定是它的极值点,如图 3.7 中的点 c_3. 又如,$x=0$ 是函数 $f(x)=x^3$ 的驻点,但它不是函数 $f(x)=x^3$ 的极值点,如图 3.8 所示.

由图 3.7 中的点 c_5 可知,函数的一阶导数不存在的点也可能是它的极值点,例如,$f(x)=|x|$,该函数在点 $x=0$ 不可导,但其在点 $x=0$ 取得极小值,如图 3.9 所示.

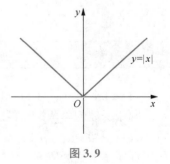

图 3.9

综上所述,函数的极值有可能在函数的驻点或一阶导数不存在的点处取得，所以驻点和一阶导数不存在的点统称为**可能的极值点**. 如何判断函数的驻点或一阶导数不存在的点是否为函数的极值点？下面给出函数取得极值的充分条件.

　　定理 3.8（极值存在的第一充分条件）　设函数 $f(x)$ 在点 x_0 处连续，且在 x_0 的某去心邻域 $\mathring{U}(x_0,\delta)$ 内可导.

　　（1）如果当 $x \in (x_0-\delta,x_0)$ 时 $f'(x)>0$，当 $x \in (x_0,x_0+\delta)$ 时 $f'(x)<0$，那么 $f(x_0)$ 是函数 $f(x)$ 的极大值.

　　（2）如果当 $x \in (x_0-\delta,x_0)$ 时 $f'(x)<0$，当 $x \in (x_0,x_0+\delta)$ 时 $f'(x)>0$，那么 $f(x_0)$ 是函数 $f(x)$ 的极小值.

　　（3）如果当 $x \in \mathring{U}(x_0,\delta)$ 时，$f'(x)$ 的符号不变，则 $f(x)$ 在点 x_0 没有极值.

　　由定理 3.8 可知，如果 x_0 是函数 $f(x)$ 的驻点（或一阶导数不存在的点），且在 x_0 的两侧，$f'(x)$ 的符号相反，则点 x_0 就是 $f(x)$ 的极值点；若在 x_0 的两侧，$f'(x)$ 的符号相同，则点 x_0 就不是 $f(x)$ 的极值点. 例如，在图 3.10 和图 3.11 中，$f(x)$ 在点 x_0 取得极值；在图 3.12 和图 3.13 中，$f(x)$ 在点 x_0 没有极值.

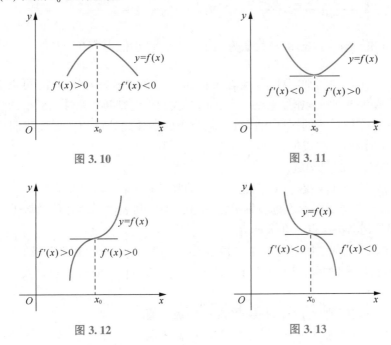

图 3.10　　　　　　　　　　　图 3.11

图 3.12　　　　　　　　　　　图 3.13

■**例 3.25**　求函数 $f(x)=x^3-6x^2+9x+5$ 的极值.

　　解　（1）$f(x)$ 的定义域为 $(-\infty,+\infty)$.

　　（2）$f'(x)=3x^2-12x+9=3(x-1)(x-3)$，令 $f'(x)=0$，得驻点 $x_1=1,x_2=3$.

　　（3）列表并考察 $f'(x)$ 的符号，如表 3.4 所示.

表 3.4

x	$(-\infty,1)$	1	$(1,3)$	3	$(3,+\infty)$
$f'(x)$	+	0	−	0	+
$f(x)$	↗	极大值 9	↘	极小值 5	↗

　　由表 3.4 可知，函数 $f(x)$ 的极大值为 $f(1)=9$，极小值为 $f(3)=5$.

例 3.26　求函数 $f(x) = \dfrac{3}{2}\sqrt[3]{x^2} - x$ 的极值.

微课：例 3.26

解　(1) $f(x)$ 的定义域为 $(-\infty, +\infty)$.

(2) $f'(x) = x^{-\frac{1}{3}} - 1 = \dfrac{1 - \sqrt[3]{x}}{\sqrt[3]{x}}$，令 $f'(x) = 0$，得驻点 $x = 1$；当 $x = 0$ 时，$f'(x)$ 不存在.

(3) 列表并考察 $f'(x)$ 的符号，如表 3.5 所示.

表 3.5

x	$(-\infty, 0)$	0	$(0, 1)$	1	$(1, +\infty)$
$f'(x)$	$-$	不存在	$+$	0	$-$
$f(x)$	↘	极小值 0	↗	极大值 $\dfrac{1}{2}$	↘

由表 3.5 可知，函数 $f(x)$ 的极大值为 $f(1) = \dfrac{1}{2}$，极小值为 $f(0) = 0$.

根据定理 3.6 (单调性判别定理) 和定理 3.8 (极值存在的第一充分条件) 可以看出，求极值的过程必然和单调性的判别紧密联系在一起，由此我们得到判断单调性和极值的步骤.

如果函数 $f(x)$ 在所讨论的区间内连续，除个别的点外处处可导，那么我们可按以下步骤判别函数 $f(x)$ 的单调性并求极值：

(1) 确定函数 $f(x)$ 的定义域；

(2) 令 $f'(x) = 0$，求得函数 $f(x)$ 在定义域内的驻点和 $f'(x)$ 不存在的点；

(3) 用上述驻点和导数不存在的点划分定义域，然后列表讨论函数的单调性，利用极值存在的第一充分条件判断极值点，并求极值.

如果 $f(x)$ 在驻点处的二阶导数存在，我们还可以利用二阶导数来判定极值.

定理 3.9 (极值存在的第二充分条件)　设函数 $f(x)$ 在点 x_0 处有二阶导数，且 $f'(x_0) = 0$，$f''(x_0) \neq 0$.

(1) 如果 $f''(x_0) < 0$，那么 $f(x_0)$ 是函数 $f(x)$ 的极大值.

(2) 如果 $f''(x_0) > 0$，那么 $f(x_0)$ 是函数 $f(x)$ 的极小值.

注　(1) 定理 3.9 仅能判别驻点是否为极值点，对于一阶导数不存在的点失效，若驻点处二阶导数值等于零，定理 3.9 也失效. 事实上，当 $f'(x_0) = 0, f''(x_0) = 0$ 时，$f(x)$ 在点 x_0 处可能有极大值，也可能有极小值，也可能没有极值.

(2) 对于仅有驻点且驻点处二阶导数不等于零的驻点，使用定理 3.9 会较为简便.

例 3.27　求函数 $f(x) = x^4 - 10x^2 + 5$ 的极值.

解　(1) $f(x)$ 的定义域为 $(-\infty, +\infty)$.

(2) $f'(x) = 4x^3 - 20x = 4x(x + \sqrt{5})(x - \sqrt{5})$.

(3) 令 $f'(x) = 0$，得驻点 $x_1 = -\sqrt{5}, x_2 = 0, x_3 = \sqrt{5}$.

(4) $f''(x) = 12x^2 - 20$，$f''(-\sqrt{5}) = 40 > 0$，$f''(0) = -20 < 0$，$f''(\sqrt{5}) = 40 > 0$.

由定理 3.9 可知，$f(x)$ 的极小值为 $f(-\sqrt{5}) = -20$ 和 $f(\sqrt{5}) = -20$，极大值为 $f(0) = 5$.

1 讨论下列函数的单调性.

$(1)y=3x^2+6x+5.$　　　　$(2)f(x)=\arctan x-x.$　　　　$(3)f(x)=e^x-x+1.$

$(4)y=x^4-2x^2+2.$　　　$(5)f(x)=x+\dfrac{4}{x}.$　　　$(6)f(x)=x^2e^{-x^2}.$

$(7)y=\dfrac{\sqrt{x}}{x+100}.$　　　$(8)y=\dfrac{x^2}{1+x}.$　　　$(9)y=x-\ln(1+x).$

$(10)y=2x^2-\ln x.$

2 用函数的单调性证明：当 $x>0$ 时，$x>\ln(1+x)$.

3 求下列函数的极值.

$(1)y=x^3-3x^2+7.$　　　$(2)y=(x+1)^{\frac{2}{3}}(x-5)^2.$

$(3)y=\dfrac{x^3}{(x-1)^2}.$　　　$(4)y=(x-1)\sqrt[3]{x^2}.$

$(5)y=(1-x)e^{-x}.$　　　$(6)y=2x-\ln(4x)^2.$

$(7)y=\dfrac{2x}{1+x^2}.$　　　$(8)y=x+\sqrt{1-x}.$

$(9)y=\sqrt{2+x-x^2}.$　　　$(10)y=3-\sqrt[3]{(x-2)^2}.$

微课：习题 3.4
第 2 题

3.5　函数的最值及其应用

3.5.1　闭区间上连续函数的最值

由上一节中函数极值的定义可知，极大值和极小值是在极值点的某个邻域内讨论的局部性的概念，而函数的最大值和最小值是在函数的定义区间(或定义区间的一部分)讨论的整体性的概念. 下面我们首先讨论如何计算闭区间上连续函数的最大值和最小值.

1. 闭区间上连续函数的最大值与最小值

根据闭区间上连续函数的最大值和最小值定理知，如果函数 $f(x)$ 在闭区间 $[a,b]$ 上连续，那么函数 $f(x)$ 在闭区间 $[a,b]$ 上必有最大值和最小值. 由于函数的极值只能在区间的内部取得，如果函数的最大值和最小值也在区间的内部取得，则函数的最大值(或最小值)也一定是函数的极大值(或极小值)，此时函数的最大值和最小值必定在驻点或导数不存在的点上取得. 另外，函数的最大值和最小值还有可能在区间的两个端点上取得. 因此，我们可按以下步骤求函数 $f(x)$ 在闭区间 $[a,b]$ 上的最大值和最小值.

(1)求出函数 $f(x)$ 在开区间 (a,b) 内的所有驻点和 $f'(x)$ 不存在的点，并求出这些点对应的函数值.

(2)求出函数 $f(x)$ 在闭区间 $[a,b]$ 上的两个端点的函数值 $f(a)$ 和 $f(b)$.

（3）比较上述各函数值的大小，其中最大的为函数 $f(x)$ 在闭区间 $[a,b]$ 上的最大值，最小的为函数 $f(x)$ 在闭区间 $[a,b]$ 上的最小值.

■例 3.28 求函数 $f(x)=x^3-6x^2+9x+7$ 在 $[-1,5]$ 上的最大值和最小值.

解 （1）$f'(x)=3x^2-12x+9=3(x-1)(x-3)$，令 $f'(x)=0$，得驻点 $x_1=1,x_2=3$，相应的函数值分别为 $f(1)=11,f(3)=7$.

（2）$f(x)$ 在两个端点的函数值分别为 $f(-1)=-9,f(5)=27$.

（3）比较上面计算出的函数值的大小，可得 $f(x)$ 在 $[-1,5]$ 上的最大值为 $f(5)=27$，最小值为 $f(-1)=-9$.

需要特别指出的是：若函数 $f(x)$ 在闭区间 $[a,b]$ 上具有单调性，则最值在区间的端点处取得.

2. 开区间内连续函数的最大值或最小值

函数 $f(x)$ 在闭区间 $[a,b]$ 上连续，由闭区间上连续函数的最大值和最小值定理保证了最值的存在性，但函数 $f(x)$ 在开区间 (a,b) 内连续，函数 $f(x)$ 在开区间 (a,b) 内并不一定存在最大值和最小值. 而如果函数 $f(x)$ 在开区间 (a,b) 内有唯一的极大值（或极小值），则该极大值（或极小值）为函数 $f(x)$ 在开区间 (a,b) 内的最大值（或最小值），如图 3.14 和图 3.15 所示.

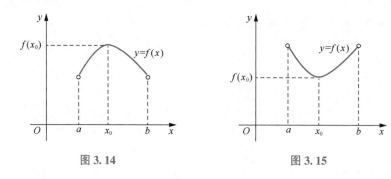

图 3.14　　　　　　图 3.15

■例 3.29 求函数 $f(x)=(x^2-1)^{\frac{1}{3}}+1$ 的最值.

解 函数的定义域为 $(-\infty,+\infty)$，导数为 $f'(x)=\dfrac{2x}{3(x^2-1)^{\frac{2}{3}}}$.

令 $f'(x)=0$，得驻点 $x=0$. $f(x)$ 在 $x=1$ 和 $x=-1$ 处不可导，但经过这两个点时 $f'(x)$ 的符号不发生改变. 又因为当 $x<0$ 时，$f'(x)<0$；当 $x>0$ 时，$f'(x)>0$，所以 $f(x)$ 在点 $x=0$ 取得唯一的极小值. 因此，函数 $f(x)$ 在 $(-\infty,+\infty)$ 内的最小值为 $f(0)=0$.

3.5.2　最值在实际问题中的应用

在工农业生产实践和经济管理中经常遇到这样一些问题：在一定条件下，怎样才能使用料最省、距离最短、面积最大、成本最低、利润最高等. 这类问题在数学上就是求函数的最大值或最小值问题.

在实际问题中求最值，需要先根据实际问题建立一个目标函数，求得实际定义域，若函数 $f(x)$ 的定义域是开区间，且在此开区间内只有一个驻点 x_0，根据实际问题的实际意义知最大值（或最小值）必存在，则可以直接确定该驻点 x_0 就是最大值点（或最小值点），$f(x_0)$ 即为相应的最大值（或最小值）.

■例 3.30　一块边长为 24cm 的正方形铁皮，在其四角各截去一块面积相等的小正方形，以做成无盖的铁盒. 问：截去的小正方形边长为多少时，做出的铁盒容积最大？

解　设截去的小正方形的边长为 xcm，铁盒的容积为 Vcm³. 根据题意，得

$$V(x) = x(24-2x)^2 \quad (0<x<12).$$

于是，问题归结为：求 x 为何值时，函数 V(x) 在区间 (0,12) 内取得最大值.

$$\begin{aligned} V'(x) &= (24-2x)^2 - 4x(24-2x) \\ &= (24-2x)(24-6x) \\ &= 12(12-x)(4-x), \end{aligned}$$

令 $V'(x)=0$，解得 $x_1=12$（舍去），$x_2=4$. 因此，在区间 (0,12) 内函数只有一个驻点 $x=4$.

由问题的实际意义知，函数 V(x) 一定能在 (0,12) 内取得最大值，且在 $x=4$ 时，函数 V(x) 取得最大值. 故当所截去的小正方形边长为 4cm 时，做出的铁盒容积为最大.

■例 3.31　要做一个容积为 V 的圆柱形罐头筒，问：怎样设计才能使所用材料最省？

解　显然，要想材料最省，则罐头筒的表面积应最小. 设罐头筒的底面半径为 r，高为 h，表面积为 S，如图 3.16 所示，则有 $S = 2\pi r^2 + 2\pi rh$.

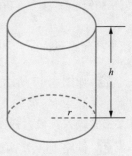

图 3.16

由体积公式 $V=\pi r^2 h$ 可得 $h=\dfrac{V}{\pi r^2}$，

所以

$$S(r) = 2\pi r^2 + \frac{2V}{r}, \quad r \in (0,+\infty).$$

于是，问题归结为：求 r 为何值时，函数 S(r) 在区间 (0,+∞) 内取得最小值.

$S'(r) = 4\pi r - \dfrac{2V}{r^2}$，令 $S'(r)=0$，解得唯一驻点 $r = \sqrt[3]{\dfrac{V}{2\pi}}$.

由实际问题的实际意义知，函数 S(r) 的最小值在 (0,+∞) 内取得. 又由于 S(r) 有唯一的驻点，所以当 $r = \sqrt[3]{\dfrac{V}{2\pi}}$ 时，函数 S(r) 取得最小值，此时 $h = 2\sqrt[3]{\dfrac{V}{2\pi}} = 2r$. 故当所做罐头筒的高与底面直径相等时所用材料最省.

■例 3.32　某工厂每月生产某种商品的个数 x 与需要的总费用的函数关系为 $10+2x+\dfrac{x^2}{4}$（费用单位：万元）. 若将这些商品以每个 9 万元售出，问：每月生产多少个商品时利润最大？最大利润是多少？

解　设每月生产 x 个商品时利润最大. 由题意得：

总成本函数为 $C(x) = 10+2x+\dfrac{x^2}{4}$，总收益函数为 $R(x) = 9x$.

利润函数为　$L(x) = 9x - \left(10+2x+\dfrac{x^2}{4}\right) = -\dfrac{x^2}{4}+7x-10.$

令 $L'(x) = -\dfrac{1}{2}x+7=0$，解得 $x=14$，且 $L''(x) = -\dfrac{1}{2}$，$L''(14) = -\dfrac{1}{2}<0$，所以 $x=14$ 时利润最大.

在经济学中，总收入函数和总成本函数都可以表示为产量(销量)q的函数，分别记为$R(q)$和$C(q)$，则总利润函数$L(q)$可表示为$L(q)=R(q)-C(q)$.

为使总利润最大，需满足最大利润原则，即满足下面两个条件：

① $L'(q)=R'(q)-C'(q)=0$，解得驻点$q=q_0$；

② $L''(q_0)=R''(q_0)-C''(q_0)<0$.

习题 3.5

1 求下列函数在给定区间上的最大值和最小值.

(1) $f(x)=x^4-2x^2+5$, $[-2,2]$.

(2) $f(x)=x^3-2x^2+x+1$, $[2,4]$.

(3) $f(x)=\sqrt{25-x^2}$, $[-3,4]$.

(4) $f(x)=\ln(1+x^2)$, $[-1,2]$.

(5) $f(x)=x+\dfrac{1}{x}$, $[0.01,100]$.

(6) $f(x)=\sqrt{x}\ln x$, $\left[\dfrac{1}{9},1\right]$.

(7) $f(x)=x+\sqrt{x}$, $[0,4]$.

(8) $f(x)=\dfrac{x^2}{1+x}$, $\left[-\dfrac{1}{2},1\right]$.

2 如图 3.17 所示，将直径为 d 的圆柱形树干截成横断面为矩形的梁，其底为 b、高为 h，强度为 $f(b)=bh^2$，问：梁的横断面尺寸如何时，强度最大？最大强度是多少？

3 铁路上 A,B 两城相距 200km，如图 3.18 所示，工厂 C 距 A 城 20km 且 $CA \perp AB$，已知铁路和公路每吨货物每千米的运价之比为 3:5，为了节省运费，在铁路上选定一点 D，从工厂 C 到 D 点修一条公路，问：D 点选在何处时，把每吨货物从工厂 C 运到 B 城运费最省？

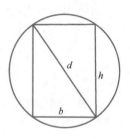

图 3.17

4 求斜边长为定长 l 的直角三角形的最大面积.

5 做一个无盖圆柱形水桶，设水桶的容积 V 一定. 当底面半径 r 和高 h 分别为多少时，用料最省？

6 某农场欲紧靠院墙用篱笆围成一矩形场地饲养动物，如图 3.19 所示，现有篱笆的总长度为 80m，问：场地的长和宽分别为多少时，其面积最大？最大面积是多少？

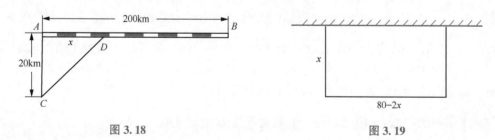

图 3.18　　　　　　　　　　　　　图 3.19

7 设某种产品每天生产的数量 x(件)与其总成本 C(元)的关系为 $C(x)=0.2x^2+2x+20$，如果这种产品的销售单价为 18 元，且产品可以全部售出，求总利润函数 $L(x)$. 每天生产多少件产品可获得最大利润？最大利润是多少？

3.6 曲线的凹凸性与拐点

研究了函数的单调性与极值后，我们对函数的图形特征有了一定的了解，但要描绘函数的图形仅有这些还不够. 如图 3.20 所示，虽然图 3.20(a) 和图 3.20(b) 中的 $y=f(x)$ 都是单调增加的函数，但曲线的弯曲方向却明显不同. 因此，我们除了要了解函数的增减变化，还需要进一步研究曲线的弯曲方向，这样才能更准确地描述出函数的具体形态.

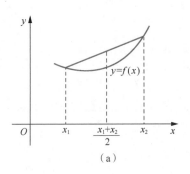 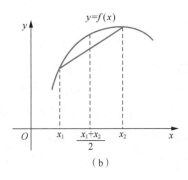

图 3.20

3.6.1 曲线的凹凸性和拐点的定义

在图 3.21 中，曲线弧 $\overset{\frown}{ADC}$ 在区间 (a,c) 内位于其任何一点切线的上方；曲线弧 $\overset{\frown}{CEB}$ 在区间 (c,b) 内位于其任何一点切线的下方. 由此给出曲线的凹凸性的描述性定义.

定义 3.2 设函数 $y=f(x)$ 在开区间 (a,b) 内可导，在该区间内如果曲线位于其任何一点切线的上方，那么称此曲线在区间 (a,b) 内是凹的，区间 (a,b) 称为凹区间；如果曲线位于其任何一点切线的下方，那么称此曲线在区间 (a,b) 内是凸的，区间 (a,b) 称为凸区间.

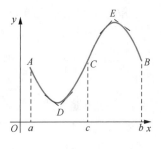

图 3.21

在图 3.21 中，曲线在区间 (a,c) 内是凹的，在区间 (c,b) 内是凸的.

定义 3.3 连续曲线上凹弧与凸弧的分界点叫作曲线的拐点.

在图 3.21 中，点 C 是曲线的拐点.

3.6.2 曲线的凹凸性和拐点的判别

在图 3.22(a) 中，曲线在区间 (a,b) 内是凹的，曲线上各点的切线斜率 $\tan\alpha=f'(x)$（α 是切线和横轴的夹角）随 x 的增大而增大，即 $f'(x)$ 在区间 (a,b) 内为单调递增函数；在图 3.22(b) 中，曲线在区间 (a,b) 内是凸的，曲线上各点的切线斜率 $\tan\alpha=f'(x)$ 随 x 的增大而减小，即 $f'(x)$ 在区间 (a,b) 内为单调递减函数. 由于 $f'(x)$ 的单调性可以用函数的二阶导数 $f''(x)$ 判断，因此可由下面的定理判断曲线的凹凸性.

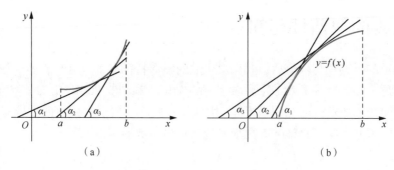

图 3.22

定理 3.10 设函数 $y=f(x)$ 在闭区间 $[a,b]$ 上连续，在开区间 (a,b) 内具有二阶导数．

（1）在 (a,b) 内，若 $f''(x)>0$，那么曲线 $y=f(x)$ 在 $[a,b]$ 上是凹的．

（2）在 (a,b) 内，若 $f''(x)<0$，那么曲线 $y=f(x)$ 在 $[a,b]$ 上是凸的．

例 3.33 判断曲线 $y=\ln x$ 的凹凸性．

解 函数的定义域为 $(0,+\infty)$，函数的一阶和二阶导数分别为

$$y'=\frac{1}{x},y''=-\frac{1}{x^2}.$$

因为在 $(0,+\infty)$ 内恒有 $y''<0$，所以曲线 $y=\ln x$ 在 $(0,+\infty)$ 内是凸的．

例 3.34 判断曲线 $y=x^3-6x^2+3x+5$ 的凹凸性．

解 函数的定义域为 $(-\infty,+\infty)$，函数的一阶和二阶导数分别为

$$y'=3x^2-12x+3,y''=6x-12=6(x-2).$$

因为当 $x<2$ 时，$y''<0$，当 $x>2$ 时，$y''>0$，所以曲线在 $(-\infty,2]$ 内是凸的，在 $(2,+\infty)$ 内是凹的．

由于拐点是曲线上凹弧与凸弧的分界点，而曲线的凹凸性是由函数的二阶导数的符号判断的，因此求曲线 $y=f(x)$ 的拐点，实际上就是找 $f''(x)$ 的符号取正值与取负值的分界点．如果函数在点 x_0 的二阶导数 $f''(x_0)$ 存在，且点 $(x_0,f(x_0))$ 是曲线的拐点，当 x 逐渐增大经过 x_0 时，$f''(x)$ 的符号必定由正变负或由负变正，则必有 $f''(x_0)=0$．

另外，函数在点 x_0 的二阶导数 $f''(x_0)$ 不存在时，$(x_0,f(x_0))$ 也可能是曲线的拐点，例如，$f(x)=\sqrt[3]{x}$，$f''(x)=-\dfrac{2}{9\sqrt[3]{x^5}}$，当 $x=0$ 时，$f''(x)$ 不存在，但 $x<0$ 时，$f''(x)>0$，而 $x>0$ 时，$f''(x)<0$，所以点 $(0,0)$ 是曲线的拐点．

因此，若函数 $y=f(x)$ 在点 x_0 处 $f''(x_0)=0$ 或 $f''(x_0)$ 不存在，则有

（1）如果在 x_0 两侧区间上的 $f''(x)$ 符号相反，则 $(x_0,f(x_0))$ 就是曲线的拐点；

（2）如果在 x_0 两侧区间上的 $f''(x)$ 符号相同，则 $(x_0,f(x_0))$ 不是曲线的拐点．

我们可以按照以下步骤求函数曲线 $y=f(x)$ 的凹凸区间和拐点：

（1）确定函数的定义域；

（2）求出 $f''(x)$，并求出所有的使 $f''(x)=0$ 和 $f''(x)$ 不存在的点，用这些点将定义域划分为若干区间；

(3)考察 $f''(x)$ 在各个区间上的符号，利用定理 3.10，确定凹凸区间，并进一步求出拐点坐标 $(x_0, f(x_0))$.

例 3.35 求曲线 $f(x) = x^4 - 5x^3 + 6x^2 - 3x + 1$ 的凹凸区间和拐点.

解 (1)函数的定义域为 $(-\infty, +\infty)$.

(2) $f'(x) = 4x^3 - 15x^2 + 12x - 3$, $f''(x) = 12x^2 - 30x + 12 = 6(2x-1)(x-2)$,

令 $f''(x) = 0$，得 $x_1 = \dfrac{1}{2}$, $x_2 = 2$.

(3)列表讨论，如表 3.6 所示.

表 3.6

x	$\left(-\infty, \dfrac{1}{2}\right)$	$\dfrac{1}{2}$	$\left(\dfrac{1}{2}, 2\right)$	2	$(2, +\infty)$
$f''(x)$	+	0	−	0	+
$f(x)$	凹	拐点 $\left(\dfrac{1}{2}, \dfrac{7}{16}\right)$	凸	拐点 $(2, -5)$	凹

由表 3.6 可知，曲线的凹区间为 $\left(-\infty, \dfrac{1}{2}\right)$ 和 $(2, +\infty)$，曲线的凸区间为 $\left(\dfrac{1}{2}, 2\right)$，曲线的拐点为 $\left(\dfrac{1}{2}, \dfrac{7}{16}\right)$ 和 $(2, -5)$.

例 3.36 求曲线 $y = (x-2)^{\frac{5}{3}}$ 的凹凸区间和拐点.

解 (1)函数的定义域为 $(-\infty, +\infty)$.

(2)函数的一阶、二阶导数分别为

$$y' = \frac{5}{3}(x-2)^{\frac{2}{3}}, \quad y'' = \frac{10}{9}(x-2)^{-\frac{1}{3}} = \frac{10}{9\sqrt[3]{x-2}}.$$

微课：例 3.36

显然，在 $x = 2$ 处 y'' 不存在.

(3)列表讨论，如表 3.7 所示.

表 3.7

x	$(-\infty, 2)$	2	$(2, +\infty)$
y''	−	不存在	+
y	凸	拐点 $(2, 0)$	凹

由表 3.7 可知，曲线的凸区间为 $(-\infty, 2)$，凹区间为 $(2, +\infty)$，拐点为 $(2, 0)$.

习题 3.6

1 求下列曲线的凹凸区间和拐点.

(1) $y = x^2 - x^3$. (2) $y = \dfrac{1}{2}e^{-x^2}$.

$(3)y=x^2+2\ln x.$　　　　　　$(4)y=e^{\arctan x}.$

$(5)y=x^2-\dfrac{9}{5}x^{\frac{5}{3}}.$　　　　　$(6)y=x+\dfrac{x}{x-1}.$

$(7)y=\dfrac{2x}{1+x^2}.$　　　　　　$(8)y=\ln(1+x^2).$

2 当 a,b 为何值时，点 $(-1,2)$ 是曲线 $y=ax^3+bx^2$ 的拐点？

3.7 函数图形的描绘

3.7.1 渐近线

利用函数的一阶和二阶导数，可以判定函数的单调性和曲线的凹凸性，从而，我们对函数所表示的曲线的升降和弯曲情况有定性的认识. 但当函数的定义域为无穷区间或有无穷间断点时，我们还需要了解曲线向无穷远处延伸的趋势，这就涉及曲线的渐近线的概念. 中学阶段在双曲线的学习中，我们已经接触到渐近线的概念，高职（专科）阶段的高等数学中仅要求大家掌握水平渐近线和垂直渐近线的求法.

1. 水平渐近线

若函数 $y=f(x)$ 的定义区间为无穷区间，且 $\lim\limits_{x\to\infty}f(x)=C$ [或 $\lim\limits_{x\to-\infty}f(x)=C$ 或 $\lim\limits_{x\to+\infty}f(x)=C$]，则称直线 $y=C$ 为曲线 $y=f(x)$ 的水平渐近线.

例 3.37 求曲线 $y=e^x$ 的水平渐近线.

解 因为 $\lim\limits_{x\to-\infty}e^x=0$，所以直线 $y=0$ 是曲线 $y=e^x$ 的水平渐近线.

例 3.38 求曲线 $y=\dfrac{1}{x+1}$ 的水平渐近线.

解 因为 $\lim\limits_{x\to\infty}\dfrac{1}{x+1}=0$，所以直线 $y=0$ 是曲线 $y=\dfrac{1}{x+1}$ 的水平渐近线.

例 3.39 求曲线 $y=\arctan x$ 的水平渐近线.

解 因为 $\lim\limits_{x\to+\infty}\arctan x=\dfrac{\pi}{2}$，$\lim\limits_{x\to-\infty}\arctan x=-\dfrac{\pi}{2}$，所以直线 $y=\dfrac{\pi}{2}$ 和 $y=-\dfrac{\pi}{2}$ 是曲线 $y=\arctan x$ 的两条水平渐近线.

2. 垂直渐近线

若函数 $y=f(x)$ 在 x_0 的某去心邻域（或左侧邻域，或右侧邻域）内有定义，当 $\lim\limits_{x\to x_0}f(x)=\infty$ [或 $\lim\limits_{x\to x_0^-}f(x)=\infty$，或 $\lim\limits_{x\to x_0^+}f(x)=\infty$]时，则称直线 $x=x_0$ 为曲线 $y=f(x)$ 的垂直渐近线.

例 3.40 求曲线 $y=\ln x$ 的垂直渐近线.

解 因为 $\lim\limits_{x\to 0^+}\ln x=\infty$，所以直线 $x=0$ 是曲线 $y=\ln x$ 的垂直渐近线.

例 3.41　求曲线 $y = \dfrac{1}{x+1}$ 的垂直渐近线.

解　因为 $\lim\limits_{x \to -1} \dfrac{1}{x+1} = \infty$，所以直线 $x = -1$ 是曲线 $y = \dfrac{1}{x+1}$ 的垂直渐近线.

3.7.2　描绘函数图形

通过函数的一阶导数可以判断出函数图形在哪些区间内是上升的，在哪些区间内是下降的，在哪些点处取得极值；借助函数的二阶导数可以确定出函数的图形在哪些区间内是凹的，在哪些区间内是凸的，还可以求出曲线的拐点；利用渐近线可以确定出曲线的变化趋势. 掌握了函数的这些基本特性，我们就可以大致地描绘出函数的图形.

通常，我们可以按照以下步骤描绘函数 $y = f(x)$ 的图形：

（1）确定函数 $y = f(x)$ 的定义域；

（2）讨论函数的奇偶性、周期性，确定函数图形的对称特征；

（3）利用 $f'(x)$ 和 $f''(x)$ 讨论函数的单调性、凹凸性，由此确定出函数图形在各个区间内的单调性和凹凸性，并求出函数的极值和拐点；

（4）确定出曲线的水平和垂直渐近线；

（5）在坐标系内标出所有的极值点、拐点、曲线与坐标轴的交点，如果要使函数图形画得更准确些，可以再补充一些点；

（6）根据前几个步骤中讨论的结果，把所有的点用平滑的曲线连接起来，即可得到函数大致的图形.

例 3.42　描绘函数 $y = x^3 - 3x + 1$ 的图形.

解　（1）函数的定义域为 $(-\infty, +\infty)$.

（2）$y' = 3x^2 - 3 = 3(x+1)(x-1)$，$y'' = 6x$.

令 $y' = 0$，得驻点 $x_1 = -1, x_2 = 1$；令 $y'' = 0$，得 $x_3 = 0$.

（3）函数的单调区间、极值点、极值、凹凸区间、拐点如表 3.8 所示.

表 3.8

x	$(-\infty,-1)$	-1	$(-1,0)$	0	$(0,1)$	1	$(1,+\infty)$
y'	$+$	0	$-$	$-$	$-$	0	$+$
y''	$-$	$-$	$-$	0	$+$	$+$	$+$
y	单调增加、凸的	极大值 3	单调减少、凸的	拐点 $(0,1)$	单调减少、凹的	极小值 -1	单调增加、凹的

（4）曲线没有水平和垂直渐近线.

（5）由表 3.8 可知，曲线过点 $(-1,3),(0,1),(1,-1)$，为了使函数的图形画得更准确些，再补充两个点 $(-2,-1)$ 和 $(2,3)$，函数的图形如图 3.23 所示.

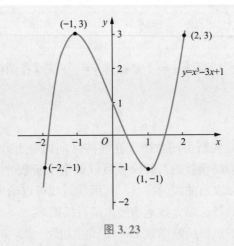

图 3.23

习题 3.7

1 求下列曲线的渐近线：

(1) $y = \dfrac{1}{x^2 - 4x - 5}$;

(2) $y = e^{\frac{1}{x}} - 4$;

(3) $y = \dfrac{x^3}{(x-1)^2}$;

(4) $y = \dfrac{\ln x}{\sqrt{x}}$;

(5) $y = \dfrac{e^x}{1+x}$;

(6) $y = \dfrac{\sin 2x}{x(2x+1)}$.

2 描绘下列函数的图形：

(1) $y = 2x^3 - 9x^2 + 12x + 3$;

(2) $y = xe^{-x}$;

(3) $y = x^2 - \dfrac{1}{3}x^3$;

(4) $y = \dfrac{4(x+1)}{x^2} - 2$;

(5) $y = \dfrac{x}{(1-x^2)^2}$;

(6) $y = x - \ln(1+x)$;

(7) $y = \dfrac{1}{1+x^2}$;

(8) $y = \dfrac{e^x}{1+x}$.

本章小结

视野拓展小微课

复习题三

基础题型

一、判断题

1 如果 $f'(x_0)=0$，那么 $f(x)$ 在 x_0 处取得极值. (　　)

2 如果 $f(x)$ 在 x_0 处取得极值，那么 $f'(x_0)=0$. (　　)

3 如果 $f''(x_0)>0$，那么 $f(x)$ 在 x_0 处取得极大值. (　　)

4 如果函数 $f(x)$ 在 (a,b) 内单调增加，那么在 (a,b) 内 $f'(x)>0$. (　　)

5 如果 $f''(x_0)=0$，那么 $(x_0,f(x_0))$ 是曲线 $y=f(x)$ 的拐点. (　　)

二、选择题

1 下列函数中，在区间 $[-1,1]$ 上满足罗尔定理条件的是(　　).

A. $f(x)=\dfrac{1}{\sqrt{1-x^2}}$　　B. $f(x)=\sqrt{x^2}$　　C. $f(x)=\sqrt[3]{x^2}$　　D. $f(x)=x^2+1$

2 在区间 $[-1,2]$ 上，函数 $f(x)=1-x^2$ 满足拉格朗日中值定理的 ξ 为(　　).

A. 0　　　　　　B. 1　　　　　　C. $\dfrac{1}{2}$　　　　　　D. 2

3 在 (a,b) 区间内，$f'(x)<0$，$f''(x)>0$，则 $f(x)$ 在区间 (a,b) 内是(　　).

A. 单增且凸　　B. 单减且凸　　C. 单增且凹　　D. 单减且凹

4 设 a,b 为方程 $f(x)=0$ 的两个根，$f(x)$ 在 $[a,b]$ 上连续，在 (a,b) 内可导，则 $f'(x)=0$ 在区间 (a,b) 内(　　).

A. 只有一实根　　B. 至少有一实根　　C. 没有实根　　D. 至少有两个实根

5 下列极限能用洛必达法则求解的是(　　).

A. $\lim\limits_{x\to 3}\dfrac{x^2-1}{x-1}$　　B. $\lim\limits_{x\to 0}\dfrac{x+\sin x}{x}$　　C. $\lim\limits_{x\to\infty}\dfrac{x-\sin x}{x\sin x}$　　D. $\lim\limits_{x\to\infty}\dfrac{1-\cos x}{x^2}$

6 $y=2x^2-\ln x$ 的递减区间为(　　).

A. $\left(0,\dfrac{1}{2}\right)$　　B. $\left(-\infty,\dfrac{1}{2}\right)$　　C. $\left(\dfrac{1}{2},+\infty\right)$　　D. $\left(-\dfrac{1}{2},0\right)$

7 设 $f(x)=x\sin x+\cos x$，下列命题中正确的是(　　).

A. $f(0)$ 是极大值，$f\left(\dfrac{\pi}{2}\right)$ 是极小值　　B. $f(0)$ 是极小值，$f\left(\dfrac{\pi}{2}\right)$ 是极大值

C. $f(0)$ 是极大值，$f\left(\dfrac{\pi}{2}\right)$ 也是极大值　　D. $f(0)$ 是极小值，$f\left(\dfrac{\pi}{2}\right)$ 也是极小值

8 当 $a=$ (　　) 时，函数 $f(x)=2x^3-9x^2+12x-a$ 恰有两个不同的零点.

A. 2　　　　　　B. 4　　　　　　C. 6　　　　　　D. 8

9 函数 $y=x^2\ln x$ 在 $[1,\mathrm{e}]$ 上的最大值是(　　).

A. e^2　　　　　B. e　　　　　C. 0　　　　　D. e^{-2}

10 函数 $y=|1+\sin x|$ 在区间 $(\pi,2\pi)$ 内的图形是( ).

A. 凹的   B. 凸的   C. 先凹后凸   D. 先凸后凹

11 曲线 $y=\dfrac{4x-1}{(x-2)^2}$ ( ).

A. 只有水平渐近线   B. 只有垂直渐近线

C. 没有渐近线   D. 既有水平渐近线，也有垂直渐近线

12 曲线 $y=(x-1)^2(x-2)^2$ 的拐点的个数为( ).

A. 0   B. 1   C. 2   D. 3

13 函数 $y=x-\ln(1+x^2)$ 在定义域内( ).

A. 无极值   B. 极大值为 $1-\ln 2$

C. 极小值为 $1-\ln 2$ D. 为非单调函数

三、填空题

1 若曲线 $y=x^3+ax^2+bx+1$ 有拐点 $(-1,0)$，则 $b=$ _____.

2 函数 $y=x^{2x}$ 在区间 $(0,1]$ 上的最小值为 _____.

3 $y=x^2-x^3$ 的凹区间是 _____.

4 函数 $y=\dfrac{x}{\ln x}$ 的单调增加区间是 _____.

四、计算题

1 求下列极限：

(1) $\lim\limits_{x\to a}\dfrac{x^m-a^m}{x^n-a^n}$；

(2) $\lim\limits_{x\to 0^+}\dfrac{\ln x}{\ln\sin x}$；

(3) $\lim\limits_{x\to 0}\dfrac{1-\cos x^2}{x^2\sin^2 x}$；

(4) $\lim\limits_{x\to\frac{\pi}{2}^-}\dfrac{\ln\left(\dfrac{\pi}{2}-x\right)}{\tan x}$；

(5) $\lim\limits_{x\to 0}\dfrac{\sin x-x\cos x}{\sin^3 x}$；

(6) $\lim\limits_{x\to+\infty}\dfrac{x\mathrm{e}^{\frac{x}{2}}}{\mathrm{e}^x+x}$；

(7) $\lim\limits_{x\to 0}\dfrac{x\tan x}{\tan 5x}$；

(8) $\lim\limits_{x\to 0^+}(\cot x)^{\frac{1}{\ln x}}$.

2 讨论下列函数的单调性、极值、凹凸性和拐点.

(1) $y=x^3-3x^2-9x+4$.

(2) $y=x-\ln(1+x)$.

3 求曲线 $y=\dfrac{2x}{x^2-1}$ 的渐近线.

五、证明题

1 设 $f(x)$ 在闭区间 $[a,b]$ 上连续，在开区间 (a,b) 内可导. 证明：在 (a,b) 内至少存在一点 ξ，使 $\dfrac{bf(b)-af(a)}{b-a}=f(\xi)+\xi f'(\xi)$.

2 证明：当 $x>0$ 时，$\ln(x+\sqrt{1+x^2})>\dfrac{x}{\sqrt{1+x^2}}$.

3 证明：当 $x>1$ 时，$\dfrac{x-1}{x+1}<\ln\dfrac{x+1}{2}<\dfrac{x-1}{2}$.

4 证明：方程 $x^5+3x^3+x=3$ 只有一个正根.

微课：复习题三
基础题型第五题 3

六、解答题

1 窗户的上半部分为半圆，下半部分为矩形（见图 3.24），周长 C 一定. 问：x 为多少时，窗户的采光最好？

2 把边长为 4 的正方形铁皮，4 个角分别剪去边长为 x 的小正方形（见图 3.25），再把四边向上折起，做成一无盖铁盒.

（1）把铁盒容积 V 表示为 x 的函数 $V(x)$.

（2）确定 $V(x)$ 的单调区间.

（3）x 取何值时，铁盒的容积最大？

（4）若要求铁盒的高度 x 与底面正方形边长的比值不超过常数 a，x 取何值时，铁盒容积有最大值？

图 3.24

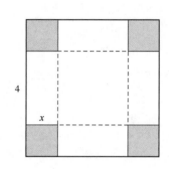

图 3.25

📄 **拓展题型**

1 （2018 公共）曲线 $y=\mathrm{e}^{\frac{1}{x}}\arctan\dfrac{x^2+x+1}{(x-1)(x+2)}$ 的渐近线条数为（　　）.

A. 0　　　　　　　　B. 1　　　　　　　　C. 3　　　　　　　　D. 2

2 （2019 机械、交通、电气、电子、土木）求极限 $\lim\limits_{x\to\infty}x^{\frac{1}{x}}$.

3 （2021 高数二）求极限 $\lim\limits_{x\to0}\dfrac{x^3}{x-\tan x}$.

4 （2021 高数一）设 $k>0$，求函数 $f(x)=\ln(1+x)+kx^2-x$ 的极值点，并判断是极大值还是极小值.

5 （2015 会计、国贸、电商，2010 会计）设函数 $f(x)$ 在 (a,b) 内有三阶导数，且 $f(x_1)=f(x_2)=f(x_3)=f(x_4)$，其中 $a<x_1<x_2<x_3<x_4<b$. 证明：在 (a,b) 内至少存在一点 ξ，使 $f'''(\xi)=0$.

6 (2021 高数二)已知 $f(x)$ 在 $[0,1]$ 上连续，在 $(0,1)$ 内可导，且 $f(0)=0$. 证明：至少存在一点 $\xi\in(0,1)$，使 $f(\xi)=f'(\xi)\tan(1-\xi)$.

7 (2021 高数一)已知 $f(x)$ 在 $[0,1]$ 上连续，在 $(0,1)$ 内可导，且 $f(0)=0$，$f(1)=1$. 证明：

微课：复习题三拓展题型第 7 题

(1)存在 $\xi_1\in(0,1)$，使 $f'(\xi_1)=2\xi_1$；

(2)存在 $\xi_2\in\left(0,\dfrac{1}{2}\right),\xi_3\in\left(\dfrac{1}{2},1\right)$，使 $f'(\xi_2)+f'(\xi_3)=2(\xi_2+\xi_3)$.

8 (2019 公共课)证明：当 $x>0$ 时，$\ln(1+x)>\dfrac{\arctan x}{1+x}$.

9 (2011 计算机)某车间靠墙壁要盖一间长方形小屋，现有存砖只能够砌成 20m 长的墙壁. 问：应围成怎样的长方形，才能使这间小屋面积最大？

10 生产某种设备固定成本为 1 000 万元，每生产一台成本增加 20 万元，已知需求价格函数 $P(Q)=200-Q$，问：销量 Q 为多少时，总利润 L 最大？最大利润是多少？

4

第 4 章
不定积分

本章导学

　　在微分学中，我们学习讨论了如何求已知函数的导数与微分. 但是，在科学技术和经济等领域的许多实际问题中，常常还需要解决相反的问题，比如：已知某曲线方程的切线斜率，求该曲线方程；已知某变速直线运动物体的速度，求该运动方程等. 这些都可以看作已知一个函数的导数(或微分)，要求出这个函数. 这种由未知函数的导数(或微分)求原来函数的运算，称为不定积分. 从本章开始，我们学习一元函数的积分学，不定积分和定积分是积分学中两个重要的基本概念. 本章首先学习原函数和不定积分的概念与性质，然后学习求不定积分的方法，也为后续知识的学习奠定基础.

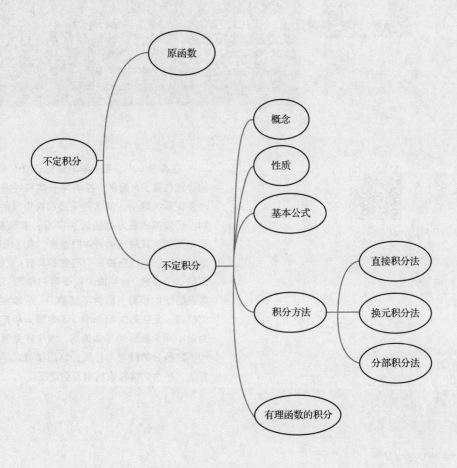

4.1　不定积分的概念与性质

4.1.1　原函数与不定积分的概念

1. 原函数的定义

根据常用的导数公式我们知道，$\left(\dfrac{1}{3}x^3\right)' = x^2$，且 $\left(\dfrac{1}{3}x^3+1\right)' = x^2$ 也成立，由于常数的导数等于零，所以 $\left(\dfrac{1}{3}x^3+C\right)' = x^2$ 恒成立. 为此，我们首先引入一个新的概念——原函数.

下面给出原函数的定义.

定义 4.1　设函数 $F(x)$ 与 $f(x)$ 在区间 I 上有定义，并且在该区间内的任一点都有
$$F'(x) = f(x) \text{ 或 } \mathrm{d}F(x) = f(x)\,\mathrm{d}x,$$
那么函数 $F(x)$ 就称为函数 $f(x)$ 在区间 I 上的一个原函数.

由原函数的定义我们可以得到，$\dfrac{1}{3}x^3$ 是 x^2 在 $(-\infty, +\infty)$ 内的一个原函数，$\dfrac{1}{3}x^3+1$ 和 $\dfrac{1}{3}x^3+C$ 也是 x^2 在 $(-\infty, +\infty)$ 内的原函数.

下面再举几个例子.

(1) 已知函数 $f(x) = \mathrm{e}^x$，因为函数 $F(x) = \mathrm{e}^x$ 满足 $F'(x) = \mathrm{e}^x = f(x)$，所以 $F(x) = \mathrm{e}^x$ 是 $f(x) = \mathrm{e}^x$ 在 $(-\infty, +\infty)$ 内的一个原函数.

(2) 若已知运动物体的速度方程为 $v = gt$，由于 $s = \dfrac{1}{2}gt^2$ 满足 $s' = gt$，所以 $s = \dfrac{1}{2}gt^2$ 是 $v = gt$ 的一个原函数. 由物理意义可知，$s = \dfrac{1}{2}gt^2$ 即为满足速度方程 $v = gt$ 的一个运动方程.

(3) 已知函数 $f(x) = \dfrac{x}{\sqrt{x^2-1}}$，因为当 $x \in (-\infty, -1) \cup (1, +\infty)$ 时，
$$F'(x) = \left(\sqrt{x^2-1}\right)' = \frac{1}{2\sqrt{x^2-1}} \cdot 2x = \frac{x}{\sqrt{x^2-1}},$$
所以 $F(x) = \sqrt{x^2-1}$ 是 $f(x) = \dfrac{x}{\sqrt{x^2-1}}$ 在 $(-\infty, -1) \cup (1, +\infty)$ 内的一个原函数.

由 (1)(2) 可以发现，熟练掌握导数公式后可以解决部分函数的原函数，但类似于 (3) 这样的函数，在找寻原函数时仅仅依靠导数公式是很难实现的，所以我们自然而然地想到：如何求一个函数的原函数？在解决这样一个问题之前，我们先要解决原函数的存在性，即满足什么条件时，一个函数的原函数必定存在. 这个问题将在 5.2 节中给出证明，此处我们先介绍一个结论.

定理 4.1（原函数存在定理）　若函数 $f(x)$ 在区间 I 上连续，则在该区间上一定存在可导函数 $F(x)$，使对任意 $x \in I$，都有
$$F'(x) = f(x).$$

定理 4.1 表明：区间上的连续函数一定存在原函数. 由于初等函数在其定义区间上都是连续的，所以初等函数在其定义区间上都存在原函数.

定理 4.1 解决了原函数的存在性问题, 接下来我们需要进一步讨论以下两个问题.

(1) 如果函数 $f(x)$ 在区间 I 存在原函数, 那么它的原函数是唯一的吗?

若 $F(x)$ 是 $f(x)$ 在区间 I 上的一个原函数, 即 $F'(x)=f(x)$, 则对任意常数 C, 有

$$[F(x)+C]'=F'(x)=f(x),$$

即 $F(x)+C$ 也是 $f(x)$ 在区间 I 上的原函数. 这也就说明, 一个函数如果存在原函数, 则其原函数有无穷多个.

(2) 如果在区间 I 上 $F(x)$ 是 $f(x)$ 的一个原函数, 那么 $f(x)$ 的其他原函数与 $F(x)$ 有什么关系?

若 $G(x)$ 是 $f(x)$ 在区间 I 上的另一个原函数, 即

$$G'(x)=f(x),$$

则有

$$[F(x)-G(x)]'=F'(x)-G'(x)=f(x)-f(x)\equiv 0,$$

由拉格朗日中值定理的推论知

$$G(x)-F(x)\equiv C_0 (C_0 \text{ 为某个常数}),$$

即 $G(x)=F(x)+C_0 (C_0 \text{ 为某个常数}).$

故 $f(x)$ 的任意两个原函数只相差一个常数. 从而, 当 C 为任意常数时,

$$F(x)+C$$

就可表示 $f(x)$ 的全体原函数.

2. 不定积分的定义

定义 4.2　在区间 I 上, 函数 $f(x)$ 的全体原函数称为 $f(x)$ 在区间 I 上的不定积分, 记作

$$\int f(x)\,\mathrm{d}x.$$

其中 $\int$ 称为积分号, $f(x)$ 称为被积函数, $f(x)\mathrm{d}x$ 称为被积表达式, x 称为积分变量.

按此定义及前面的问题讨论可知, 若在区间 I 上 $F(x)$ 是 $f(x)$ 的一个原函数, 则 $F(x)+C$ 就是 $f(x)$ 的不定积分, 即

$$\int f(x)\,\mathrm{d}x = F(x)+C.$$

■例 4.1　求不定积分 $\int x\mathrm{d}x.$

解　因为 $\left(\dfrac{1}{2}x^2\right)'=x$, 所以 $\dfrac{1}{2}x^2$ 是 x 的一个原函数, 从而

$$\int x\mathrm{d}x = \frac{1}{2}x^2+C.$$

■例 4.2　求不定积分 $\int \dfrac{1}{x}\mathrm{d}x.$

解　被积函数 $\dfrac{1}{x}$ 的定义域为 $\{x \mid x \in R \text{ 且 } x \neq 0\}.$

当 $x>0$ 时, 因为 $(\ln x)'=\dfrac{1}{x}$, 所以 $\int \dfrac{1}{x}\mathrm{d}x=\ln x+C.$

当 $x<0$ 时, 因为 $[\ln(-x)]'=\dfrac{1}{-x}\cdot(-1)=\dfrac{1}{x}$, 所以 $\int \dfrac{1}{x}\mathrm{d}x=\ln(-x)+C.$

为了表达方便，我们往往把它们记成统一的形式，即

$$\int \frac{1}{x}\mathrm{d}x = \ln |x| + C.$$

4.1.2 不定积分的几何意义

公式 $\int f(x)\mathrm{d}x = F(x) + C$ 中，曲线 $y = F(x)$ 称为 $f(x)$ 的一条积分曲线，因此，不定积分 $\int f(x)\mathrm{d}x$ 的几何意义就是，其表示了 $f(x)$ 的一族积分曲线 $y = F(x) + C$. 这族积分曲线可由积分曲线 $y = F(x)$ 向上或向下平移得到，且在相同的横坐标的点处，任一曲线的切线有相同的斜率，即有平行的切线，如图 4.1 所示.

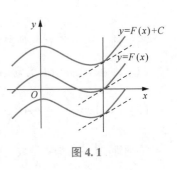

图 4.1

■例 4.3 求经过点 $(4,3)$，且其上任一点处的切线斜率为 $\frac{1}{2\sqrt{x}}$ 的曲线方程.

解 设所求曲线方程为 $y = f(x)$，由题意可知，曲线上任一点处的切线斜率为

$$\frac{\mathrm{d}y}{\mathrm{d}x} = \frac{1}{2\sqrt{x}},$$

则 $f(x)$ 是 $\frac{1}{2\sqrt{x}}$ 的一个原函数.

由 $\int \frac{1}{2\sqrt{x}}\mathrm{d}x = \sqrt{x} + C$，得积分曲线族 $y = \sqrt{x} + C$. 又曲线过点 $(4,3)$，故

$$3 = \sqrt{4} + C,$$

解得 $C = 1$.
于是所求曲线方程为

$$y = \sqrt{x} + 1.$$

4.1.3 基本积分表

由不定积分的定义可知，求原函数或不定积分与求导数或求微分互为逆运算，它们满足下述关系：

$$\frac{\mathrm{d}}{\mathrm{d}x}\left[\int f(x)\mathrm{d}x\right] = f(x)，\ 或\ \mathrm{d}\left[\int f(x)\mathrm{d}x\right] = f(x)\mathrm{d}x.$$

又由于 $F(x)$ 是 $F'(x)$ 的原函数，所以有

$$\int F'(x)\mathrm{d}x = F(x) + C，\ 或\ \int \mathrm{d}F(x) = F(x) + C.$$

当记号"$\int$"与"d"连在一起时，二者或者抵消，或者抵消后相差一常数.

既然积分运算与求导数(或微分)是互逆运算的关系，则由基本导数公式或者基本微分公式可以得到基本积分公式.

例如，由求导公式

$$\left(\frac{1}{\mu+1}x^{\mu+1}\right)' = x^{\mu}(\mu \neq -1)$$

可得积分公式

$$\int x^{\mu}dx = \frac{1}{\mu+1}x^{\mu+1}+C(\mu \neq -1).$$

类似地，可以得到其他基本积分公式，归纳如下.

（1）$\int k dx = kx + C$（k 为常数）.

（2）$\int x^{\mu}dx = \frac{1}{\mu+1}x^{\mu+1}+C(\mu \neq -1)$.

特别地，$\int \frac{1}{x^2}dx = -\frac{1}{x}+C$，$\int \frac{1}{\sqrt{x}}dx = 2\sqrt{x}+C$.

（3）$\int \frac{1}{x}dx = \ln|x| + C$.

（4）$\int a^x dx = \frac{a^x}{\ln a} + C$.

（5）$\int e^x dx = e^x + C$.

（6）$\int \sin x dx = -\cos x + C$.

（7）$\int \cos x dx = \sin x + C$.

（8）$\int \sec^2 x dx = \tan x + C$.

（9）$\int \csc^2 x dx = -\cot x + C$.

（10）$\int \sec x \tan x dx = \sec x + C$.

（11）$\int \csc x \cot x dx = -\csc x + C$.

（12）$\int \frac{1}{1+x^2}dx = \arctan x + C = -\text{arccot} x + C$.

（13）$\int \frac{1}{\sqrt{1-x^2}}dx = \arcsin x + C = -\arccos x + C$.

以上 13 个基本积分公式组成基本积分表. 基本积分公式是计算不定积分的基础，大家要牢记并能熟练应用.

■例 4.4 求不定积分 $\int \frac{1}{x^2\sqrt{x}}dx$.

解 首先将被积函数化为幂函数的形式 x^{μ}，然后利用幂函数的积分公式求出不定积分.

$$\int \frac{1}{x^2\sqrt{x}}dx = \int x^{-\frac{5}{2}}dx = \frac{1}{-\frac{5}{2}+1}x^{-\frac{5}{2}+1}+C = -\frac{2}{3}x^{-\frac{3}{2}}+C.$$

■例 4.5　求不定积分 $\int 5^x e^x dx$.

解　首先利用关系式

$$5^x e^x = (5e)^x,$$

再将 5e 看作基本积分表(4)中的 a，利用积分公式求出不定积分.

$$\int 5^x e^x dx = \int (5e)^x dx = \frac{1}{\ln 5e}(5e)^x + C = \frac{5^x e^x}{\ln 5 + 1} + C.$$

4.1.4　不定积分的性质

由不定积分的定义，可以推得它有如下两个线性运算性质.

性质 4.1　两个函数和(差)的不定积分等于不定积分的和(差)，即

$$\int [f_1(x) \pm f_2(x)] dx = \int f_1(x) dx \pm \int f_2(x) dx. \tag{4.1}$$

证明　由导数运算法则知

$$\left[\int f_1(x) dx \pm \int f_2(x) dx\right]' = \left[\int f_1(x) dx\right]' \pm \left[\int f_2(x) dx\right]' = f_1(x) \pm f_2(x),$$

则式(4.1)右端表示 $f_1(x) \pm f_2(x)$ 的不定积分，所以有

$$\int [f_1(x) \pm f_2(x)] dx = \int f_1(x) dx \pm \int f_2(x) dx.$$

性质 4.2　被积函数中非零的常数因子可以移到积分号的外面，即

$$\int kf(x) dx = k\int f(x) dx (k \text{ 为非零常数}). \tag{4.2}$$

证明方法同性质 4.1.

性质 4.1 和性质 4.2 说明函数线性运算的不定积分等于不定积分的线性运算. 这个结论可以推广到有限多个函数的线性运算的不定积分.

$$\int [k_1 f_1(x) + k_2 f_2(x) + \cdots + k_n f_n(x)] dx = k_1\int f_1(x) dx + k_2\int f_2(x) dx + \cdots + k_n\int f_n(x) dx.$$

利用基本积分表及不定积分的这两个性质，可以求出一些简单函数的不定积分.

■例 4.6　求不定积分 $\int (e^x - 3\cos x) dx$.

解　$\int (e^x - 3\cos x) dx = \int e^x dx - 3\int \cos x dx = e^x - 3\sin x + C.$

检验积分结果是否正确，只需要对结果求导，看导数是否等于被积函数，若相等则结果是正确的，否则结果是错误的. 如例 4.6，因为

$$(e^x - 3\sin x + C)' = e^x - 3\cos x,$$

所以结果是正确的.

■例 4.7　求不定积分 $\int (x+1)(x-2) dx$.

解　$\int (x+1)(x-2) dx = \int (x^2 - x - 2) dx = \int x^2 dx - \int x dx - \int 2 dx$

$$= \frac{1}{3}x^3 - \frac{1}{2}x^2 - 2x + C.$$

在分项积分后，每个不定积分的结果都含有任意常数，但由于任意常数之和仍是任意常数，因此在最后的结果中只需要写出一个任意常数就行了.

■例 4.8 求不定积分 $\int \dfrac{1+2x^2}{x^2(1+x^2)}\mathrm{d}x$.

解 首先对被积函数进行恒等变形，化成基本积分表中类型，再积分.

$$\frac{1+2x^2}{x^2(1+x^2)}=\frac{(1+x^2)+x^2}{x^2(1+x^2)}=\frac{1}{x^2}+\frac{1}{1+x^2},$$

则

$$\int \frac{1+2x^2}{x^2(1+x^2)}\mathrm{d}x = \int \frac{(1+x^2)+x^2}{x^2(1+x^2)}\mathrm{d}x = \int \left(\frac{1}{x^2}+\frac{1}{1+x^2}\right)\mathrm{d}x$$

$$= \int \frac{1}{x^2}\mathrm{d}x + \int \frac{1}{1+x^2}\mathrm{d}x = -\frac{1}{x}+\arctan x+C.$$

■例 4.9 求不定积分 $\int \dfrac{x^2}{1+x^2}\mathrm{d}x$.

解 首先对被积函数进行恒等变形，使分式能恒等变形成几个简单函数的和差形式，然后进行分项积分.

$$\int \frac{x^2}{1+x^2}\mathrm{d}x = \int \frac{1+x^2-1}{1+x^2}\mathrm{d}x = \int \left(1-\frac{1}{1+x^2}\right)\mathrm{d}x$$

$$= \int 1\mathrm{d}x - \int \frac{1}{1+x^2}\mathrm{d}x = x-\arctan x+C.$$

■例 4.10 求不定积分 $\int \dfrac{x^4}{1+x^2}\mathrm{d}x$.

解 同例 4.9 一样，先对被积函数进行恒等变形，然后进行分项积分.

$$\int \frac{x^4}{1+x^2}\mathrm{d}x = \int \frac{x^4-1+1}{1+x^2}\mathrm{d}x = \int \frac{(x^2-1)(x^2+1)+1}{1+x^2}\mathrm{d}x$$

$$= \int \left(x^2-1+\frac{1}{1+x^2}\right)\mathrm{d}x = \int x^2\mathrm{d}x - \int 1\mathrm{d}x + \int \frac{1}{1+x^2}\mathrm{d}x$$

$$= \frac{1}{3}x^3-x+\arctan x+C.$$

■例 4.11 求不定积分 $\int \cos^2\dfrac{x}{2}\mathrm{d}x$.

解 利用三角函数的降幂公式对被积函数进行恒等变形，得

$$\cos^2\frac{x}{2}=\frac{1+\cos x}{2}.$$

然后求不定积分，有

$$\int \cos^2\frac{x}{2}\mathrm{d}x = \int \frac{1+\cos x}{2}\mathrm{d}x = \int \frac{1}{2}\mathrm{d}x + \frac{1}{2}\int \cos x\mathrm{d}x = \frac{1}{2}x+\frac{1}{2}\sin x+C.$$

■例 4.12 求不定积分 $\int \dfrac{\cos 2x}{\sin x+\cos x}\mathrm{d}x$.

解 首先利用三角函数的倍角公式对被积函数进行恒等变形，得

$$\frac{\cos 2x}{\sin x + \cos x} = \frac{\cos^2 x - \sin^2 x}{\sin x + \cos x} = \cos x - \sin x.$$

然后求不定积分，有

$$\int \frac{\cos 2x}{\sin x + \cos x}\mathrm{d}x = \int (\cos x - \sin x)\,\mathrm{d}x = \sin x + \cos x + C.$$

■**例 4.13**　求不定积分 $\displaystyle\int \frac{1}{1+\cos 2x}\mathrm{d}x.$

解　同例 4.12 一样，先利用三角函数的倍角公式对被积函数进行恒等变形，再求不定积分.

$$\int \frac{1}{1+\cos 2x}\mathrm{d}x = \int \frac{1}{1+2\cos^2 x - 1}\mathrm{d}x = \frac{1}{2}\int \sec^2 x\,\mathrm{d}x = \frac{1}{2}\tan x + C.$$

从以上几个例子可以看出，求不定积分时，有时要对被积函数进行恒等变形，利用不定积分的线性运算性质，转化为基本积分表中存在的不定积分，从而得到它们的不定积分，这种方法有时称为**直接积分法**.

习题 4.1

1　选择题.

(1) 下列函数中，哪一个不是 $\sin 2x$ 的原函数？（　　）

A. $\sin^2 x$ 　　　　　B. $-\cos^2 x$ 　　　　　C. $-\dfrac{\cos 2x}{2}$ 　　　　　D. $\sin x \cos x$

(2) 设 $\displaystyle\int F'(x)\,\mathrm{d}x = \int G'(x)\,\mathrm{d}x$，则下列结论中错误的是（　　）.

A. $F(x) = G(x)$ 　　　　　　　　　　B. $F(x) = G(x) + C$

C. $F'(x) = G'(x)$ 　　　　　　　　　D. $\mathrm{d}\displaystyle\int F'(x)\,\mathrm{d}x = \mathrm{d}\int G'(x)\,\mathrm{d}x$

2　已知 $f'(\cos^2 x) = \sin^2 x$，且 $f(0) = 0$，求 $f(x)$.

3　已知某曲线经过点 $(0,1)$，并且该曲线在任意一点处的切线的斜率等于该点横坐标的平方，试求该曲线的方程.

4　计算下列不定积分.

微课：习题 4.1
第 2 题

(1) $\displaystyle\int (x^2 + 3x + 4)\,\mathrm{d}x.$ 　　　　　　　(2) $\displaystyle\int x^2\sqrt{x}\,\mathrm{d}x.$

(3) $\displaystyle\int \sqrt{x}\,(x^3 + 1)\,\mathrm{d}x.$ 　　　　　　(4) $\displaystyle\int \frac{1}{x^3}\,\mathrm{d}x.$

(5) $\displaystyle\int x(1 + 2x)^2\,\mathrm{d}x.$ 　　　　　　(6) $\displaystyle\int \frac{1+x}{\sqrt{x}}\,\mathrm{d}x.$

(7) $\displaystyle\int \frac{2x^4 + 2x^2 + 3}{x^2 + 1}\,\mathrm{d}x.$ 　　　　(8) $\displaystyle\int \left(x + 2^x + \frac{1}{x}\right)\mathrm{d}x.$

(9) $\displaystyle\int \frac{(1-x)^2}{x}\,\mathrm{d}x.$ 　　　　　　(10) $\displaystyle\int \frac{1+x+x^2}{x(1+x^2)}\,\mathrm{d}x.$

(11) $\displaystyle\int 3^{2x}e^x\mathrm{d}x.$

(12) $\displaystyle\int e^{x+3}\mathrm{d}x.$

(13) $\displaystyle\int \frac{e^{2x}-1}{e^x-1}\mathrm{d}x.$

(14) $\displaystyle\int \left(\frac{3}{\sqrt{1-x^2}}+\frac{2}{1+x^2}\right)\mathrm{d}x.$

(15) $\displaystyle\int \tan^2 x\mathrm{d}x.$

(16) $\displaystyle\int \sin^2\frac{x}{2}\mathrm{d}x.$

(17) $\displaystyle\int \frac{1}{\sin^2\dfrac{x}{2}\cos^2\dfrac{x}{2}}\mathrm{d}x.$

(18) $\displaystyle\int \frac{\sin 2x}{\sin x}\mathrm{d}x.$

(19) $\displaystyle\int \left(\sin\frac{x}{2}-\cos\frac{x}{2}\right)^2\mathrm{d}x.$

(20) $\displaystyle\int \left(\frac{1}{\sin^2 x}+\frac{1}{\cos^2 x}\right)\mathrm{d}x.$

4.2 换元积分法

利用积分性质和基本积分表可以求出一部分函数的原函数，但实际上遇到的积分仅用这些方法是不能完全解决的，因此，我们有必要进一步研究不定积分的求法. 现在介绍与复合函数求导法则相对应的积分方法——换元积分法. 它是在积分运算过程中进行适当的变量代换，将原来的积分转化为对新的变量进行积分，进行变量代换后得到的新的积分在计算上比原来的积分简单，然后进一步利用基本积分公式与积分性质可求得原函数.

换元积分法有两种，下面先学习第一类换元积分法.

4.2.1 第一类换元积分法

■例 4.14 求不定积分 $\displaystyle\int e^{5x}\mathrm{d}x.$

解 注意到该积分与基本积分公式 $\displaystyle\int e^x\mathrm{d}x=e^x+C$ 接近，为此我们考虑令 $5x=u$，则有 $x=\dfrac{u}{5}$，代入原不定积分可得

$$\int e^{5x}\mathrm{d}x=\int e^u\mathrm{d}\frac{u}{5}=\frac{1}{5}\int e^u\mathrm{d}u=\frac{1}{5}e^u+C,$$

再将变量换成关于 x 的形式，得到结果如下：

$$\int e^{5x}\mathrm{d}x=\int e^u\mathrm{d}\frac{u}{5}=\frac{1}{5}\int e^u\mathrm{d}u=\frac{1}{5}e^u+C=\frac{1}{5}e^{5x}+C.$$

通过对积分变量进行变量代换得到关于变量 u 的不定积分的这个过程称作换元积分的过程. 另外，若将不定积分 $\displaystyle\int e^{5x}\mathrm{d}x$ 的被积函数恒等变形后再进行积分，可以得到

$$\int e^{5x}\mathrm{d}x=\int e^{5x}\cdot\frac{1}{5}\cdot 5\mathrm{d}x=\frac{1}{5}\int e^{5x}\cdot(5x)'\mathrm{d}x.$$

而 $(5x)'\mathrm{d}x=\mathrm{d}(5x)$，所以有 $\displaystyle\int e^{5x}\mathrm{d}x=\frac{1}{5}\int e^{5x}\mathrm{d}(5x).$ 将变量 $5x$ 看作 u，则可以用积分公式

$\int e^x dx = e^x + C$，得到结果 $\int e^{5x} dx = \dfrac{1}{5} \int e^{5x} d(5x) = \dfrac{1}{5} e^{5x} + C$. 该过程未进行变量代换，所以不用回代，但关键在于 $(5x)' dx = d(5x)$，这个微分逆用的过程叫作凑微分的过程.

定理 4.2　设 $f(u)$ 有原函数 $F(u)$，且 $u = \varphi(x)$ 是可导函数，则

$$\int f[\varphi(x)] \varphi'(x) dx = \left[\int f(u) du\right]_{u=\varphi(x)} = [F(u) + C]_{u=\varphi(x)} = F[\varphi(x)] + C. \tag{4.3}$$

*证明　由于 $F(u)$ 为 $f(u)$ 的原函数，即 $F'(u) = f(u)$，又 $u = \varphi(x)$ 可导，则

微课：定理 4.2 的证明

$$\{F[\varphi(x)]\}' = F'(u) \varphi'(x) = f(u) \varphi'(x) = f[\varphi(x)] \varphi'(x),$$

所以 $F[\varphi(x)]$ 是 $f[\varphi(x)] \varphi'(x)$ 的原函数，从而

$$\int f[\varphi(x)] \varphi'(x) dx = F[\varphi(x)] + C.$$

式 (4.3) 中另外两个等式 $\left[\int f(u) du\right]_{u=\varphi(x)} = [F(u) + C]_{u=\varphi(x)} = F[\varphi(x)] + C$ 显然成立，定理得证.

一般地，若求不定积分 $\int g(x) dx$，如果被积函数 $g(x)$ 可以写成 $f[\varphi(x)] \varphi'(x)$，即可用此方法解决，过程如下：

$$\int g(x) dx = \int f[\varphi(x)] d\varphi(x) \xrightarrow{\varphi(x)=u} \int f(u) du = F(u) + C \xrightarrow{u=\varphi(x)} F[\varphi(x)] + C.$$

上述求不定积分的方法称为第一类换元积分法，它是复合函数微分法的逆运算. 上式中由 $\varphi'(x) dx$ 凑成微分 $d\varphi(x)$ 是关键的一步，因此，第一类换元积分法又称为凑微分法. 要掌握此方法，大家必须能灵活运用微分 (或导数) 公式及基本积分公式.

注　用第一类换元积分法进行积分，关键是把被积函数拆成两部分，使其中一部分与 dx 凑成微分 $d\varphi(x)$，另一部分为 $\varphi(x)$ 的函数 $f[\varphi(x)]$.

为了便于使用，先将一些常用的通过凑微分求解的积分形式归纳如下.

(1) $\displaystyle\int f(au+b) du = \dfrac{1}{a} \int f(au+b) d(au+b) \, (a \neq 0).$

(2) $\displaystyle\int f(au^n+b) u^{n-1} du = \dfrac{1}{na} \int f(au^n+b) d(au^n+b) \, (a \neq 0, n \neq 0).$

(3) $\displaystyle\int f(a^u+b) a^u du = \dfrac{1}{\ln a} \int f(a^u+b) d(a^u+b) \, (a > 0, a \neq 1).$

(4) $\displaystyle\int f(\sqrt{u}) \dfrac{1}{\sqrt{u}} du = 2 \int f(\sqrt{u}) d(\sqrt{u}).$

(5) $\displaystyle\int f\left(\dfrac{1}{u}\right) \dfrac{1}{u^2} du = -\int f\left(\dfrac{1}{u}\right) d\left(\dfrac{1}{u}\right).$

(6) $\displaystyle\int f(\ln u) \dfrac{1}{u} du = \int f(\ln u) d(\ln u).$

(7) $\displaystyle\int f(\sin u) \cos u \, du = \int f(\sin u) d(\sin u).$

(8) $\displaystyle\int f(\cos u) \sin u \, du = -\int f(\cos u) d(\cos u).$

（9）$\int f(\tan u)\sec^2 u\,\mathrm{d}u = \int f(\tan u)\,\mathrm{d}(\tan u)$.

（10）$\int f(\arcsin u)\dfrac{1}{\sqrt{1-u^2}}\,\mathrm{d}u = \int f(\arcsin u)\,\mathrm{d}(\arcsin u)$.

（11）$\int f\left(\arctan\dfrac{u}{a}\right)\dfrac{1}{a^2+u^2}\,\mathrm{d}u = \dfrac{1}{a}\int f\left(\arctan\dfrac{u}{a}\right)\mathrm{d}\left(\arctan\dfrac{u}{a}\right)\ (a>0)$.

（12）$\int \dfrac{f'(u)}{f(u)}\,\mathrm{d}u = \ln|f(u)| + C$.

■例 4.15　求不定积分 $\int \dfrac{1}{5x-2}\mathrm{d}x$.

解　被积函数 $\dfrac{1}{5x-2}$ 是由函数 $\dfrac{1}{u}$ 和 $u=5x-2$ 复合而成的，由定理 4.2 知，需对内层函数求导数后再凑微分，而 $\dfrac{\mathrm{d}u}{\mathrm{d}x}=5$，考虑将被积函数恒等变形，得

$$\frac{1}{5x-2}=\frac{1}{5}\cdot\frac{1}{5x-2}\cdot5=\frac{1}{5}\cdot\frac{1}{5x-2}(5x-2)',$$

此时令 $u=5x-2$，得到

$$\int\frac{1}{5x-2}\mathrm{d}x=\frac{1}{5}\int\frac{1}{5x-2}(5x-2)'\mathrm{d}x=\frac{1}{5}\int\frac{1}{5x-2}\mathrm{d}(5x-2)$$
$$=\frac{1}{5}\int\frac{1}{u}\mathrm{d}u=\frac{1}{5}\ln|u|+C,$$

然后再将 $u=5x-2$ 回代，得到

$$\int\frac{1}{5x-2}\mathrm{d}x=\frac{1}{5}\ln|5x-2|+C.$$

■例 4.16　求不定积分 $\int x\mathrm{e}^{-x^2}\mathrm{d}x$.

解　被积函数中的一个因子 e^{-x^2} 为复合函数，可分解为 e^u 和 $u=-x^2$，内层函数的导数 $\dfrac{\mathrm{d}u}{\mathrm{d}x}=-2x$ 与被积函数中的另一个因子 x 相差一个常系数 -2，所以将 x 变形为 $-\dfrac{1}{2}\cdot(-2x)$，则被积函数变形为

$$x\mathrm{e}^{-x^2}=-\frac{1}{2}\cdot\mathrm{e}^{-x^2}\cdot(-2x)=-\frac{1}{2}\cdot\mathrm{e}^{-x^2}\cdot(-x^2)'.$$

令 $u=-x^2$，则

$$\int x\mathrm{e}^{-x^2}\mathrm{d}x=-\frac{1}{2}\int\mathrm{e}^{-x^2}(-x^2)'\mathrm{d}x=-\frac{1}{2}\int\mathrm{e}^{-x^2}\mathrm{d}(-x^2)$$
$$=-\frac{1}{2}\int\mathrm{e}^u\mathrm{d}u=-\frac{1}{2}\mathrm{e}^u+C=-\frac{1}{2}\mathrm{e}^{-x^2}+C.$$

■例 4.17　求不定积分 $\int \sin^3 x\cos x\,\mathrm{d}x$.

解　令 $u=\sin x$，则 $\mathrm{d}u=\cos x\,\mathrm{d}x$.

$$\int \sin^3 x \cos x \mathrm{d}x = \int u^3 \mathrm{d}u = \frac{1}{4}u^4 + C = \frac{1}{4}\sin^4 x + C.$$

例 4.18 求不定积分 $\int \tan x \mathrm{d}x$.

解 令 $u = \cos x$，则 $\mathrm{d}u = -\sin x \mathrm{d}x$.

$$\int \tan x \mathrm{d}x = \int \frac{\sin x}{\cos x} \mathrm{d}x = -\int \frac{1}{\cos x}(\cos x)' \mathrm{d}x = -\int \frac{1}{\cos x} \mathrm{d}\cos x$$

$$= -\int \frac{1}{u} \mathrm{d}u = -\ln|u| + C = -\ln|\cos x| + C.$$

类似可得

$$\int \cot x \mathrm{d}x = \ln|\sin x| + C = -\ln|\csc x| + C.$$

大家对凑微分法比较熟练后，就可以不用写出中间变量 u，把 "$\varphi(x)$" 当作 "u" 就行了.

例 4.19 求不定积分 $\int \frac{\sin x + \cos x}{(\sin x - \cos x)^3} \mathrm{d}x$.

解

$$\int \frac{\sin x + \cos x}{(\sin x - \cos x)^3} \mathrm{d}x = \int \frac{1}{(\sin x - \cos x)^3}(\sin x - \cos x)' \mathrm{d}x$$

$$= \int \frac{1}{(\sin x - \cos x)^3} \mathrm{d}(\sin x - \cos x)$$

$$= -\frac{1}{2}(\sin x - \cos x)^{-2} + C.$$

例 4.20 求不定积分 $\int \frac{10^{\arcsin x}}{\sqrt{1-x^2}} \mathrm{d}x$.

解 $\int \frac{10^{\arcsin x}}{\sqrt{1-x^2}} \mathrm{d}x = \int 10^{\arcsin x}(\arcsin x)' \mathrm{d}x = \int 10^{\arcsin x} \mathrm{d}\arcsin x = \frac{10^{\arcsin x}}{\ln 10} + C.$

例 4.21 求不定积分 $\int \frac{1}{a^2 + x^2} \mathrm{d}x \, (a \neq 0)$.

解 $\int \frac{1}{a^2 + x^2} \mathrm{d}x = \frac{1}{a^2} \int \frac{1}{1 + \left(\frac{x}{a}\right)^2} \mathrm{d}x = \frac{1}{a} \int \frac{1}{1 + \left(\frac{x}{a}\right)^2} \mathrm{d}\left(\frac{x}{a}\right) = \frac{1}{a}\arctan\frac{x}{a} + C.$

以上例题做一步凑微分，利用基本积分表中的积分公式即可求解. 下面所举例题类型为利用一个或多个积分公式，做两步或两步以上的凑微分.

例 4.22 求不定积分 $\int \frac{1}{x(2 + 3\ln x)} \mathrm{d}x$.

解

$$\int \frac{1}{x(2 + 3\ln x)} \mathrm{d}x = \int \frac{1}{2 + 3\ln x} \mathrm{d}\ln x = \frac{1}{3} \int \frac{1}{2 + 3\ln x} \mathrm{d}(2 + 3\ln x)$$

$$= \frac{1}{3}\ln|2 + 3\ln x| + C.$$

例 4.23 求不定积分 $\int \dfrac{x}{\sqrt{2x^2+3}}\mathrm{d}x$.

解 $\displaystyle\int \dfrac{x}{\sqrt{2x^2+3}}\mathrm{d}x = \dfrac{1}{2}\int \dfrac{1}{\sqrt{2x^2+3}}\mathrm{d}x^2 = \dfrac{1}{2}\cdot\dfrac{1}{2}\int\dfrac{1}{\sqrt{2x^2+3}}\mathrm{d}(2x^2+3)$

$$= \dfrac{1}{2}\sqrt{2x^2+3}+C.$$

例 4.24 求不定积分 $\int \dfrac{1}{x^2-a^2}\mathrm{d}x\,(a>0)$.

解 由于 $\dfrac{1}{x^2-a^2}=\dfrac{1}{(x+a)(x-a)}=\dfrac{1}{2a}\left(\dfrac{1}{x-a}-\dfrac{1}{x+a}\right)$,

所以 $\displaystyle\int \dfrac{1}{x^2-a^2}\mathrm{d}x = \dfrac{1}{2a}\int\left(\dfrac{1}{x-a}-\dfrac{1}{x+a}\right)\mathrm{d}x = \dfrac{1}{2a}\left(\int\dfrac{1}{x-a}\mathrm{d}x-\int\dfrac{1}{x+a}\mathrm{d}x\right)$

$$= \dfrac{1}{2a}\left[\int\dfrac{1}{x-a}\mathrm{d}(x-a)-\int\dfrac{1}{x+a}\mathrm{d}(x+a)\right]$$

$$= \dfrac{1}{2a}(\ln|x-a|-\ln|x+a|)+C$$

$$= \dfrac{1}{2a}\ln\left|\dfrac{x-a}{x+a}\right|+C.$$

例 4.25 求不定积分 $\int \sec x\mathrm{d}x$.

微课：例 4.25

解 $\displaystyle\int \sec x\mathrm{d}x = \int\dfrac{1}{\cos x}\mathrm{d}x = \int\dfrac{1}{\cos^2 x}\cdot\cos x\mathrm{d}x = \int\dfrac{1}{1-\sin^2 x}\mathrm{d}(\sin x)$,

利用例 4.24 的结论，得

$$\int \sec x\mathrm{d}x = \dfrac{1}{2}\ln\left|\dfrac{1+\sin x}{1-\sin x}\right|+C = \dfrac{1}{2}\ln\left|\dfrac{(1+\sin x)^2}{1-\sin^2 x}\right|+C$$

$$= \ln\left|\dfrac{1+\sin x}{\cos x}\right|+C = \ln|\sec x+\tan x|+C.$$

不定积分的凑微分法比较灵活，本例还可以使用下面的解法：

$$\int \sec x\mathrm{d}x = \int\dfrac{\sec x(\sec x+\tan x)}{\sec x+\tan x}\mathrm{d}x = \int\dfrac{\sec^2 x+\sec x\tan x}{\sec x+\tan x}\mathrm{d}x$$

$$= \int\dfrac{\mathrm{d}(\sec x+\tan x)}{\sec x+\tan x} = \ln|\sec x+\tan x|+C.$$

类似可得

$$\int \csc x\mathrm{d}x = \ln|\csc x-\cot x|+C.$$

例 4.26 求不定积分 $\int \dfrac{\sin x\cos x}{1+\sin^4 x}\mathrm{d}x$.

解 $\displaystyle\int \dfrac{\sin x\cos x}{1+\sin^4 x}\mathrm{d}x = \int\dfrac{\sin x}{1+\sin^4 x}\mathrm{d}\sin x = \dfrac{1}{2}\int\dfrac{1}{1+\sin^4 x}\mathrm{d}\sin^2 x$

$$= \dfrac{1}{2}\arctan(\sin^2 x)+C.$$

当被积函数中含有三角函数时，往往要先利用三角恒等式进行变换，再用凑微分法.

■例 4.27 求不定积分 $\int \sin^2 x \mathrm{d}x$.

解 $\int \sin^2 x \mathrm{d}x = \int \dfrac{1-\cos 2x}{2} \mathrm{d}x = \dfrac{1}{2}\left(\int \mathrm{d}x - \int \cos 2x \mathrm{d}x\right)$

$$= \dfrac{1}{2}\int \mathrm{d}x - \dfrac{1}{4}\int \cos 2x \mathrm{d}(2x)$$

$$= \dfrac{x}{2} - \dfrac{\sin 2x}{4} + C.$$

■例 4.28 求不定积分 $\int \cos^3 x \mathrm{d}x$.

解 $\int \cos^3 x \mathrm{d}x = \int \cos^2 x \cdot \cos x \mathrm{d}x = \int (1-\sin^2 x)\mathrm{d}\sin x$

$$= \sin x - \dfrac{1}{3}\sin^3 x + C.$$

■例 4.29 求不定积分 $\int \sin^2 x \cos^3 x \mathrm{d}x$.

解 $\int \sin^2 x \cos^3 x \mathrm{d}x = \int \sin^2 x \cos^2 x \cos x \mathrm{d}x = \int \sin^2 x \cos^2 x \mathrm{d}\sin x$

$$= \int \sin^2 x(1-\sin^2 x)\mathrm{d}\sin x = \int \sin^2 x \mathrm{d}\sin x - \int \sin^4 x \mathrm{d}\sin x$$

$$= \dfrac{1}{3}\sin^3 x - \dfrac{1}{5}\sin^5 x + C.$$

■例 4.30 求 $\int \sin 2x \cos 3x \mathrm{d}x$.

解 利用三角函数积化和差公式得

$$\int \sin 2x \cos 3x \mathrm{d}x = \dfrac{1}{2}\int (\sin 5x - \sin x)\mathrm{d}x = \dfrac{1}{2}\left(\int \sin 5x \mathrm{d}x - \int \sin x \mathrm{d}x\right)$$

$$= -\dfrac{1}{10}\cos 5x + \dfrac{1}{2}\cos x + C.$$

以上例子用的是第一类换元积分法，即做形如 $u = \varphi(x)$ 的变量代换，将积分 $\int f[\varphi(x)]\varphi'(x)\mathrm{d}x$ 化为积分 $\int f(u)\mathrm{d}u$ 来计算. 但有些情况下，用上述方法积分是困难的，被积函数不容易凑成功. 此时，可以尝试另外一种形式的变量代换，令 $x = \psi(t)$，将积分 $\int f(x)\mathrm{d}x$ 化作 $\int f[\psi(t)]\psi'(t)\mathrm{d}t$ 形式后再计算，此方法即第二类换元积分法.

4.2.2 第二类换元积分法

定理 4.3 设 $x = \psi(t)$ 是单调的可导函数，且 $\psi'(t) \neq 0$，又设 $f[\psi(t)]\psi'(t)$ 的一个原函数为 $\Phi(t)$，则

$$\int f(x)\mathrm{d}x \xrightarrow{x = \psi(t)} \int f[\psi(t)]\psi'(t)\mathrm{d}t = [\Phi(t) + C]_{t = \psi^{-1}(x)}. \tag{4.4}$$

该公式称为第二换元公式. 其中 $t = \psi^{-1}(x)$ 为函数 $x = \psi(t)$ 的反函数.

*证明 因为 $x=\psi(t)$ 有单调可导的反函数 $t=\psi^{-1}(x)$，所以由复合函数和反函数求导公式得

$$\frac{\mathrm{d}}{\mathrm{d}x}\Phi[\psi^{-1}(x)]=\frac{\mathrm{d}\Phi}{\mathrm{d}t}\cdot\frac{\mathrm{d}t}{\mathrm{d}x}=f[\psi(t)]\psi'(t)\cdot\frac{1}{\psi'(t)}=f[\psi(t)]=f(x),$$

这表明 $\Phi[\psi^{-1}(x)]$ 是 $f(x)$ 的一个原函数，所以

$$\int f(x)\mathrm{d}x=\Phi[\psi^{-1}(x)]+C.$$

一般地，求积分 $\int f(x)\mathrm{d}x$ 时，如果设 $x=\psi(t)$，且 $x=\psi(t)$ 满足定理 4.3 的条件，则根据第二换元公式[式(4.4)]求积分的过程如下：

$$\int f(x)\mathrm{d}x\xlongequal{x=\psi(t)}\int f[\psi(t)]\psi'(t)\mathrm{d}t=\Phi(t)+C\xlongequal{t=\psi^{-1}(x)}\Phi[\psi^{-1}(x)]+C.$$

上述求不定积分的方法称为第二类换元积分法.

两种换元积分法都用到了换元的过程，换元后都需要还原为原变量的函数. 第二类换元积分法经常用于被积函数中出现根式，且无法用直接积分法和第一类换元积分法计算的题目.

下面举例说明第二类换元积分法的应用.

■例 4.31 求不定积分 $\displaystyle\int\frac{\mathrm{d}x}{1+\sqrt{2x}}$.

解 令 $\sqrt{2x}=t$，则 $x=\dfrac{t^2}{2}$，$\mathrm{d}x=t\mathrm{d}t$.

$$\int\frac{\mathrm{d}x}{1+\sqrt{2x}}=\int\frac{t}{1+t}\mathrm{d}t=\int\left(1-\frac{1}{1+t}\right)\mathrm{d}t=t-\ln|1+t|+C$$

$$=\sqrt{2x}-\ln(1+\sqrt{2x})+C.$$

■例 4.32 求不定积分 $\displaystyle\int\frac{\mathrm{d}x}{(1+\sqrt[3]{x})\sqrt{x}}$.

解 令 $x=t^6$，则 $\mathrm{d}x=6t^5\mathrm{d}t$.

$$\int\frac{\mathrm{d}x}{(1+\sqrt[3]{x})\sqrt{x}}=\int\frac{6t^5\mathrm{d}t}{(1+t^2)t^3}=6\int\frac{t^2}{1+t^2}\mathrm{d}t=6\int\left(1-\frac{1}{1+t^2}\right)\mathrm{d}t$$

$$=6(t-\arctan t)+C=6(\sqrt[6]{x}-\arctan\sqrt[6]{x})+C.$$

微课：例 4.32

上述两个例题都是利用第二类换元积分法处理被积函数中含有根式的问题，通过变量代换实现有理化. 该方法一般称为去根式法，其主要形式如下.

(1)含有根式 $\sqrt[n]{ax+b}$ 时，令 $\sqrt[n]{ax+b}=t$.

(2)同时含有根式 $\sqrt[m_1]{x}$ 和根式 $\sqrt[m_2]{x}$（$m_1,m_2\in\mathbf{Z}^+$）时，令 $x=t^m$，其中 m 是 m_1,m_2 的最小公倍数.

被积函数中含有根式的问题，除了利用上述方法消去根式，还常利用如下代换：

(1)含有根式 $\sqrt{a^2-x^2}$（$a>0$）时，令 $x=a\sin t$；

(2)含有根式 $\sqrt{a^2+x^2}$（$a>0$）时，令 $x=a\tan t$；

(3)含有根式 $\sqrt{x^2-a^2}$（$a>0$）时，令 $x=a\sec t$.

由于上述代换均用的是三角函数，因此其又称为三角函数代换.

例 4.33 求 $\int \sqrt{a^2-x^2}\,\mathrm{d}x$　$(a>0)$.

解 为了消去根式, 我们利用三角公式 $\sin^2 t + \cos^2 t = 1$.

令 $x = a\sin t$ $\left(-\dfrac{\pi}{2}<t<\dfrac{\pi}{2}\right)$, 则 $\sqrt{a^2-x^2} = a\cos t$, $\mathrm{d}x = a\cos t\,\mathrm{d}t$.

于是

$$\int \sqrt{a^2-x^2}\,\mathrm{d}x = \int a^2\cos^2 t\,\mathrm{d}t = a^2 \int \frac{1+\cos 2t}{2}\,\mathrm{d}t = \frac{a^2}{2}t + \frac{a^2}{4}\sin 2t + C$$

$$= \frac{a^2}{2}t + \frac{a^2}{2}\sin t\cos t + C$$

为了把 $t,\sin t,\cos t$ 换成 x 的函数, 构造辅助三角形, 如图 4.2

所示. 由于 $x = a\sin t$ $\left(-\dfrac{\pi}{2}<t<\dfrac{\pi}{2}\right)$, 所以 $\sin t = \dfrac{x}{a}$, $t = \arcsin \dfrac{x}{a}$,

$\cos t = \dfrac{\sqrt{a^2-x^2}}{a}$.

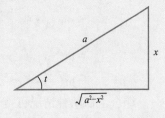

图 4.2

于是　$\int \sqrt{a^2-x^2}\,\mathrm{d}x = \dfrac{a^2}{2}\arcsin \dfrac{x}{a} + \dfrac{1}{2}x\sqrt{a^2-x^2} + C$.

例 4.34 求 $\int \dfrac{\mathrm{d}x}{\sqrt{x^2+a^2}}$ $(a>0)$.

解 和例 4.33 类似, 利用三角公式 $1+\tan^2 t = \sec^2 t$ 来消去根式.

令 $x = a\tan t$ $\left(-\dfrac{\pi}{2}<t<\dfrac{\pi}{2}\right)$, 则 $t = \arctan \dfrac{x}{a}$, $\mathrm{d}x = a\sec^2 t\,\mathrm{d}t$. 于是

$$\int \frac{\mathrm{d}x}{\sqrt{x^2+a^2}} = \int \frac{a\sec^2 t}{a\sec t}\,\mathrm{d}t = \int \sec t\,\mathrm{d}t = \ln|\sec t+\tan t| + C_1.$$

为了把 $\sec t, \tan t$ 换成 x 的函数, 构造辅助三角形, 如图 4.3

所示. 由于 $x = a\tan t$, $\tan t = \dfrac{x}{a}$, $\sec t = \dfrac{1}{\cos t} = \dfrac{\sqrt{a^2+x^2}}{a}$, 所以

$$\int \frac{\mathrm{d}x}{\sqrt{a^2+x^2}} = \ln\left|\frac{\sqrt{a^2+x^2}}{a} + \frac{x}{a}\right| + C_1$$

$$= \ln(x+\sqrt{a^2+x^2}) + C \quad (C = C_1 - \ln a).$$

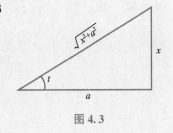

图 4.3

例 4.35 求 $\int \dfrac{\mathrm{d}x}{\sqrt{x^2-a^2}}$ $(a>0)$.

解 和例 4.33、例 4.34 类似, 我们利用三角公式 $\sec^2 t - 1 = \tan^2 t$ 来消去根式.

当 $x>a$ 时, 令 $x = a\sec t$ $\left(0<t<\dfrac{\pi}{2}\right)$, 则 $\mathrm{d}x = a\sec t \cdot \tan t\,\mathrm{d}t$. 于是

$$\int \frac{\mathrm{d}x}{\sqrt{x^2-a^2}} = \int \frac{a\sec t \cdot \tan t\,\mathrm{d}t}{a\tan t} = \int \sec t\,\mathrm{d}t = \ln(\sec t+\tan t) + C_1.$$

为了把 $\sec t$ 及 $\tan t$ 换成 x 的函数，可以根据 $\sec t=\dfrac{x}{a}$ 构造辅助三角形，

如图 4.4 所示，得 $\tan t=\dfrac{\sqrt{x^2-a^2}}{a}$.

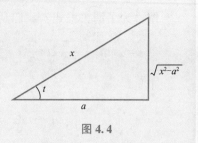

因此，$\displaystyle\int\dfrac{\mathrm{d}x}{\sqrt{x^2-a^2}}=\ln\left(\dfrac{x}{a}+\dfrac{\sqrt{x^2-a^2}}{a}\right)+C_1$

$$=\ln(x+\sqrt{x^2-a^2})+C\quad(C=C_1-\ln a).$$

图 4.4

当 $x<-a$ 时，令 $x=-u$，那么 $u>a$ 时，由上段结果有

$$\int\dfrac{\mathrm{d}x}{\sqrt{x^2-a^2}}=-\int\dfrac{\mathrm{d}u}{\sqrt{u^2-a^2}}=-\ln(u+\sqrt{u^2-a^2})+C_1$$

$$=-\ln(-x+\sqrt{x^2-a^2})+C_1=\ln\dfrac{-x-\sqrt{x^2-a^2}}{a^2}+C_1$$

$$=\ln(-x-\sqrt{x^2-a^2})+C_1-\ln a^2$$

$$=\ln(-x-\sqrt{x^2-a^2})+C\quad(C=C_1-\ln a^2),$$

综合上面两种情况可得

$$\int\dfrac{\mathrm{d}x}{\sqrt{x^2-a^2}}=\ln\left|x+\sqrt{x^2-a^2}\right|+C.$$

在使用第二类换元积分法的同时，前面所讲的不定积分的性质、第一类换元积分法等解决不定积分计算的方法和技巧都可结合使用。上述形式是使用第二类换元积分法的常见形式，并非所有形式，在求解过程中，大家应根据被积函数的特点，选择适当的变量代换，将积分转化成较简单的形式。

例 4.36 求不定积分 $\displaystyle\int\dfrac{\mathrm{d}x}{x(x^7+2)}$.

解 令 $x=\dfrac{1}{t}$，则 $\mathrm{d}x=-\dfrac{1}{t^2}\mathrm{d}t$.

$$\int\dfrac{\mathrm{d}x}{x(x^7+2)}=\int\dfrac{t}{\left(\dfrac{1}{t^7}+2\right)}\left(-\dfrac{1}{t^2}\right)\mathrm{d}t=-\int\dfrac{t^6}{1+2t^7}\mathrm{d}t$$

$$=-\dfrac{1}{14}\int\dfrac{1}{1+2t^7}\mathrm{d}(2t^7+1)$$

$$=-\dfrac{1}{14}\ln|1+2t^7|+C=-\dfrac{1}{14}\ln|2+x^7|+\dfrac{1}{2}\ln|x|+C.$$

注 当被积函数的分母次数较高时，经常用 $x=\dfrac{1}{t}$ 作代换，这种方法称为倒代换。

例 4.37 求不定积分 $\displaystyle\int\dfrac{\mathrm{d}x}{\sqrt{x^2-2x+2}}$.

解 $\displaystyle\int\dfrac{\mathrm{d}x}{\sqrt{x^2-2x+2}}=\int\dfrac{\mathrm{d}x}{\sqrt{(x-1)^2+1}}=\int\dfrac{\mathrm{d}(x-1)}{\sqrt{(x-1)^2+1^2}}$,

利用例 4.34 的结论, 可得

$$\int \frac{\mathrm{d}x}{\sqrt{x^2-2x+2}}=\ln\left(x-1+\sqrt{x^2-2x+2}\right)+C.$$

在本节的例题中, 有些积分的类型是以后经常会遇到的, 它们通常也被当作公式使用. 因此, 在基本积分表中, 再添加以下常用的积分公式(其中常数 $a>0$).

$(1)\displaystyle\int \tan x\mathrm{d}x=-\ln|\cos x|+C.$

$(2)\displaystyle\int \cot x\mathrm{d}x=\ln|\sin x|+C.$

$(3)\displaystyle\int \sec x\mathrm{d}x=\ln|\sec x+\tan x|+C.$

$(4)\displaystyle\int \csc x\mathrm{d}x=\ln|\csc x-\cot x|+C.$

$(5)\displaystyle\int \frac{1}{a^2+x^2}\mathrm{d}x=\frac{1}{a}\arctan\frac{x}{a}+C.$

$(6)\displaystyle\int \frac{1}{\sqrt{a^2-x^2}}\mathrm{d}x=\arcsin\frac{x}{a}+C.$

$^*(7)\displaystyle\int \frac{1}{x^2-a^2}\mathrm{d}x=\frac{1}{2a}\ln\left|\frac{x-a}{x+a}\right|+C.$

$^*(8)\displaystyle\int \sqrt{a^2-x^2}\,\mathrm{d}x=\frac{a^2}{2}\arcsin\frac{x}{a}+\frac{x}{2}\sqrt{a^2-x^2}+C.$

$^*(9)\displaystyle\int \frac{1}{\sqrt{x^2+a^2}}\mathrm{d}x=\ln\left(x+\sqrt{x^2+a^2}\right)+C.$

$^*(10)\displaystyle\int \frac{1}{\sqrt{x^2-a^2}}\mathrm{d}x=\ln\left|x+\sqrt{x^2-a^2}\right|+C.$

习题 4.2

1 在下列括号内填入适当的常数, 使等式成立.

$(1)\,\mathrm{d}x=(\qquad)\mathrm{d}(-6x+7).$

$(2)\,x\mathrm{d}x=(\qquad)\mathrm{d}(3x^2+4).$

$(3)\,\dfrac{1}{\sqrt{x}}\mathrm{d}x=(\qquad)\mathrm{d}(1+\sqrt{x}).$

$(4)\,\dfrac{1}{x^2}\mathrm{d}x=(\qquad)\mathrm{d}\left(\dfrac{1}{x}+2\right).$

$(5)\,\dfrac{1}{\sqrt{x}}\mathrm{d}x=(\qquad)\mathrm{d}(1-\sqrt{x}).$

$(6)\,\dfrac{1}{x}\mathrm{d}x=(\qquad)\mathrm{d}(5-\ln|x|).$

$(7)\,\mathrm{e}^{-\frac{x}{5}}\mathrm{d}x=(\qquad)\mathrm{d}(2+\mathrm{e}^{-\frac{x}{5}}).$

$(8)\,\cos\dfrac{7}{3}x\mathrm{d}x=(\qquad)\mathrm{d}\left(4-\sin\dfrac{7}{3}x\right).$

$(9)\,\dfrac{\mathrm{d}x}{1+4x^2}=(\qquad)\mathrm{d}(\arctan 2x).$

$(10)\,\dfrac{\mathrm{d}x}{\sqrt{1-4x^2}}=(\qquad)\mathrm{d}(\arccos 2x+3).$

2 用第一类换元积分法求下列不定积分.

(1) $\int \sin 2x \mathrm{d}x$.

(2) $\int \sqrt{5+2x}\, \mathrm{d}x$.

(3) $\int \dfrac{1}{\sqrt[3]{3-2x}}\mathrm{d}x$.

(4) $\int x\cos x^2 \mathrm{d}x$.

(5) $\int (2+3x)^{100}\mathrm{d}x$.

(6) $\int (x^2-3x+1)^{100}(2x-3)\mathrm{d}x$.

(7) $\int \dfrac{x}{1+x^2}\mathrm{d}x$.

(8) $\int \dfrac{x}{1+x^4}\mathrm{d}x$.

(9) $\int \dfrac{x^3}{1+x^2}\mathrm{d}x$.

(10) $\int \dfrac{1}{\sqrt{x}}\sin\sqrt{x}\, \mathrm{d}x$.

(11) $\int x\sqrt{2x^2-1}\, \mathrm{d}x$.

(12) $\int \mathrm{e}^{-2x}\mathrm{d}x$.

(13) $\int \mathrm{e}^x \sin \mathrm{e}^x \mathrm{d}x$.

(14) $\int \dfrac{\mathrm{e}^{2x}+1}{\mathrm{e}^x}\mathrm{d}x$.

(15) $\int \dfrac{\mathrm{e}^x}{\mathrm{e}^{2x}+1}\mathrm{d}x$.

(16) $\int \mathrm{e}^{(\mathrm{e}^x+x)}\mathrm{d}x$.

(17) $\int \dfrac{1}{x(1+\ln x)}\mathrm{d}x$.

(18) $\int \dfrac{\sqrt{1+\ln x}}{x}\mathrm{d}x$.

(19) $\int \dfrac{\ln\ln x}{x\ln x}\mathrm{d}x$.

(20) $\int \dfrac{1}{x^2}\sin\dfrac{1}{x}\mathrm{d}x$.

(21) $\int \left(1-\dfrac{1}{x^2}\right)\sin\left(x+\dfrac{1}{x}\right)\mathrm{d}x$.

(22) $\int 10^{-2x+1}\mathrm{d}x$.

(23) $\int \dfrac{(\arcsin x)^2}{\sqrt{1-x^2}}\mathrm{d}x$.

(24) $\int \dfrac{1}{(\arctan x)^2(1+x^2)}\mathrm{d}x$.

(25) $\int \cos^4 x \mathrm{d}x$.

(26) $\int \sin^3 x \mathrm{d}x$.

(27) $\int \sin^3 x\cos^2 x \mathrm{d}x$.

(28) $\int \sin 2x\sin 3x \mathrm{d}x$.

(29) $\int \dfrac{\cos x}{1+\cos x}\mathrm{d}x$.

(30) $\int \dfrac{\cos x-\sin x}{\cos x+\sin x}\mathrm{d}x$.

(31) $\int \dfrac{\arctan\sqrt{x}}{\sqrt{x}(1+x)}\mathrm{d}x$.

(32) $\int \dfrac{x}{\sqrt{9-x^2}}\mathrm{d}x$.

(33) $\int \dfrac{1}{x^2-1}\mathrm{d}x$.

3 用第二类换元积分法求下列不定积分.

(1) $\int \dfrac{x^2}{\sqrt{2-x}}\mathrm{d}x$.

(2) $\int \dfrac{1}{1+\sqrt{x}}\mathrm{d}x$.

(3) $\int x\sqrt{x+2}\, \mathrm{d}x$.

(4) $\int \dfrac{1}{\sqrt{x}+\sqrt[4]{x}}\mathrm{d}x$.

(5) $\int \dfrac{1}{\sqrt{\mathrm{e}^x+1}}\mathrm{d}x$.

(6) $\int x(2x-1)^{50}\mathrm{d}x$.

(7) $\int \dfrac{1}{\sqrt{9-x^2}}\mathrm{d}x$.

(8) $\int \dfrac{1}{x\sqrt{9-x^2}}\mathrm{d}x$.

(9) $\int \dfrac{1}{\sqrt{9+4x^2}}\mathrm{d}x$.

(10) $\int \dfrac{\sqrt{1-x^2}}{x}\mathrm{d}x$.

(11) $\int \dfrac{1}{x\sqrt{x^2-1}}\mathrm{d}x$.

(12) $\int \dfrac{x}{\sqrt{x^2+2x+2}}\mathrm{d}x$.

微课:习题 4.2
第 3 题(8)

4.3 分部积分法

求不定积分时,经常会遇到被积函数是两类不同函数乘积的不定积分,形如 $\int x\mathrm{e}^x \mathrm{d}x$,

$\int x^2 \sin x \mathrm{d}x$，用前面介绍的直接积分法和换元积分法并不能解决，此时就需要用到不定积分的

另外一种方法——分部积分法.

设函数 $u=u(x)$ 与 $v=v(x)$ 具有连续的导数，根据函数乘积的求导法则，有

$$(uv)'=u'v+uv',$$

移项后得

$$uv'=(uv)'-u'v,$$

对上式两边求不定积分，即有下述定理.

定理 4.4　设 $u=u(x),v=v(x)$ 在区间 I 上都有连续的导数，则有

$$\int u(x)v'(x)\mathrm{d}x=u(x)v(x)-\int u'(x)v(x)\mathrm{d}x,$$

即

$$\int u(x)\mathrm{d}[v(x)]=u(x)v(x)-\int v(x)\mathrm{d}[u(x)],$$

简记为

微课：定理 4.4 的
证明及例 4.38

$$\int u\mathrm{d}v=uv-\int v\mathrm{d}u.$$

上述公式被称为分部积分公式. 其实质是求两个函数乘积的导数的逆过程.

应用分部积分法的基本步骤可归纳为

$$\int u(x)\cdot v'(x)\mathrm{d}x=\int u(x)\mathrm{d}v(x)=u(x)\cdot v(x)-\int v(x)\mathrm{d}u(x).$$

下面通过例子说明如何应用分部积分公式.

■例 4.38　求不定积分 $\int x\mathrm{e}^x\mathrm{d}x$.

解　首先选择 $u=x,\mathrm{d}v=\mathrm{e}^x\mathrm{d}x$，则 $v=\mathrm{e}^x$，所以

$$\int x\mathrm{e}^x\mathrm{d}x=\int x\mathrm{d}\mathrm{e}^x=x\mathrm{e}^x-\int \mathrm{e}^x\mathrm{d}x=x\mathrm{e}^x-\mathrm{e}^x+C.$$

注　若设 $u=\mathrm{e}^x,\mathrm{d}v=x\mathrm{d}x$，那么 $\mathrm{d}u=\mathrm{e}^x\mathrm{d}x,v=\dfrac{x^2}{2}$. 于是得

$$\int x\mathrm{e}^x\mathrm{d}x=\frac{1}{2}x^2\mathrm{e}^x+\frac{1}{2}\int x^2\mathrm{e}^x\mathrm{d}x,$$

该式右端的积分 $\int x^2\mathrm{e}^x\mathrm{d}x$ 比原积分 $\int x\mathrm{e}^x\mathrm{d}x$ 更复杂，没有达到预期目的. 由此可见，u 和 $\mathrm{d}v$ 的

选取非常关键. 选取 u 和 $\mathrm{d}v$ 一般要遵循下面两个原则：

（1）由 $v'(x)\mathrm{d}x$ 要容易求得 $v(x)$；

（2）$\int v(x)\mathrm{d}u(x)$ 要比 $\int u(x)\mathrm{d}v(x)$ 容易积分.

由经验知，很多情况下可用如下方法选取 u 和 $\mathrm{d}v$：按照反三角函数、对数函数、幂函数、

三角函数、指数函数（即"反、对、幂、三、指"）的顺序把排在前面的函数选作 u，把排在后面

的那个函数选作 v'，v' 与 $\mathrm{d}x$ 的乘积凑成 $\mathrm{d}v$.

例 4.39 求不定积分 $\int x\cos x\,dx$.

解 被积函数为幂函数与三角函数的乘积，故选取 $u=x$, $dv=\cos x\,dx$，那么 $du=dx$, $v=\sin x$，代入分部积分公式得

$$\int x\cos x\,dx = x\sin x - \int \sin x\,dx = x\sin x + \cos x + C.$$

例 4.40 求不定积分 $\int x^2\cos x\,dx$.

解 选取 $u=x^2$, $dv=\cos x\,dx$，那么 $du=2x\,dx$, $v=\sin x$，代入分部积分公式得

$$\int x^2\cos x\,dx = x^2\sin x - 2\int x\sin x\,dx.$$

上式右端的积分 $\int x\sin x\,dx$ 再次使用分部积分法，选取 $u=x$, $dv=\sin x\,dx$，那么 $du=dx$, $v=-\cos x$，可得

$$\int x^2\cos x\,dx = x^2\sin x - 2\int x\sin x\,dx = x^2\sin x - 2\left(-x\cos x + \int \cos x\,dx\right)$$

$$= x^2\sin x + 2x\cos x - 2\sin x + C.$$

注 多次使用分部积分法时，u 和 v' 的选取类型要与第一次的保持一致，否则将回到原积分. 本例选取幂函数为 u，正(余)弦函数为 v'，并两次使用了分部积分法.

大家对分部积分法的使用较熟练后，u 与 dv 的选取就不必写出，只要把被积表达式凑成 $u(x)dv(x)$ 的形式，即可使用分部积分公式.

例 4.41 求不定积分 $\int x^3\ln x\,dx$.

解 $\int x^3\ln x\,dx = \int \ln x\,d\left(\dfrac{x^4}{4}\right) = \dfrac{x^4}{4}\ln x - \int \dfrac{x^4}{4}d(\ln x) = \dfrac{x^4}{4}\ln x - \int \dfrac{x^4}{4}\cdot\dfrac{1}{x}dx$

$$= \dfrac{x^4}{4}\ln x - \dfrac{1}{4}\int x^3\,dx = \dfrac{x^4}{4}\ln x - \dfrac{1}{16}x^4 + C.$$

例 4.42 求不定积分 $\int x^3 e^{-x^2}dx$.

解 $\int x^3 e^{-x^2}dx = -\dfrac{1}{2}\int x^2 de^{-x^2} = -\dfrac{1}{2}x^2 e^{-x^2} + \int e^{-x^2}x\,dx = -\dfrac{1}{2}x^2 e^{-x^2} - \dfrac{1}{2}\int e^{-x^2}d(-x^2)$

$$= -\dfrac{1}{2}x^2 e^{-x^2} - \dfrac{1}{2}e^{-x^2} + C = -\dfrac{1}{2}(x^2+1)e^{-x^2} + C.$$

例 4.43 求不定积分 $\int \arctan x\,dx$.

解 $\int \arctan x\,dx = x\arctan x - \int x\,d(\arctan x) = x\arctan x - \int x\cdot\dfrac{1}{1+x^2}dx$

$$= x\arctan x - \dfrac{1}{2}\int \dfrac{1}{1+x^2}d(1+x^2) = x\arctan x - \dfrac{1}{2}\ln(1+x^2) + C.$$

例 4.43 中被积函数只有一个，且不能用积分公式直接积分，可以考虑运用分部积分法，将唯一的被积函数视为分部积分公式中的函数 u，将 dx 视为 dv，直接利用分部积分公式求解.

■**例 4.44**　求不定积分 $\displaystyle\int \mathrm{e}^{x}\sin x\,\mathrm{d}x$.

微课：例 4.44

解　令 $I=\displaystyle\int \mathrm{e}^{x}\sin x\,\mathrm{d}x$，则有

$$I=\int \sin x\,\mathrm{d}(\mathrm{e}^{x})=\mathrm{e}^{x}\sin x-\int \mathrm{e}^{x}\,\mathrm{d}(\sin x)=\mathrm{e}^{x}\sin x-\int \mathrm{e}^{x}\cos x\,\mathrm{d}x$$

$$=\mathrm{e}^{x}\sin x-\int \cos x\,\mathrm{d}(\mathrm{e}^{x})=\mathrm{e}^{x}\sin x-\mathrm{e}^{x}\cos x+\int \mathrm{e}^{x}\,\mathrm{d}(\cos x)$$

$$=\mathrm{e}^{x}\sin x-\mathrm{e}^{x}\cos x-I,$$

所以

$$2I=\mathrm{e}^{x}\sin x-\mathrm{e}^{x}\cos x+C_{1},$$

即

$$\int \mathrm{e}^{x}\sin x\,\mathrm{d}x=\frac{1}{2}\mathrm{e}^{x}(\sin x-\cos x)+C.$$

■**例 4.45**　求不定积分 $\displaystyle\int \cos(\ln x)\,\mathrm{d}x$.

解　令 $I=\displaystyle\int \cos(\ln x)\,\mathrm{d}x$，则有

$$I=\int \cos(\ln x)\,\mathrm{d}x=x\cos(\ln x)-\int x\,\mathrm{d}\cos(\ln x)=x\cos(\ln x)+\int \sin(\ln x)\,\mathrm{d}x$$

$$=x\cos(\ln x)+x\sin(\ln x)-I,$$

所以

$$2I=x\cos(\ln x)+x\sin(\ln x)+C_{1},$$

即

$$\int \cos(\ln x)\,\mathrm{d}x=\frac{x}{2}\big[\cos(\ln x)+\sin(\ln x)\big]+C.$$

多次应用分部积分法后得到一个关于所求积分的方程（产生循环的结果），通过求解方程得到不定积分. 这一方法也称为"循环积分法". 需要注意的是：求解方程得到不定积分后一定要加上积分常数.

有时，求不定积分时可能需要几种方法结合使用，大家要灵活处理.

■**例 4.46**　求不定积分 $\displaystyle\int \mathrm{e}^{\sqrt{x}}\,\mathrm{d}x$.

解　设 $\sqrt{x}=t$，则 $x=t^{2}$，$\mathrm{d}x=2t\,\mathrm{d}t$，于是

$$\int \mathrm{e}^{\sqrt{x}}\,\mathrm{d}x=2\int t\mathrm{e}^{t}\,\mathrm{d}t=2\int t\,\mathrm{d}\mathrm{e}^{t}=2(t-1)\mathrm{e}^{t}+C=2(\sqrt{x}-1)\mathrm{e}^{\sqrt{x}}+C.$$

■**例 4.47**　设 $f(x)$ 的一个原函数为 $\mathrm{e}^{x^{2}}$，求 $\displaystyle\int xf''(x)\,\mathrm{d}x$.

解　$\displaystyle\int xf''(x)\,\mathrm{d}x=\int x\,\mathrm{d}f'(x)=xf'(x)-\int f'(x)\,\mathrm{d}x=xf'(x)-f(x)+C.$

由于 $f(x)=2x\mathrm{e}^{x^{2}}$，则 $f'(x)=2\mathrm{e}^{x^{2}}+4x^{2}\mathrm{e}^{x^{2}}$，所以

$$\int xf''(x)\,\mathrm{d}x=4x^{3}\mathrm{e}^{x^{2}}+C.$$

习题 4.3

1 求下列不定积分：

(1) $\int x\sin x\,\mathrm{d}x$；

(2) $\int \ln(x+1)\,\mathrm{d}x$；

(3) $\int x\mathrm{e}^{-x}\,\mathrm{d}x$；

(4) $\int x\arctan x\,\mathrm{d}x$；

(5) $\int \arccos x\,\mathrm{d}x$；

(6) $\int x^2\mathrm{e}^x\,\mathrm{d}x$；

(7) $\int \mathrm{e}^{-x}\cos x\,\mathrm{d}x$；

(8) $\int \dfrac{x}{\cos^2 x}\,\mathrm{d}x$；

(9) $\int \ln(x+\sqrt{1+x^2})\,\mathrm{d}x$；

(10) $\int x\sin x\cos x\,\mathrm{d}x$；

(11) $\int (\arcsin x)^2\,\mathrm{d}x$；

(12) $\int \arctan\sqrt{x}\,\mathrm{d}x$；

(13) $\int (x^2+1)\sin 2x\,\mathrm{d}x$；

(14) $\int (x+1)\ln x\,\mathrm{d}x$；

(15) $\int \dfrac{\ln x}{x^2}\,\mathrm{d}x$；

(16) $\int x\sin^2 x\,\mathrm{d}x$；

(17) $\int (x-1)3^x\,\mathrm{d}x$；

(18) $\int \dfrac{\arcsin\sqrt{x}}{\sqrt{x}}\,\mathrm{d}x$.

2 如果 $\dfrac{\sin x}{x}$ 是 $f(x)$ 的一个原函数，证明：$\int xf'(x)\,\mathrm{d}x=\cos x-\dfrac{2\sin x}{x}+C.$

微课：习题 4.3
第 2 题

*4.4 有理函数的积分

前面几节介绍了计算不定积分的几种基本积分法——直接积分法、换元积分法和分部积分法，本节将简单介绍有理函数的积分.

4.4.1 有理函数的相关概念

两个多项式函数的商 $\dfrac{P(x)}{Q(x)}$ 称为有理函数，也称为有理分式函数. 有理分式的一般表达式为

$$\frac{P(x)}{Q(x)}=\frac{a_0x^n+a_1x^{n-1}+\cdots+a_{n-1}x+a_n}{b_0x^m+b_1x^{m-1}+\cdots+b_{m-1}x+b_m},$$

其中 m,n 为自然数；$a_0,a_1,\cdots,a_n$ 及 $b_0,b_1,\cdots,b_n$ 都是实数，并且 $a_0\neq 0,b_0\neq 0$.

在有理分式中，当 $n<m$ 时，称之为真分式；当 $n\geqslant m$ 时，称之为假分式. 根据多项式的除法，任意一个假分式都可以化为一个多项式和一个真分式的和. 例如，

$$\frac{2x^3+x^2+3}{x+1}=2x^2-x+1+\frac{2}{x+1}.$$

　　因此，有理函数的积分可以转化为多项式或真分式的积分. 多项式的积分比较简单，我们只需要讨论真分式的积分.

4.4.2　有理真分式的积分

　　根据代数知识，有理真分式必定可以表示成若干个部分分式之和(称为部分分式分解)，因而问题归结为求那些部分分式的不定积分. 而任一多项式在实数范围内都可分解为若干个一次因式(可以重复)和若干个不可分解因式的二次因式(可以重复)的乘积，因此，按照分母 $Q(x)$ 中因式的情况，可以有如下形式的部分分式.

　　(1)对于分母中每个形如 $(x-a)^k$ 的因式，它所对应的部分分式形式为

$$\frac{A_1}{x-a}+\frac{A_2}{(x-a)^2}+\cdots+\frac{A_k}{(x-a)^k},$$

其中 $A_1,A_2,\cdots,A_k$ 都是常数. 特殊地，当 $k=1$ 时，对应部分分式形式为 $\dfrac{A}{x-a}$.

　　(2)对于分母中每个形如 $(x^2+px+q)^k(p^2-4q<0)$ 的因式，它所对应的部分分式形式为

$$\frac{B_1x+C_1}{x^2+px+q}+\frac{B_2x+C_2}{(x^2+px+q)^2}+\cdots+\frac{B_kx+C_k}{(x^2+px+q)^k},$$

其中 $B_1,B_2,\cdots,B_k,C_1,C_2,\cdots,C_k$ 都是常数. 特殊地，当 $k=1$ 时，对应部分分式形式为 $\dfrac{Bx+C}{x^2+px+q}$.

　　把所有的部分分式形式加起来，使之等于被积函数 $\dfrac{P(x)}{Q(x)}$，依照恒等关系求出待定系数.

例 4.48　求不定积分 $\displaystyle\int\frac{2x+3}{x^2+3x-10}\mathrm{d}x$.

解　令 $\dfrac{2x+3}{x^2+3x-10}=\dfrac{2x+3}{(x-2)(x+5)}=\dfrac{A}{x-2}+\dfrac{B}{x+5}$，其中 A,B 为待定系数.

在分解式两端消去分母，得

$$2x+3=A(x+5)+B(x-2)=(A+B)x+(5A-2B),$$

比较 x 的各次幂的系数，得

$$\begin{cases}A+B=2,\\5A-2B=3,\end{cases}$$

解得 $A=1,B=1$. 因此，

$$\int\frac{2x+3}{x^2+3x-10}\mathrm{d}x=\int\left(\frac{1}{x-2}+\frac{1}{x+5}\right)\mathrm{d}x=\ln|x-2|+\ln|x+5|+C=\ln|x^2+3x-10|+C.$$

例 4.49　求不定积分 $\displaystyle\int\frac{1}{(x^2+1)x}\mathrm{d}x$.

解　令 $\dfrac{1}{(x^2+1)x}=\dfrac{A}{x}+\dfrac{Bx+C}{x^2+1}$，则

$$1=A(x^2+1)+(Bx+C)x=(A+B)x^2+Cx+A,$$

比较 x 的各次幂的系数，得

$$\begin{cases}A+B=0,\\C=0,\\A=1,\end{cases}$$

解得 $A=1,B=-1,C=0.$ 因此,

$$\int \frac{1}{(x^2+1)x}\mathrm{d}x = \int \left(\frac{1}{x}-\frac{x}{x^2+1}\right)\mathrm{d}x = \ln|x| - \frac{1}{2}\ln(x^2+1)+C.$$

■例 4.50 求不定积分 $\int \frac{x-3}{(x^2-1)(x-1)}\mathrm{d}x.$

解 令 $\dfrac{x-3}{(x^2-1)(x-1)} = \dfrac{x-3}{(x+1)(x-1)^2} = \dfrac{A}{x+1}+\dfrac{B}{x-1}+\dfrac{C}{(x-1)^2}$, 则

$$x-3 = A(x-1)^2 + B(x+1)(x-1) + C(x+1),$$

即

$$x-3 = (A+B)x^2 + (C-2A)x + (A-B+C).$$

方法 1 比较 x 的各次幂的系数, 得

$$\begin{cases} A+B=0, \\ C-2A=1, \\ A-B+C=-3, \end{cases}$$

解得 $A=-1,B=1,C=-1.$ 因此,

$$\int \frac{x-3}{(x^2-1)(x-1)}\mathrm{d}x = \int \left[\frac{-1}{x+1}+\frac{1}{x-1}-\frac{1}{(x-1)^2}\right]\mathrm{d}x = \ln\left|\frac{x-1}{x+1}\right|+\frac{1}{x-1}+C.$$

方法 2 分别取 $x=-1,0,1$, 解得 $A=-1,B=1,C=-1$, 于是

$$\int \frac{x-3}{(x^2-1)(x-1)}\mathrm{d}x = \int \left[\frac{-1}{x+1}+\frac{1}{x-1}-\frac{1}{(x-1)^2}\right]\mathrm{d}x = \ln\left|\frac{x-1}{x+1}\right|+\frac{1}{x-1}+C.$$

上述例题中, 将有理真分式函数分解为部分分式之和的形式采用了待定系数法, 除此之外, 还可采用赋值法, 即对 x 取特殊值, 来确定部分分式分子中的待定常数, 如例 4.50 中方法 2 所示.

由以上内容可知, 有理真分式的积分最终归结为下面两种部分分式的积分:

(1) $\int \dfrac{A}{(x-a)^n}\mathrm{d}x$; (2) $\int \dfrac{Mx+N}{(x^2+px+q)^n}\mathrm{d}x(p^2-4q<0).$

对于(1),

$$\int \frac{A}{(x-a)^n}\mathrm{d}x = \begin{cases} A\ln|x-a|+C, & n=1, \\ \dfrac{A}{(1-n)(x-a)^{n-1}}+C, & n>1. \end{cases}$$

对于(2), 进行适当的换元, 令 $x+\dfrac{p}{2}=t$, 则 $x=t-\dfrac{p}{2}.$

当 $n=1$ 时, 被积函数变形为

$$\frac{Mx+N}{x^2+px+q} = \frac{Mt+N-\dfrac{Mp}{2}}{t^2+q-\dfrac{p^2}{4}},$$

记 $a^2=q-\dfrac{p^2}{4}, b=N-\dfrac{Mp}{2}$, 则有

$$\int \frac{Mx+N}{x^2+px+q}dx = \int \frac{Mt+b}{t^2+a^2}dt = \int \frac{Mt}{t^2+a^2}dt + \int \frac{b}{t^2+a^2}dt$$

$$= \frac{M}{2}\ln|x^2+px+q| + \frac{b}{a}\arctan\frac{x+\dfrac{p}{2}}{a} + C.$$

若 $n>1$，借助于上述记法，则

$$\int \frac{Mx+N}{(x^2+px+q)^n}dx = \int \frac{Mt}{(t^2+a^2)^n}dt + \int \frac{b}{(t^2+a^2)^n}dt$$

$$= -\frac{M}{2(n-1)(t^2+a^2)^{n-1}} + b\int \frac{1}{(t^2+a^2)^n}dt.$$

上式最后一个不定积分记作 $I_n = \int \dfrac{1}{(t^2+a^2)^n}dt$，当 $n=1$ 时，根据基本积分公式可得

$$I_1 = \int \frac{1}{t^2+a^2}dt = \frac{1}{a}\arctan\frac{t}{a} + C.$$

当 $n>1$ 时，利用分部积分法可得

$$I_n = \int \frac{1}{(t^2+a^2)^n}dt = \frac{t}{(t^2+a^2)^n} + 2n\int \frac{t^2}{(t^2+a^2)^{n+1}}dt$$

$$= \frac{t}{(t^2+a^2)^n} + 2n\int \left[\frac{1}{(t^2+a^2)^n} - \frac{a^2}{(t^2+a^2)^{n+1}}\right]dt$$

$$= \frac{t}{(t^2+a^2)^n} + 2n\int \frac{1}{(t^2+a^2)^n}dt - 2na^2\int \frac{1}{(t^2+a^2)^{n+1}}dt,$$

即

$$I_n = \frac{t}{(t^2+a^2)^n} + 2nI_n - 2na^2 I_{n+1},$$

于是

$$I_{n+1} = \frac{1}{2na^2}\left[\frac{t}{(t^2+a^2)^n} + (2n-1)I_n\right],$$

从而

$$I_n = \frac{1}{2(n-1)a^2}\left[\frac{t}{(t^2+a^2)^{n-1}} + (2n-3)I_{n-1}\right].$$

根据此递推公式，由 I_1 开始可计算出 $I_n(n>1)$. 如当 $n=2$ 时，得

$$I_2 = \frac{1}{2a^2}\left(\frac{t}{t^2+a^2} + \frac{1}{a}\arctan\frac{t}{a}\right) + C.$$

■例 4.51　求不定积分 $\displaystyle\int \frac{x-1}{x^2+2x+3}dx$.

解　$\displaystyle\int \frac{x-1}{x^2+2x+3}dx = \int \frac{x+1-2}{(x+1)^2+2}d(x+1)$

$$= \int \frac{x+1}{(x+1)^2+2}d(x+1) - \int \frac{2}{(x+1)^2+2}d(x+1),$$

令 $u=x+1$，则

$$\int \frac{x-1}{x^2+2x+3}dx = \int \frac{u}{u^2+2}du - 2\int \frac{1}{u^2+2}du,$$

其中
$$\int \frac{u}{u^2+2}du = \frac{1}{2}\int \frac{1}{u^2+2}d(u^2+2) = \frac{1}{2}\ln(u^2+2)+C_1,$$

$$\int \frac{1}{u^2+2}du = \frac{1}{\sqrt{2}}\arctan \frac{u}{\sqrt{2}}+C_2.$$

故
$$\int \frac{x-1}{x^2+2x+3}dx = \frac{1}{2}\ln(x^2+2x+3) - \sqrt{2}\arctan \frac{x+1}{\sqrt{2}}+C.$$

习题 4.4

求下列不定积分:

(1) $\int \frac{x+3}{x^2-5x+6}dx$;

(2) $\int \frac{1}{(1+2x)(1+x^2)}dx$;

(3) $\int \frac{1}{x(x-1)^2}dx$;

(4) $\int \frac{x}{(x+2)(x+3)^2}dx$;

(5) $\int \frac{x+1}{(x-1)^3}dx$;

(6) $\int \frac{2x+1}{x^3-2x^2+x}dx$;

(7) $\int \frac{x+2}{(2x+1)(x^2+x+1)}dx$;

(8) $\int \frac{-x^2-2}{(x^2+x+1)^2}dx$.

微课: 习题 4.4
(7)

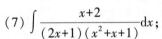

本章小结

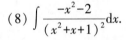

视野拓展小微课

复习题四

📝 基础题型

一、选择题

1 设函数 $f(x)$ 的一个原函数是 $3x^2$, 则 $f'(x) = ($).

A. x^3 B. $6x$ C. $3x^2$ D. 6

2 如果 $\int f(x)e^{-\frac{1}{x}}dx = -e^{-\frac{1}{x}}+C$, 则函数 $f(x) = ($).

A. $-\frac{1}{x}$ B. $-\frac{1}{x^2}$ C. $\frac{1}{x}$ D. $\frac{1}{x^2}$

3 如果 $f(x)=\mathrm{e}^x$，则 $\int \dfrac{f'(\ln x)}{x}\mathrm{d}x=(\quad)$.

A. $-\dfrac{1}{x}+C$　　　　B. $-x+C$　　　　C. $\dfrac{1}{x}+C$　　　　D. $x+C$

4 $\int \dfrac{\tan x}{\sqrt{\cos x}}\mathrm{d}x=(\quad)$.

A. $\dfrac{1}{\sqrt{\cos x}}+C$　　　B. $\dfrac{2}{\sqrt{\cos x}}+C$　　　C. $-\dfrac{1}{\sqrt{\cos x}}+C$　　　D. $-\dfrac{2}{\sqrt{\cos x}}+C$

5 已知 $\int f(x)\,\mathrm{d}x=x\sin x^2+C$，则 $\int xf(x^2)\,\mathrm{d}x=(\quad)$.

A. $x\cos x^2+C$　　　　　　　　B. $x\sin x^2+C$

C. $\dfrac{1}{2}x^2\sin x^4+C$　　　　　　D. $\dfrac{1}{2}x^2\cos x^4+C$

二、填空题

1 设 $f(x)$ 在 $(-\infty,+\infty)$ 内连续，则 $\mathrm{d}\left[\int f(x)\,\mathrm{d}x\right]=$ _____.

2 $\int \sqrt{x}\,(2+x)^2\mathrm{d}x=$ _____.

3 已知 $\int f(x+1)\,\mathrm{d}x=x\mathrm{e}^{x+1}+C$，则 $f(x)=$ _____.

4 若 $\int xf(x)\,\mathrm{d}x=\dfrac{1}{2}x^2+C$，则 $\int \dfrac{1}{f(x)}\mathrm{d}x=$ _____.

5 $\int \dfrac{1}{x^2-1}\mathrm{d}x=$ _____.

三、计算题

1 求下列不定积分：

(1) $\int \left(1-\dfrac{1}{x^2}\right)\sqrt{x\sqrt{x}}\;\mathrm{d}x$；　　　　(2) $\int \dfrac{\cos 2x}{\sin^2 x\cos^2 x}\mathrm{d}x$；

(3) $\int \dfrac{1}{1+\mathrm{e}^x}\mathrm{d}x$；　　　　　　　　(4) $\int \dfrac{\mathrm{e}^{\sqrt[3]{x}}}{\sqrt{x}}\mathrm{d}x$；

(5) $\int \dfrac{x^2}{\sqrt[3]{x^3+2}}\mathrm{d}x$；　　　　　　(6) $\int \dfrac{\ln\ln x}{x}\mathrm{d}x$；

(7) $\int \dfrac{x}{\sqrt{x-3}}\mathrm{d}x$；　　　　　　　(8) $\int \dfrac{\mathrm{d}x}{(2-x)\sqrt{1-x}}$；

(9) $\int x^3\cdot\sqrt{1+x^2}\,\mathrm{d}x$；　　　　(10) $\int \dfrac{\sec^2 x}{2+\tan^2 x}\mathrm{d}x$；

(11) $\int \dfrac{\sqrt{x^2-2}}{x}\mathrm{d}x$；　　　　　(12) $\int \dfrac{\mathrm{e}^x-1}{\mathrm{e}^x+1}\mathrm{d}x$；

(13) $\int x^2\sin 2x\,\mathrm{d}x$；　　　　　　(14) $\int \dfrac{\ln x}{\sqrt{x}}\mathrm{d}x$；

(15) $\int e^{2x}\cos e^x dx$;

(16) $\int \sec^3 x dx$;

(17) $\int \dfrac{dx}{(1-x^2)^{\frac{3}{2}}}$;

(18) $\int \dfrac{\ln x-1}{x^2}dx$.

2 求 $\int \cos x f(\sin x)f'(\sin x)dx$.

3 已知 $f(e^x)=x+1$，计算 $\int \dfrac{f(x)}{x}dx$.

微课：复习题四
基础题型第三题 3

拓展题型

1 (2017 交通) 设 $f(x)$ 为可导函数，则下列结果正确的是( )．

A. $\int f(x)dx=f(x)$

B. $\left[\int f(x)dx\right]'=f(x)$

C. $\int f'(x)dx=f(x)$

D. $\left[\int f(x)dx\right]'=f(x)+C$

2 (2016 计算机) 设函数 $f(x),g(x)$ 均可导，且同为 $F(x)$ 的原函数，且有 $f(0)=5$，$g(0)=2$，则 $f(x)-g(x)=$ _____.

3 (2010 电气，2010 电子，2010 交通) 已知 $f(\ln x)=x$，则 $\int x\cdot f(x)dx$ = _____.

微课：复习题四
拓展题型第 3 题

4 (2014 工商) 求 $\int \sqrt{e^x-1}dx$.

5 (2017 交通) 求 $\int \dfrac{x^2\arctan x}{1+x^2}dx$.

6 (2016 经济) 求 $\int \dfrac{e^{\sqrt{x}}\sin\sqrt{x}}{2\sqrt{x}}dx$.

7 (2010 土木) 求 $\int \dfrac{\cos x}{1+\cos x}dx$.

8 (2015 计算机) 求 $\int e^{ax}\sin bx dx$.

9 (2010 工商) 求 $\int \dfrac{x^2-1}{x^4+1}dx$.

5

第 5 章
定积分及其应用

本章导学

　　在上一章中我们学习了不定积分，本章学习积分学的另一个重要组成部分——定积分．定积分在自然科学与工程技术中都有广泛的应用．本章首先在典型实例的基础上，引入定积分的定义，然后讨论定积分的性质，建立关于定积分的换元积分法和分部积分法，并用定积分理论来分析和解决一些实际问题，最后简单介绍反常积分的概念．

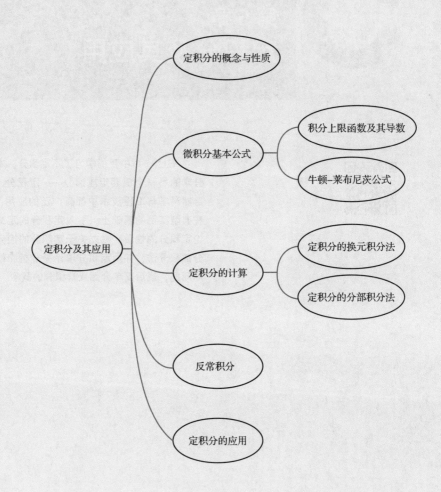

定积分的概念与性质

微积分基本公式 —— 积分上限函数及其导数

牛顿–莱布尼茨公式

定积分及其应用

定积分的计算 —— 定积分的换元积分法

定积分的分部积分法

反常积分

定积分的应用

5.1 定积分的定义与性质

5.1.1 定积分问题举例

引例 1 曲边梯形的面积问题

设函数 $y=f(x)$ 在区间 $[a,b]$ 上非负、连续，由曲线 $y=f(x)$ 和直线 $x=a$，$x=b$ 及 x 轴所围成的图形称为**曲边梯形**，如图 5.1 所示.

微课：曲边
梯形的面积

我们知道，矩形的面积可按公式"矩形面积＝高×底"来计算，此时矩形的高是不变的. 曲边梯形的高度 $f(x)$ 在它底边所在区间 $[a,b]$ 上是变化的，因而不能直接用矩形的面积公式来计算曲边梯形的面积. 但由 $f(x)$ 的连续性知，如果底边很小，就可以用矩形的面积近似代替曲边梯形的面积. 因此，当把整个曲边梯形分割成一些底边很小的小曲边梯形时，就可以用这些小矩形的面积之和来近似代替所求的曲边梯形的面积. 根据以上分析，我们可以按以下步骤计算曲边梯形的面积 A.

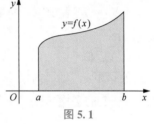

图 5.1

（1）分割（"化整为零"）

在区间 $[a,b]$ 里面任意插入 $n-1$ 个分点，即
$$a=x_0<x_1<\cdots<x_{i-1}<x_i<\cdots<x_n=b,$$
将区间分成 n 份，得到 n 个小区间 $[x_{i-1},x_i]$，每个小区间的长度用 Δx_i 表示，即 $\Delta x_i=x_i-x_{i-1}(i=1,2,\cdots,n)$. 过每个分点作直线，这样整个曲边梯形被分割成了 n 个小的曲边梯形，如图 5.2 所示. 每个小曲边梯形的面积记为 ΔA_i.

（2）近似（"以直代曲"）

在区间 $[x_{i-1},x_i]$ 上任取一点 ξ_i，以 $f(\xi_i)$ 为高，以 Δx_i 为底，作小矩形，如图 5.3 所示. 小矩形的面积为 $f(\xi_i)\Delta x_i$，用该结果近似代替 $[x_{i-1},x_i]$ 上的小曲边梯形的面积 ΔA_i，即
$$\Delta A_i \approx f(\xi_i)\Delta x_i(i=1,2,\cdots,n).$$

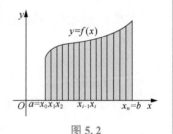

图 5.2

（3）求和（"积零为整"）

对所有的小矩形面积求和，得 $\sum_{i=1}^{n}f(\xi_i)\Delta x_i$，从而得到整个曲边梯形面积 A 的近似值，即
$$A \approx \sum_{i=1}^{n}f(\xi_i)\Delta x_i,$$
如图 5.4 所示.

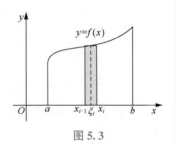

图 5.3

（4）取极限（"求精确值"）

将区间无限分割，分得越细，上面的和式与曲边梯形的面积越接近. 设 λ 是 n 个小区间 $\Delta x_i(i=1,2,\cdots,n)$ 中长度最大的一个，记 $\lambda=\max_{1\le i\le n}\{\Delta x_i\}$，令 $\lambda\to0$，对上面的和式取极限，即可求得所求曲边梯形面积的精确值，即

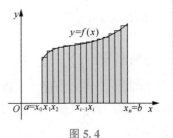

图 5.4

$$A = \lim_{\lambda \to 0} \sum_{i=1}^{n} f(\xi_i) \Delta x_i.$$

引例 2　变速直线运动路程问题

设有一质点做变速直线运动，其速度随时间变化的规律是 $v = v(t)$，求该质点在 $[T_1, T_2]$ 这段时间间隔内走过的路程 s.

对于匀速直线运动，路程可用公式"路程＝速度×时间"来计算. 现在速度随时间变化，因而不能用上述公式来计算路程. 但由于速度是连续变化的，即在很短的时间间隔内变化不大，因此，我们也可以采取与引例 1 类似的方法，对时间间隔 $[T_1, T_2]$ 进行分割，在每个小的时间间隔内用匀速近似代替变速，求和得整个路程的近似值，然后再用求极限的方法由近似值获得所求量的精确值. 具体步骤如下.

（1）**分割**

将时间间隔 $[T_1, T_2]$ 任意分成 n 段，即 $T_1 = t_0 < t_1 < \cdots < t_{i-1} < t_i < \cdots < t_n = T_2$，用 $\Delta t_i = t_i - t_{i-1}$（$i = 1, 2, \cdots, n$）表示第 i 段时间间隔. 相应地，在各段时间内质点所走的路程记为 Δs_i（$i = 1, 2, \cdots, n$）.

（2）**近似**

在区间 $[t_{i-1}, t_i]$ 内任取一个时刻 ζ_i，当时间间隔很小时，我们可以用 ζ_i 时刻的速度作为 $[t_{i-1}, t_i]$ 上的平均速度，于是这段路程可以用 $v(\zeta_i) \Delta t_i$ 近似表示，即

$$\Delta s_i \approx v(\zeta_i) \Delta t_i.$$

（3）**求和**

对所有时间段上的近似路程求和，可得整个路程 s 的近似值，即

$$s \approx \sum_{i=1}^{n} v(\zeta_i) \Delta t_i.$$

（4）**取极限**

用参数 λ 表示所有 n 个时间段中最长的一段，即 $\lambda = \max_{1 \le i \le n} \{\Delta t_i\}$，当 λ 趋于零时，对上述和式取极限. 即可求得该质点在时间 $t = T_1$ 到 $t = T_2$ 这段时间内走过的路程 s 的精确值，即

$$s = \lim_{\lambda \to 0} \sum_{i=1}^{n} v(\zeta_i) \Delta t_i.$$

5.1.2　定积分的定义

通过以上两个引例可以发现，若不考虑所用的函数记号的差别，其结果的表达形式完全一致.

面积 $A = \lim_{\lambda \to 0} \sum_{i=1}^{n} f(\xi_i) \Delta x_i.$

路程 $s = \lim_{\lambda \to 0} \sum_{i=1}^{n} v(\zeta_i) \Delta t_i.$

实际上，许多物理、工程、经济等方面的实际问题都可以归结为这种求和式的极限问题，如果将其实际意义抛开，只考虑数量关系上的本质，将这种思想抽象化，即可得到定积分的定义.

定义 5.1　设函数 $y=f(x)$ 在区间 $[a,b]$ 上有界.

(1)在 $[a,b]$ 内任意插入 $n-1$ 个分点，即 $a=x_0<x_1<\cdots<x_{i-1}<x_i<\cdots<x_n=b$，将区间 $[a,b]$ 分成 n 个小区间 $[x_{i-1},x_i]$ $(i=1,2,\cdots,n)$，每个小区间的长度记为 $\Delta x_i=x_i-x_{i-1}$ $(i=1,2,\cdots,n)$.

(2)在区间 $[x_{i-1},x_i]$ 上任取一点 ξ_i，作乘积 $f(\xi_i)\Delta x_i$ $(i=1,2,\cdots,n)$.

(3)求和，得

$$\sum_{i=1}^{n}f(\xi_i)\Delta x_i.$$

(4)记 $\lambda=\max_{1\leqslant i\leqslant n}\{\Delta x_i\}$ $(i=1,2,\cdots,n)$，当 $\lambda\to 0$ 时，取上述和式的极限，得

$$\lim_{\lambda\to 0}\sum_{i=1}^{n}f(\xi_i)\Delta x_i.$$

如果对于 $[a,b]$ 的任意分法及小区间 $[x_{i-1},x_i]$ 上点 ξ_i 的任意取法，上述极限都存在，则称函数 $f(x)$ 在区间 $[a,b]$ 上可积，此极限值为函数 $f(x)$ 在区间 $[a,b]$ 上的定积分，记作

$$\int_a^b f(x)\,\mathrm{d}x,$$

即

$$\int_a^b f(x)\,\mathrm{d}x=\lim_{\lambda\to 0}\sum_{i=1}^{n}f(\xi_i)\Delta x_i,$$

其中 $f(x)$ 称为被积函数，x 称为积分变量，$f(x)\mathrm{d}x$ 称为被积表达式，$[a,b]$ 称为积分区间，a 称为积分下限，b 称为积分上限，$\sum_{i=1}^{n}f(\xi_i)\Delta x_i$ 称为 $f(x)$ 在 $[a,b]$ 上的积分和.

根据定积分的定义，前面两个引例可以用定积分表示如下：

由 $y=f(x)\geqslant 0,y=0,x=a,x=b$ 所围成的图形的面积为

$$A=\int_a^b f(x)\,\mathrm{d}x;$$

质点从时刻 T_1 到时刻 T_2 这段时间中所经过的路程为

$$s=\int_{T_1}^{T_2}v(t)\,\mathrm{d}t.$$

对于定积分的定义，我们还有以下几点重要说明.

(1)定积分 $\int_a^b f(x)\,\mathrm{d}x$ 是一个数值，它只与被积函数 $f(x)$ 和积分区间 $[a,b]$ 有关，而与积分变量的符号无关，即 $\int_a^b f(x)\,\mathrm{d}x=\int_a^b f(t)\,\mathrm{d}t=\int_a^b f(u)\,\mathrm{d}u.$

按照定积分的定义，记号 $\int_a^b f(x)\,\mathrm{d}x$ 中的 a,b 应满足关系 $a<b$，为了研究的方便，我们补充规定：

① 当 $a=b$ 时，$\int_a^b f(x)\,\mathrm{d}x=\int_a^a f(x)\,\mathrm{d}x=0$；

② 当 $a>b$ 时，$\int_a^b f(x)\,\mathrm{d}x=-\int_b^a f(x)\,\mathrm{d}x.$

(2)关于可积性的问题：如果函数 $f(x)$ 在 $[a,b]$ 上的定积分存在，我们就称 $f(x)$ 在 $[a,b]$ 上是可积的. 函数满足什么条件是可积的？对于这个问题我们不做深入探讨，而只给出定积分存在的两个充分条件.

定理 5.1　函数 $f(x)$ 在 $[a,b]$ 上连续，则函数 $y=f(x)$ 在区间 $[a,b]$ 上可积.

定理 5.2 函数 $f(x)$ 在 $[a,b]$ 上有界且只有有限个间断点，则函数 $y=f(x)$ 在区间 $[a,b]$ 上可积.

（3）定积分的几何意义：

① 由引例 1 可知，在 $[a,b]$ 上 $f(x) \geqslant 0$ 时，定积分 $\int_a^b f(x) \, dx$ 表示由曲线 $y=f(x)$ 和直线 $x=a,x=b$ 及 x 轴所围成的曲边梯形的面积；

② 在 $[a,b]$ 上 $f(x) \leqslant 0$ 时，由曲线 $y=f(x)$ 和直线 $x=a,x=b$ 及 x 轴所围成的曲边梯形位于 x 轴的下方，定积分 $\int_a^b f(x) \, dx$ 表示上述曲边梯形面积的相反数；

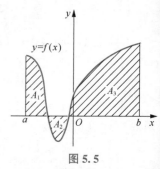

图 5.5

③ 在 $[a,b]$ 上 $f(x)$ 既取得正值又取得负值时，定积分 $\int_a^b f(x) \, dx$ 表示 x 轴上方图形面积减去 x 轴下方图形面积所得之差（即所围成图形面积的代数和），如图 5.5 所示，此时有 $\int_a^b f(x) \, dx = A_1 - A_2 + A_3$.

■**例 5.1** 利用几何意义计算定积分 $\int_1^2 (x+1) \, dx$.

解 由定积分的几何意义，可知定积分 $\int_1^2 (x+1) \, dx$ 表示由 $y=x+1, x=1, x=2$ 及 x 轴所围成的图形的面积，如图 5.6 所示，该图形为梯形，面积为 $\dfrac{1}{2} \times (2+3) \times 1 = \dfrac{5}{2}$，即

$$\int_1^2 (x+1) \, dx = \frac{5}{2}.$$

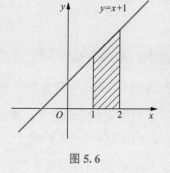

图 5.6

5.1.3 定积分的性质

利用定义计算定积分是相当烦琐的，为了方便计算定积分，下面我们来讨论定积分的性质. 下列性质中，假设函数均在给定区间上可积.

性质 5.1 被积函数的常数因子可以提到积分号外，即

$$\int_a^b kf(x) \, dx = k \int_a^b f(x) \, dx \, (k \text{ 为常数}).$$

性质 5.2 两个函数和（差）的定积分等于定积分的和（差），即

$$\int_a^b [f(x) \pm g(x)] \, dx = \int_a^b f(x) \, dx \pm \int_a^b g(x) \, dx.$$

性质 5.1 和性质 5.2 可以推广到有限多个函数的线性运算的定积分.

$$\int_a^b [k_1 f_1(x) + k_2 f_2(x) + \cdots + k_n f_n(x)] \, dx = k_1 \int_a^b f_1(x) \, dx + k_2 \int_a^b f_2(x) \, dx + \cdots + k_n \int_a^b f_n(x) \, dx.$$

性质 5.3（区间可加性） 设 $a<c<b$，则有

$$\int_a^b f(x) \, dx = \int_a^c f(x) \, dx + \int_c^b f(x) \, dx.$$

不难验证，上式对 a,b,c 的任何顺序都能成立.

以 $f(x) \geqslant 0$ 为例，当 c 在 a,b 之间时，如图 5.7 所示，显然

$$\int_a^b f(x)\,\mathrm{d}x = \int_a^c f(x)\,\mathrm{d}x + \int_c^b f(x)\,\mathrm{d}x;$$

当 $c<a$ 时，如图 5.8 所示，

$$\int_a^b f(x)\,\mathrm{d}x = \int_c^b f(x)\,\mathrm{d}x - \int_c^a f(x)\,\mathrm{d}x = \int_a^c f(x)\,\mathrm{d}x + \int_c^b f(x)\,\mathrm{d}x;$$

同理可得 $c>b$ 的情形仍成立.

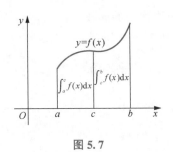

图 5.7　　　　　　　图 5.8

性质 5.4　若在区间 $[a,b]$ 上 $f(x)\equiv 1$，则 $\int_a^b \mathrm{d}x = b-a$.

性质 5.5(保序性)　若在区间 $[a,b]$ 上有 $f(x)\geqslant 0$，则

$$\int_a^b f(x)\,\mathrm{d}x \geqslant 0 (a<b).$$

推论 1　若在区间 $[a,b]$ 上有 $f(x)\leqslant g(x)$，则

$$\int_a^b f(x)\,\mathrm{d}x \leqslant \int_a^b g(x)\,\mathrm{d}x (a<b).$$

推论 2　$\left|\int_a^b f(x)\,\mathrm{d}x\right| \leqslant \int_a^b |f(x)|\,\mathrm{d}x (a<b).$

性质 5.6(估值定理)　设 M 和 m 分别是函数 $f(x)$ 在区间 $[a,b]$ 上的最大值和最小值，则

$$m(b-a) \leqslant \int_a^b f(x)\,\mathrm{d}x \leqslant M(b-a)(a<b).$$

***证明**　因为 $m\leqslant f(x)\leqslant M$，所以由性质 5.5 的推论 1 可知

$$\int_a^b m\,\mathrm{d}x \leqslant \int_a^b f(x)\,\mathrm{d}x \leqslant \int_a^b M\,\mathrm{d}x,$$

结合性质 5.1 与性质 5.4，可得

$$m(b-a) \leqslant \int_a^b f(x)\,\mathrm{d}x \leqslant M(b-a).$$

性质 5.7(积分中值定理)　设函数 $f(x)$ 在区间 $[a,b]$ 上连续，则在区间 $[a,b]$ 上至少存在一点 ξ，使

$$\int_a^b f(x)\,\mathrm{d}x = f(\xi)(b-a).$$

证明　因为 $f(x)$ 在区间 $[a,b]$ 上连续，所以 $f(x)$ 在区间 $[a,b]$ 上一定存在最大值 M 和最小值 m. 由性质 5.6，得

$$m(b-a) \leqslant \int_a^b f(x)\,\mathrm{d}x \leqslant M(b-a),$$

即

$$m \leqslant \frac{1}{b-a}\int_a^b f(x)\,\mathrm{d}x \leqslant M.$$

微课：积分中值
定理的证明

由闭区间上连续函数的介值定理，在区间 $[a,b]$ 上至少存在一点 ξ，使

$$f(\xi)=\frac{1}{b-a}\int_a^b f(x)\,\mathrm{d}x,$$

即

$$\int_a^b f(x)\,\mathrm{d}x=f(\xi)(b-a).$$

积分中值定理在几何上表示：在 $[a,b]$ 上至少存在一点 ξ，使以 $[a,b]$ 为底、以非负连续曲线 $f(x)$ 为曲边的曲边梯形的面积等于以 $[a,b]$ 为底、以 $f(\xi)$ 为高的矩形的面积，如图 5.9 所示.

图 5.9

$f(\xi)=\dfrac{1}{b-a}\displaystyle\int_a^b f(x)\,\mathrm{d}x$ 称为连续函数 $f(x)$ 在区间 $[a,b]$ 上的平均值.

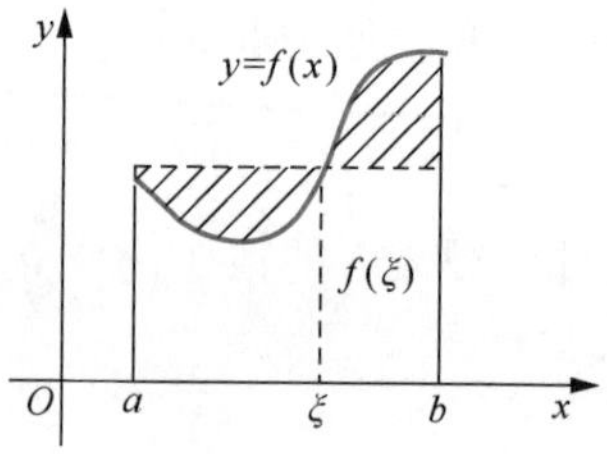

■**例 5.2** 不计算定积分的值，比较下列定积分的大小.

(1) $\displaystyle\int_1^2 \ln x\,\mathrm{d}x$ 与 $\displaystyle\int_1^2 (\ln x)^3\,\mathrm{d}x$. (2) $\displaystyle\int_0^1 \mathrm{e}^x\,\mathrm{d}x$ 与 $\displaystyle\int_0^1 (1+x)\,\mathrm{d}x$.

解 (1) 在区间 $[1,2]$ 内，$0<\ln x<\ln 2<1$，则 $(\ln x)^3<\ln x$. 由性质 5.5 的推论 1，得

$$\int_1^2 \ln x\,\mathrm{d}x>\int_1^2 (\ln x)^3\,\mathrm{d}x.$$

(2) 在区间 $[0,1]$ 内，$\mathrm{e}^x>1+x$. 由性质 5.5 的推论 1，得

$$\int_0^1 \mathrm{e}^x\,\mathrm{d}x>\int_0^1 (1+x)\,\mathrm{d}x.$$

■**例 5.3** 估计定积分 $\displaystyle\int_1^4 \frac{1}{2+x}\,\mathrm{d}x$ 的值.

解 在区间 $[1,4]$ 上，$3\leqslant 2+x\leqslant 6$，则 $\dfrac{1}{6}\leqslant\dfrac{1}{2+x}\leqslant\dfrac{1}{3}$. 由性质 5.6 可知

$$\frac{1}{2}\leqslant\int_1^4 \frac{1}{2+x}\,\mathrm{d}x\leqslant 1.$$

习题 5.1

1 选择题.

(1) 下列等式中错误的是（　　）.

A. $\displaystyle\int_a^b f(x)\,\mathrm{d}x+\int_b^a f(x)\,\mathrm{d}x=0$

B. $\displaystyle\int_a^b f(x)\,\mathrm{d}x=\int_a^b f(t)\,\mathrm{d}t$

C. $\displaystyle\int_{-a}^a f(x)\,\mathrm{d}x=0$

D. $\displaystyle\int_a^a f(x)\,\mathrm{d}x=0$

(2) $\displaystyle\int_a^b f(x)\,\mathrm{d}x=0$ 表示由 $x=a,x=b,y=0,y=f(x)$ 围成的曲边梯形的（　　）.

A. 周长

B. 面积

C. 质量

D. 面积值的"代数和"

2 利用定积分的几何意义，求下列定积分的值.

(1) $\displaystyle\int_{-\pi}^{\pi} \cos x\,\mathrm{d}x$.

(2) $\displaystyle\int_0^2 \sqrt{4-x^2}\,\mathrm{d}x$.

(3) $\displaystyle\int_{-2}^1 |x|\,\mathrm{d}x$.

3 不计算定积分，比较下列定积分的大小.

(1) $\int_2^3 x\,\mathrm{d}x$ 和 $\int_2^3 x^2\,\mathrm{d}x$.

(2) $\int_2^3 \ln(1+x)\,\mathrm{d}x$ 与 $\int_2^3 [\ln(1+x)]^2\,\mathrm{d}x$.

(3) $\int_0^{-2} \mathrm{e}^x\,\mathrm{d}x$ 和 $\int_0^{-2} x\,\mathrm{d}x$.

4 不计算定积分，估计下列各式的值.

(1) $\int_1^2 (x^2+1)\,\mathrm{d}x$. 　　　　　　　(2) $\int_0^{\pi} \dfrac{1}{3+\sin^3 x}\,\mathrm{d}x$.

5 设 $\int_{-1}^1 2f(x)\,\mathrm{d}x = 18$，$\int_{-1}^4 f(x)\,\mathrm{d}x = 4$，求 $\int_1^4 f(x)\,\mathrm{d}x$.

5.2　微积分基本公式

定积分作为一种特定和式的极限，直接按定义来计算将是十分困难的. 本节将通过对定积分和原函数关系的讨论，给出一种计算定积分的简便有效的方法.

下面进一步研究变速直线运动中位置函数与速度函数之间的关系.

5.2.1　变速直线运动中位置函数与速度函数之间的关系

在变速直线运动中，质点从时刻 T_1 到时刻 T_2 通过的路程 s 可由位置函数 $s(t)$ 表示：

$$s = s(T_2) - s(T_1).$$

又由上节引例 2 可知

$$s = \int_{T_1}^{T_2} v(t)\,\mathrm{d}t,$$

则有

$$\int_{T_1}^{T_2} v(t)\,\mathrm{d}t = s(T_2) - s(T_1),$$

且

$$s'(t) = v(t).$$

一般地，对于函数 $f(x)$，设 $F'(x)=f(x)$，是否也有 $\int_a^b f(x)\,\mathrm{d}x = F(b)-F(a)$ 成立呢？为此，先引入一个新的函数：积分上限函数.

5.2.2　积分上限函数及其导数

设函数 $y=f(x)$ 在区间 $[a,b]$ 上连续，对任意 $x \in [a,b]$，有 $y=f(x)$ 在 $[a,x]$ 上连续，因此，函数 $y=f(x)$ 在 $[a,x]$ 上可积，即定积分 $\int_a^x f(x)\,\mathrm{d}x$ 存在. 对这个定积分，做以下两点说明.

(1) 定积分 $\int_a^x f(x)\,\mathrm{d}x$ 中，x 既表示定积分上限，又表示积分变量，由于定积分的值与积分变量的记法无关，因此我们可以把积分变量改用其他符号，即

$$\int_a^x f(x)\,\mathrm{d}x = \int_a^x f(t)\,\mathrm{d}t = \int_a^x f(u)\,\mathrm{d}u.$$

（2）当积分上限 x 在 $[a,b]$ 上任意变化时，积分值也随之改变. 但当 x 取定 $[a,b]$ 上的一个值时，就有一个确定的积分值与之对应，这就定义了一个函数关系式，记作

$$\Phi(x) = \int_a^x f(t)\,dt, x \in [a,b].$$

该函数称为积分上限函数.

关于积分上限函数，有如下定理.

定理 5.3 设函数 $y=f(x)$ 在区间 $[a,b]$ 上连续，则积分上限函数 $\Phi(x) = \int_a^x f(t)\,dt$（见图 5.10）在区间 $[a,b]$ 上可导，且

$$\Phi'(x) = \left[\int_a^x f(t)\,dt\right]' = f(x), x \in [a,b]. \tag{5.1}$$

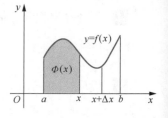

图 5.10

*证明 设 x 是区间 $[a,b]$ 上的任意一点，自变量在 x 处的改变量为 Δx，且 $x+\Delta x \in [a,b]$. 下面利用导数定义来计算 $\Phi'(x)$.

（1）所对应的函数值的改变量为 $\Delta\Phi$，则

$$\Delta\Phi = \Phi(x+\Delta x) - \Phi(x) = \int_a^{x+\Delta x} f(t)\,dt - \int_a^x f(t)\,dt = \int_x^{x+\Delta x} f(t)\,dt.$$

由积分中值定理知，存在 ξ 介于 x 与 $x+\Delta x$ 之间，使 $\Delta\Phi = f(\xi)\Delta x$.

（2）求增量比值：$\dfrac{\Delta\Phi(x)}{\Delta x} = \dfrac{f(\xi)\Delta x}{\Delta x} = f(\xi)$.

微课：定理 5.3 的证明

（3）取极限：$\Delta x \to 0$ 时 $\xi \to x$，由函数 $f(x)$ 的连续性，得

$$\lim_{\Delta x \to 0} \frac{\Delta\Phi}{\Delta x} = \lim_{\Delta x \to 0} f(\xi) = \lim_{\xi \to x} f(\xi) = f(x),$$

即

$$\Phi'(x) = \left[\int_a^x f(t)\,dt\right]' = f(x).$$

结合原函数的定义，由定理 5.3 可知，如果函数 $f(x)$ 在区间 $[a,b]$ 上连续，则积分上限函数 $\Phi(x) = \int_a^x f(t)\,dt$ 就是函数 $f(x)$ 的一个原函数，即连续函数一定存在原函数，这也就给出了定理 4.1 的证明.

结合定理 5.3，我们还可以得到以下结论.

（1）由于 $\int_a^b f(x)\,dx = -\int_b^a f(x)\,dx$，则 $\Phi(x) = \int_x^b f(t)\,dt = -\int_b^x f(t)\,dt$，因此有

$$\Phi'(x) = \left[\int_x^b f(t)\,dt\right]' = \left[-\int_b^x f(t)\,dt\right]' = -f(x).$$

（2）如果 $f(x)$ 连续，$b(x)$ 可导. 令 $b(x) = u$，则函数 $\int_a^{b(x)} f(t)\,dt$ 可以看成由 $\int_a^u f(t)\,dt$ 和 $u = b(x)$ 复合而成的函数，根据定理 5.3 和复合函数的求导法则，得

$$\left[\int_a^{b(x)} f(t)\,dt\right]' = f[b(x)] \cdot b'(x).$$

同理，如果 $a(x), b(x)$ 可导，则

$$\left[\int_{a(x)}^{b(x)} f(t)\,dt\right]' = f[b(x)] \cdot b'(x) - f[a(x)] \cdot a'(x).$$

■**例 5.4**　求下列函数的导数：

$(1) \int_0^x \sqrt{1+t^2}\,dt;$　　　$(2) \int_x^2 \dfrac{\sin t}{t^2+1}\,dt;$　　　$(3) \int_{\sqrt{x}}^{x^2} \ln(1+t^2)\,dt;$　　　$(4) x\int_0^x \cos t^4\,dt.$

解　(1) 由式 5.1 可得 $\left[\int_0^x \sqrt{1+t^2}\,dt\right]' = \sqrt{1+x^2}.$

$(2) \left(\int_x^2 \dfrac{\sin t}{t^2+1}\,dt\right)' = \left(-\int_2^x \dfrac{\sin t}{t^2+1}\,dt\right)' = -\dfrac{\sin x}{x^2+1}.$

$(3) \left[\int_{\sqrt{x}}^{x^2} \ln(1+t^2)\,dt\right]' = \ln[1+(x^2)^2](x^2)' - \ln[1+(\sqrt{x})^2](\sqrt{x})'$

$$= 2x\ln(1+x^4) - \dfrac{1}{2\sqrt{x}}\ln(1+x).$$

(4) 根据两个函数乘积的求导法则，可得

$$\left(x\int_0^x \cos t^4\,dt\right)' = x'\int_0^x \cos t^4\,dt + x\left(\int_0^x \cos t^4\,dt\right)' = \int_0^x \cos t^4\,dt + x\cos x^4.$$

■**例 5.5**　求下列极限：

$(1) \lim\limits_{x\to 0} \dfrac{\int_0^{x^2} \cos t^2\,dt}{x\sin x};$　　　$(2) \lim\limits_{x\to 0} \dfrac{\int_0^{2x} \ln(1+t)\,dt}{1-\cos(2x)}.$

解　(1) 当 $x\to 0$ 时，这是 "$\dfrac{0}{0}$" 型未定式，使用等价无穷小替换并应用洛必达法则，可得

$$\lim_{x\to 0} \dfrac{\int_0^{x^2} \cos t^2\,dt}{x\sin x} = \lim_{x\to 0} \dfrac{\int_0^{x^2} \cos t^2\,dt}{x^2} \stackrel{\frac{0}{0}}{=} \lim_{x\to 0} \dfrac{\cos x^4 \cdot 2x}{2x} = \lim_{x\to 0}\cos x^4 = 1.$$

(2) 当 $x\to 0$ 时，这是 "$\dfrac{0}{0}$" 型未定式，应用洛必达法则，可得

$$\lim_{x\to 0} \dfrac{\int_0^{2x} \ln(1+t)\,dt}{1-\cos 2x} = \lim_{x\to 0} \dfrac{2\ln(1+2x)}{2\sin 2x} = \lim_{x\to 0} \dfrac{2x}{2x} = 1.$$

■**例 5.6**　x 为何值时，$y = \int_0^x t\mathrm{e}^{-t^2}\,dt$ 有极值？极值是多少？

解　根据积分上限函数的求导数公式，可得

$$y' = \left[\int_0^x t\mathrm{e}^{-t^2}\,dt\right]' = x\mathrm{e}^{-x^2},$$

令 $y'=0$，解得 $x=0$. 由 $y''(x) = \mathrm{e}^{-x^2} - 2x^2\mathrm{e}^{-x^2}$ 得 $y''(0)=1>0$，由极值存在的第二充分条件得 $y(0)=0$ 为函数的极小值.

定理 5.3 建立了导数和定积分这两个从表面上看似乎不相干的概念之间的内在联系，也初步揭示了积分学中定积分与原函数之间的联系. 因此，我们就有可能通过原函数来计算定积分.

5.2.3 牛顿−莱布尼茨公式

定理 5.4 设函数 $f(x)$ 在区间 $[a,b]$ 上连续，且 $F(x)$ 是 $f(x)$ 在该区间上的一个原函数，则

$$\int_a^b f(x)\,\mathrm{d}x = F(b)-F(a). \tag{5.2}$$

证明 由定理 5.3 知 $\int_a^x f(t)\,\mathrm{d}t$ 是 $f(x)$ 的一个原函数，由本定理的条件可知 $F(x)$ 也是 $f(x)$ 的一个原函数，又由于同一函数的任意两个原函数之间相差一个常数 C，所以

微课：定理 5.4 的证明

$$F(x) = \int_a^x f(t)\,\mathrm{d}t + C, x \in [a,b].$$

上式中，令 $x=a$，得

$$F(a) = \int_a^a f(t)\,\mathrm{d}t + C = C,$$

即

$$F(x) = \int_a^x f(t)\,\mathrm{d}t + F(a).$$

再令 $x=b$，得 $F(b) = \int_a^b f(t)\,\mathrm{d}t + F(a)$，所以

$$\int_a^b f(x)\,\mathrm{d}x = F(b)-F(a).$$

由定积分的补充规定可知，式(5.2)对 $a>b$ 的情形同样成立.

注 （1）为了方便起见，通常将 $F(b)-F(a)$ 简记为 $F(x)\big|_a^b$ 或 $[F(x)]_a^b$，则式(5.2)又可写为

$$\int_a^b f(x)\,\mathrm{d}x = F(x)\big|_a^b \quad 或 \quad \int_a^b f(x)\,\mathrm{d}x = [F(x)]_a^b.$$

（2）式(5.2)叫作**牛顿−莱布尼茨公式**，也叫作**微积分基本公式**.

这是一个非常重要的公式，它进一步揭示了定积分与被积函数的原函数或不定积分之间的关系，同时给出了求定积分简单而有效的方法：将求定积分转化为求原函数. 因此，只要找到被积函数的一个原函数，就可解决定积分的计算问题.

■例 5.7 求下列定积分：

$$(1)\ \int_0^{\frac{1}{2}} \frac{\mathrm{d}x}{\sqrt{1-x^2}}; \qquad (2)\ \int_1^2 \left(x+\frac{1}{x}\right)^2 \mathrm{d}x; \qquad (3)\ \int_0^{\frac{\pi}{3}} \frac{1+\sin^2 x}{\cos^2 x}\mathrm{d}x.$$

解 （1）由于 $\arcsin x$ 是 $\dfrac{1}{\sqrt{1-x^2}}$ 的一个原函数，所以由牛顿−莱布尼茨公式可得

$$\int_0^{\frac{1}{2}} \frac{\mathrm{d}x}{\sqrt{1-x^2}} = \arcsin x \bigg|_0^{\frac{1}{2}} = \arcsin\frac{1}{2} - \arcsin 0 = \frac{\pi}{6}.$$

（2）将被积函数进行适当的变形，结合定积分的性质和牛顿−莱布尼茨公式可得

$$\int_1^2 \left(x+\frac{1}{x}\right)^2 \mathrm{d}x = \int_1^2 \left(x^2+2+\frac{1}{x^2}\right)\mathrm{d}x = \left(\frac{1}{3}x^3+2x-\frac{1}{x}\right)\bigg|_1^2 = \frac{29}{6}.$$

（3）利用三角函数公式对被积函数进行适当变形，结合定积分的性质和牛顿-莱布尼茨公式可得

$$\int_0^{\frac{\pi}{3}} \frac{1+\sin^2 x}{\cos^2 x} dx = \int_0^{\frac{\pi}{3}} (\sec^2 x + \tan^2 x) dx = \int_0^{\frac{\pi}{3}} (2\sec^2 x - 1) dx$$

$$= (2\tan x - x) \Big|_0^{\frac{\pi}{3}} = 2\sqrt{3} - \frac{\pi}{3}.$$

■**例 5.8**　求定积分 $\int_0^{2\pi} |\sin x| dx$.

解　$|\sin x| = \begin{cases} \sin x, & 0 \leqslant x \leqslant \pi \\ -\sin x, & \pi < x \leqslant 2\pi \end{cases}$，由定积分的区间可加性和牛顿-莱布尼茨公式可得

$$\int_0^{2\pi} |\sin x| dx = \int_0^{\pi} \sin x dx - \int_{\pi}^{2\pi} \sin x dx = -\cos x \Big|_0^{\pi} + \cos x \Big|_{\pi}^{2\pi} = 4.$$

习题 5.2

1　求下列函数的导数.

（1）$\int_0^x (t-1)^2 (t+2) dt$.

（2）$\int_0^{\sin x} \sqrt{t^2+1} dt$.

（3）$\int_x^{x^2} \sin t dt$.

（4）$x \int_0^x \sqrt{1+t^4} dt$.

2　求下列极限.

（1）$\lim\limits_{x \to 0} \dfrac{\int_0^x t\ln(1+t) dt}{1-\cos x}$.

（2）$\lim\limits_{x \to 0} \dfrac{\int_{\cos x}^1 e^t dt}{\sin x}$.

（3）$\lim\limits_{x \to 0} \dfrac{\int_0^x \cos t^2 dt}{\int_0^x \frac{\sin t}{t} dt}$.

（4）$\lim\limits_{x \to \infty} \dfrac{\left(\int_0^x e^{t^2} dt\right)^2}{\int_0^x e^{2t^2} dt}$.

3　求下列定积分.

（1）$\int_{\frac{1}{\sqrt{3}}}^{\sqrt{3}} \dfrac{dx}{1+x^2}$.

（2）$\int_0^2 (2x-3) dx$.

（3）$\int_0^3 \dfrac{1}{\sqrt{9-x^2}} dx$.

（4）$\int_1^2 \sqrt{x}(1+\sqrt{x}) dx$.

（5）$\int_{-1}^0 x(1+2x)^2 dx$.

（6）$\int_0^1 \dfrac{2x^4+2x^2+3}{x^2+1} dx$.

（7）$\int_0^1 \dfrac{e^{2x}-1}{e^x+1} dx$.

（8）$\int_0^{\frac{\pi}{4}} \sin^2 \dfrac{x}{2} dx$.

（9）$\int_0^{\pi} \sqrt{1+\cos 2x} dx$.

（10）$\int_{-2}^1 |1+x| dx$.

4 若连续函数 $f(x)$ 满足 $\displaystyle\int_0^{x^3-1} f(t)\,\mathrm{d}t = x$，求 $f(7)$.

5 设 $F(x) = \displaystyle\int_0^x \left(2 - \frac{1}{\sqrt{t}}\right)\mathrm{d}t\,(x>0)$，求函数 $F(x)$ 的单调减少区间.

6 设 $f(x) = \begin{cases} 2x+1, & x \leq 2, \\ 1+x^2, & 2 < x \leq 4, \end{cases}$ 求 $k\,(-2 < k < 2)$ 的值，使 $\displaystyle\int_k^3 f(x)\,\mathrm{d}x = \frac{40}{3}$.

微课：习题 5.2
第 5 题

5.3 定积分的换元积分法与分部积分法

由微积分学的基本公式可知，计算定积分 $\displaystyle\int_a^b f(x)\,\mathrm{d}x$ 的简便方法是把它转化为求 $f(x)$ 的原函数在区间 $[a,b]$ 上的增量. 由上一章不定积分的计算方法可知，换元积分法和分部积分法是求原函数的两个重要积分方法，因此，本节将讨论两种积分方法在定积分中的使用.

5.3.1 定积分的换元积分法

定理 5.5 设函数 $f(x)$ 在区间 $[a,b]$ 上连续，函数 $x = \varphi(t)$ 满足条件

(1) $\varphi(\alpha) = a$，$\varphi(\beta) = b$；

(2) 当 $t \in [\alpha,\beta]$（或 $[\beta,\alpha]$）时，$a \leq \varphi(t) \leq b$；

(3) $\varphi(t)$ 在区间 $[\alpha,\beta]$（或 $[\beta,\alpha]$）上有连续的导数，且 $\varphi'(t) \neq 0$，

则有

$$\int_a^b f(x)\,\mathrm{d}x = \int_\alpha^\beta f[\varphi(t)]\varphi'(t)\,\mathrm{d}t. \tag{5.3}$$

式 (5.3) 称为定积分的换元公式，在使用该公式的过程中需要注意以下几点.

(1) 式 (5.3) 从左往右相当于不定积分中的第二类换元积分法，从右往左相当于不定积分中的第一类换元积分法（此时可以不换元，而直接凑微分）.

(2) 与不定积分换元法不同，定积分在换元后不需要还原，只要把最终的数值计算出来即可，即求出 $f[\varphi(t)]\varphi'(t)$ 的一个原函数 $\Phi(t)$ 后，不必像计算不定积分那样再把 $\Phi(t)$ 变换成原变量 x 的函数，而只要把新变量 t 的上、下限分别代入 $\Phi(t)$，然后相减就行了.

(3) 采用换元积分法计算定积分时，如果换元，一定换限，即用 $x = \varphi(t)$ 把变量 x 换成新变量 t 时，积分限也要换成相应于新变量 t 的积分限，即"**换元必换限，上限对上限，下限对下限**"；当然不换元就不换限.

■例 5.9 求定积分 $\displaystyle\int_0^1 \frac{x\,\mathrm{d}x}{x^2+1}$.

解 令 $t = x^2+1$，则 $\mathrm{d}t = 2x\,\mathrm{d}x$，且当 $x=0$ 时，$t=1$；当 $x=1$ 时，$t=2$.
于是

$$\int_0^1 \frac{x\,\mathrm{d}x}{x^2+1} = \frac{1}{2}\int_1^2 \frac{1}{t}\,\mathrm{d}t = \frac{1}{2}\ln t \,\Big|_1^2 = \frac{1}{2}(\ln 2 - \ln 1) = \frac{1}{2}\ln 2.$$

例 5.9 也可以不写出中间变量，通过凑微分法找到原函数直接代入计算：

$$\int_0^1 \frac{x\,\mathrm{d}x}{x^2+1} = \frac{1}{2}\int_0^1 \frac{\mathrm{d}x^2}{x^2+1} = \frac{1}{2}\big[\ln(x^2+1)\big]\,\big|_0^1 = \frac{1}{2}\ln 2.$$

此时没有引入新变量 t，因此，积分上下限不发生改变.

■**例 5.10**　求定积分 $\int_0^\pi \sqrt{\sin^3 x - \sin^5 x}\,\mathrm{d}x$.

解　$\sqrt{\sin^3 x - \sin^5 x} = \sqrt{\sin^3 x \cos^2 x} = \sin^{\frac{3}{2}}x\,|\cos x|$，在 $\left[0,\dfrac{\pi}{2}\right]$ 上，$|\cos x| = \cos x$；在 $\left[\dfrac{\pi}{2},\pi\right]$ 上，$|\cos x| = -\cos x$. 于是

$$\int_0^\pi \sqrt{\sin^3 x - \sin^5 x}\,\mathrm{d}x = \int_0^\pi \sin^{\frac{3}{2}}x \cdot |\cos x|\,\mathrm{d}x$$

$$= \int_0^{\frac{\pi}{2}} \sin^{\frac{3}{2}}x\cos x\,\mathrm{d}x - \int_{\frac{\pi}{2}}^\pi \sin^{\frac{3}{2}}x\cos x\,\mathrm{d}x$$

$$= \frac{2}{5}\sin^{\frac{5}{2}}x\,\Big|_0^{\frac{\pi}{2}} - \frac{2}{5}\sin^{\frac{5}{2}}x\,\Big|_{\frac{\pi}{2}}^\pi = \frac{4}{5}.$$

■**例 5.11**　求定积分 $\int_0^4 \dfrac{\sqrt{x}}{1+\sqrt{x}}\mathrm{d}x$.

解　令 $t = \sqrt{x}$，则 $x = t^2$，$\mathrm{d}x = 2t\,\mathrm{d}t$. 当 $x=0$ 时，$t=0$；当 $x=4$ 时，$t=2$. 于是

$$\int_0^4 \frac{\sqrt{x}}{1+\sqrt{x}}\mathrm{d}x = \int_0^2 \frac{t \cdot 2t}{1+t}\mathrm{d}t = 2\int_0^2 \frac{t^2}{1+t}\mathrm{d}t = 2\int_0^2 \left(t-1+\frac{1}{1+t}\right)\mathrm{d}t$$

$$= 2\left[\frac{t^2}{2}-t+\ln(1+t)\right]\Big|_0^2 = 2\ln 3.$$

■**例 5.12**　求定积分 $\int_0^1 \sqrt{4-x^2}\,\mathrm{d}x$.

解　令 $x = 2\sin t$，则 $\mathrm{d}x = 2\cos t\,\mathrm{d}t$. 当 $x=0$ 时，$t=0$；当 $x=1$ 时，$t=\dfrac{\pi}{6}$. 于是

$$\int_0^1 \sqrt{4-x^2}\,\mathrm{d}x = \int_0^{\frac{\pi}{6}} \sqrt{4-4\sin^2 t} \cdot 2\cos t\,\mathrm{d}t$$

$$= 4\int_0^{\frac{\pi}{6}} \cos^2 t\,\mathrm{d}t = 2\int_0^{\frac{\pi}{6}}(1+\cos 2t)\,\mathrm{d}t = (2t+\sin 2t)\,\Big|_0^{\frac{\pi}{6}} = \frac{\pi}{3}+\frac{\sqrt{3}}{2}.$$

■**例 5.13**　设函数 $y=f(x)$ 在区间 $[-a,a]$ $(a>0)$ 上连续，试证：

(1) 当 $f(x)$ 为奇函数时，$\int_{-a}^a f(x)\,\mathrm{d}x = 0$；

(2) 当 $f(x)$ 为偶函数时，$\int_{-a}^a f(x)\,\mathrm{d}x = 2\int_0^a f(x)\,\mathrm{d}x$.

微课：例 5.13

证明　因为函数 $y=f(x)$ 在 $[-a,a]$ 上连续，所以 $\int_{-a}^a f(x)\,\mathrm{d}x$ 存在. 由性

质 5.3 可得

$$\int_{-a}^{a} f(x)\,\mathrm{d}x = \int_{-a}^{0} f(x)\,\mathrm{d}x + \int_{0}^{a} f(x)\,\mathrm{d}x.$$

对于上式中的 $\int_{-a}^{0} f(x)\,\mathrm{d}x$，设 $x=-t$，则 $\mathrm{d}x=-\mathrm{d}t$. 当 $x=-a$ 时，$t=a$；当 $x=0$ 时，$t=0$. 于是

$$\int_{-a}^{0} f(x)\,\mathrm{d}x = -\int_{a}^{0} f(-t)\,\mathrm{d}t = \int_{0}^{a} f(-t)\,\mathrm{d}t = \int_{0}^{a} f(-x)\,\mathrm{d}x,$$

从而

$$\int_{-a}^{a} f(x)\,\mathrm{d}x = \int_{0}^{a} [f(x)+f(-x)]\,\mathrm{d}x.$$

(1) 当 $f(x)$ 为奇函数时，有 $f(-x)=-f(x)$，于是

$$\int_{-a}^{a} f(x)\,\mathrm{d}x = \int_{0}^{a} [f(x)+f(-x)]\,\mathrm{d}x = 0.$$

(2) 当 $f(x)$ 为偶函数时，有 $f(-x)=f(x)$，于是

$$\int_{-a}^{a} f(x)\,\mathrm{d}x = \int_{0}^{a} [f(x)+f(-x)]\,\mathrm{d}x = 2\int_{0}^{a} f(x)\,\mathrm{d}x.$$

本题的结论也可当作公式来用，以简化奇、偶函数在关于原点对称的区间上的定积分计算. 举例如下.

■**例 5.14** 求定积分：(1) $\int_{-1}^{1} \dfrac{\sin x}{\sqrt{1+x^2}}\,\mathrm{d}x$；(2) $\int_{-1}^{1} [(x^4+1)\sin x + x^2]\,\mathrm{d}x$.

解 (1) 设 $F(x)=\dfrac{\sin x}{\sqrt{1+x^2}}$，则 $F(-x)=\dfrac{-\sin x}{\sqrt{1+x^2}}=-F(x)$，故 $F(x)$ 为奇函数. 由例 5.13 的结论可知 $\int_{-1}^{1} \dfrac{\sin x}{\sqrt{1+x^2}}\,\mathrm{d}x=0$.

(2) 因为 $(x^4+1)\sin x$ 为 $[-1,1]$ 上连续的奇函数，所以 $\int_{-1}^{1} (x^4+1)\sin x\,\mathrm{d}x=0$. 又 x^2 为 $[-1,1]$ 上连续的偶函数，由例 5.13 的结论可得

$$\int_{-1}^{1} [(x^4+1)\sin x + x^2]\,\mathrm{d}x = \int_{-1}^{1} (x^4+1)\sin x\,\mathrm{d}x + \int_{-1}^{1} x^2\,\mathrm{d}x = 2\int_{0}^{1} x^2\,\mathrm{d}x = 2\cdot \dfrac{x^3}{3}\Big|_{0}^{1} = \dfrac{2}{3}.$$

■**例 5.15** 设 $f(x)=\begin{cases} \dfrac{1}{1+x^2}, & x<0 \\ \mathrm{e}^{-x}, & x\geqslant 0, \end{cases}$ 求 $\int_{1}^{3} f(x-2)\,\mathrm{d}x$.

解 令 $x-2=t$，则 $\mathrm{d}x=\mathrm{d}t$. 当 $x=1$ 时，$t=-1$；当 $x=3$ 时，$t=1$. 于是

$$\int_{1}^{3} f(x-2)\,\mathrm{d}x = \int_{-1}^{1} f(t)\,\mathrm{d}t = \int_{-1}^{0} \dfrac{1}{1+t^2}\,\mathrm{d}t + \int_{0}^{1} \mathrm{e}^{-t}\,\mathrm{d}t$$

$$= \arctan t \Big|_{-1}^{0} - \mathrm{e}^{-t}\Big|_{0}^{1} = \dfrac{\pi}{4} - \dfrac{1}{\mathrm{e}} + 1.$$

5.3.2 定积分的分部积分法

定理 5.6 设 $u(x),v(x)$ 在 $[a,b]$ 上具有连续的导数，则

$$\int_{a}^{b} u(x)v'(x)\,\mathrm{d}x = [u(x)v(x)]\Big|_{a}^{b} - \int_{a}^{b} u'(x)v(x)\,\mathrm{d}x.$$

简记为
$$\int_a^b u\mathrm{d}v = (uv)\mid_a^b - \int_a^b v\mathrm{d}u.$$

这就是定积分的分部积分公式.

使用定积分的分部积分法时, 大家可参照不定积分中分部积分法的使用原则.

■例 5.16　求定积分 $\int_1^e x\ln x\mathrm{d}x$.

解　$\int_1^e x\ln x\mathrm{d}x = \dfrac{x^2}{2}\ln x\mid_1^e - \int_1^e \dfrac{x^2}{2}\mathrm{d}\ln x = \dfrac{e^2}{2} - \int_1^e \dfrac{x}{2}\mathrm{d}x = \dfrac{e^2}{2} - \dfrac{1}{4}(e^2-1) = \dfrac{1}{4}(e^2+1)$.

■例 5.17　求定积分 $\int_0^{\frac{\sqrt{3}}{2}} \arccos x\mathrm{d}x$.

解　$\int_0^{\frac{\sqrt{3}}{2}} \arccos x\mathrm{d}x = (x\arccos x)\mid_0^{\frac{\sqrt{3}}{2}} + \int_0^{\frac{\sqrt{3}}{2}} \dfrac{x}{\sqrt{1-x^2}}\mathrm{d}x$

$$= \dfrac{\sqrt{3}}{12}\pi - \dfrac{1}{2}\int_0^{\frac{\sqrt{3}}{2}} \dfrac{\mathrm{d}(1-x^2)}{\sqrt{1-x^2}} = \dfrac{\sqrt{3}}{12}\pi - \sqrt{1-x^2}\mid_0^{\frac{\sqrt{3}}{2}} = \dfrac{\sqrt{3}}{12}\pi + \dfrac{1}{2}.$$

■例 5.18　求定积分 $\int_0^{\pi^2} \sin\sqrt{x}\,\mathrm{d}x$.

解　令 $\sqrt{x}=t$, 则 $x=t^2$, $\mathrm{d}x=2t\mathrm{d}t$. 当 $x=0$ 时, $t=0$; 当 $x=\pi^2$ 时, $t=\pi$. 于是

$$\int_0^{\pi^2} \sin\sqrt{x}\,\mathrm{d}x = 2\int_0^\pi t\sin t\mathrm{d}t = 2\int_0^\pi t\mathrm{d}(-\cos t) = -2(t\cos t)\mid_0^\pi + 2\int_0^\pi \cos t\mathrm{d}t$$

$$= 2\pi + 2\sin t\mid_0^\pi = 2\pi.$$

■*例 5.19　求定积分 $I_n = \int_0^{\frac{\pi}{2}} \sin^n x\mathrm{d}x$（$n$ 为非负整数）.

解　当 $n=0$ 时, $I_0 = \int_0^{\frac{\pi}{2}} \mathrm{d}x = \dfrac{\pi}{2}$;

当 $n=1$ 时, $I_1 = \int_0^{\frac{\pi}{2}} \sin x\mathrm{d}x = -\cos x\mid_0^{\frac{\pi}{2}} = 1$;

当 $n\geq 2$ 时, 利用分部积分公式, 得

$$I_n = \int_0^{\frac{\pi}{2}} \sin^n x\mathrm{d}x = \int_0^{\frac{\pi}{2}} \sin^{n-1} x\sin x\mathrm{d}x = -\int_0^{\frac{\pi}{2}} \sin^{n-1} x\mathrm{d}(\cos x)$$

$$= -(\sin^{n-1} x\cos x)\mid_0^{\frac{\pi}{2}} + \int_0^{\frac{\pi}{2}} \cos x\mathrm{d}(\sin^{n-1} x)$$

$$= (n-1)\int_0^{\frac{\pi}{2}} \cos x\sin^{n-2} x\cos x\mathrm{d}x$$

$$= (n-1)\int_0^{\frac{\pi}{2}} \cos^2 x\sin^{n-2} x\mathrm{d}x$$

$$= (n-1)\int_0^{\frac{\pi}{2}} (1-\sin^2 x)\sin^{n-2} x\mathrm{d}x$$

$$= (n-1)\int_0^{\frac{\pi}{2}} (\sin^{n-2} x - \sin^n x)\mathrm{d}x,$$

即

$$I_n = (n-1)I_{n-2} - (n-1)I_n,$$

所以

$$I_n = \frac{n-1}{n}I_{n-2}.$$

利用上面的递推公式，并重复应用它，可得到

$$I_{n-2} = \frac{n-3}{n-2}I_{n-4}, \quad I_{n-4} = \frac{n-5}{n-4}I_{n-6}, \cdots,$$

这样一直下去，后一项比前一项少 2. 当 n 是奇数时，最后一项是 $I_1 = 1$；当 n 是偶数时，最后一项是 $I_0 = \frac{\pi}{2}$. 于是

$$I_n = \int_0^{\frac{\pi}{2}} \sin^n x \, dx = \begin{cases} \dfrac{n-1}{n} \cdot \dfrac{n-3}{n-2} \cdot \cdots \cdot \dfrac{3}{4} \cdot \dfrac{1}{2} \cdot \dfrac{\pi}{2}, & n \text{ 是偶数,} \\[3mm] \dfrac{n-1}{n} \cdot \dfrac{n-3}{n-2} \cdot \cdots \cdot \dfrac{4}{5} \cdot \dfrac{2}{3} \cdot 1, & n \text{ 是大于 1 的奇数.} \end{cases}$$

利用换元积分法还可证得 $\displaystyle\int_0^{\frac{\pi}{2}} \sin^n x \, dx = \int_0^{\frac{\pi}{2}} \cos^n x \, dx$.

■* **例 5.20** 求定积分 $\displaystyle\int_0^{\frac{\pi}{4}} \sin^7 2x \, dx$.

解 令 $2x = t$，则 $dx = \frac{1}{2}dt$. 当 $x = 0$ 时，$t = 0$；当 $x = \frac{\pi}{4}$ 时，$t = \frac{\pi}{2}$. 结合例 5.19 结论可得

$$\int_0^{\frac{\pi}{4}} \sin^7 2x \, dx = \frac{1}{2}\int_0^{\frac{\pi}{2}} \sin^7 t \, dt = \frac{1}{2} \cdot \frac{6}{7} \cdot \frac{4}{5} \cdot \frac{2}{3} \cdot 1.$$

习题 5.3

1 用换元积分法计算下列定积分：

(1) $\displaystyle\int_1^5 \sqrt{3x+1} \, dx$；

(2) $\displaystyle\int_2^4 \frac{dx}{x\sqrt{x-1}}$；

(3) $\displaystyle\int_0^{\pi} \sqrt{\sin x - \sin^3 x} \, dx$；

(4) $\displaystyle\int_1^{e^2} \frac{dx}{x\sqrt{1+\ln x}}$；

(5) $\displaystyle\int_0^2 x\sqrt{1+2x^2} \, dx$；

(6) $\displaystyle\int_0^5 \frac{x^3}{x^2+1} \, dx$；

(7) $\displaystyle\int_0^1 (1+x^2)^{-\frac{3}{2}} \, dx$；

(8) $\displaystyle\int_{-\frac{\pi}{2}}^{\frac{\pi}{2}} \cos x \cos 2x \, dx$；

(9) $\displaystyle\int_1^5 \frac{x-1}{1+\sqrt{2x-1}} \, dx$；

(10) $\displaystyle\int_0^1 x^2\sqrt{1-x^2} \, dx$.

2 用分部积分法计算下列定积分：

(1) $\int_{0}^{\frac{\pi}{2}} x\sin x\,\mathrm{d}x$；

(2) $\int_{0}^{1} xe^{2x}\,\mathrm{d}x$；

(3) $\int_{0}^{\frac{\pi}{2}} x^{2}\cos x\,\mathrm{d}x$；

(4) $\int_{1}^{2} \ln(x+1)\,\mathrm{d}x$；

(5) $\int_{0}^{\sqrt{3}} \arctan x\,\mathrm{d}x$；

(6) $\int_{0}^{1} e^{\sqrt{x}}\,\mathrm{d}x$；

(7) $\int_{1}^{4} \dfrac{\ln x}{\sqrt{x}}\,\mathrm{d}x$；

*(8) $\int_{0}^{\pi} \cos^{6}\dfrac{x}{2}\,\mathrm{d}x$.

3 利用函数的奇偶性，求下列定积分：

(1) $\int_{-1}^{1} \dfrac{1+x^{5}\cos x^{3}}{1+x^{2}}\,\mathrm{d}x$；

(2) $\int_{-1}^{1} \dfrac{x^{4}\tan x}{2x^{2}+\cos x}\,\mathrm{d}x$.

4 计算下列各题.

(1) 设 $f(x)=\begin{cases}\dfrac{1}{2-x}, & x\leqslant 0,\\[2mm] \sin x, & x>0,\end{cases}$ 求 $\int_{0}^{2} f(x-1)\,\mathrm{d}x$.

微课：习题 5.3
第 4 题（1）

(2) 设 $f(2x-1)=\dfrac{\ln x}{\sqrt{x}}$，求 $\int_{1}^{7} f(x)\,\mathrm{d}x$.

5 证明 $\int_{0}^{1} x^{m}(1-x)^{n}\,\mathrm{d}x = \int_{0}^{1} x^{n}(1-x)^{m}\,\mathrm{d}x$.

6 若 $f(x)$ 在 $[0,1]$ 上连续，证明：

(1) $\int_{0}^{\frac{\pi}{2}} f(\sin x)\,\mathrm{d}x = \int_{0}^{\frac{\pi}{2}} f(\cos x)\,\mathrm{d}x$；

(2) $\int_{0}^{\pi} xf(\sin x)\,\mathrm{d}x = \dfrac{\pi}{2}\int_{0}^{\pi} f(\sin x)\,\mathrm{d}x$，并由此计算 $\int_{0}^{\pi} \dfrac{x\sin x}{1+\cos^{2}x}\,\mathrm{d}x$.

5.4　定积分的应用

　　定积分在几何学、物理学、经济学、社会学等多方面都有着广泛的应用，因此，我们在学习的过程中，不仅要掌握求解某些实际问题的公式，更重要的还在于深刻领会用定积分解决实际问题的基本思想和分析方法——元素法. 本节中我们将应用学过的定积分理论来分析和解决几何学中有关面积、体积的计算问题及简单的经济应用问题.

5.4.1　定积分的元素法

　　在 5.1 节的引例 1 中我们讨论过曲边梯形的面积问题，其求解步骤分为分割、近似、求和、取极限，由此我们引入定积分表达式，给出 $A = \lim\limits_{\lambda\to 0}\sum\limits_{i=1}^{n} f(\xi_{i})\Delta x_{i} = \int_{a}^{b} f(x)\,\mathrm{d}x$.

　　将上面 4 个步骤简化为下面 3 个步骤.

（1）选变量. 例如选 x 为积分变量，并确定它的变化区间 $[a,b]$，也即积分区间.

（2）求微元. 任取 $[a,b]$ 的一个区间 $[x,x+\mathrm{d}x]$，求出相应于这个区间上部分量 ΔU 的近似值，即求出所求总量 U 的元素 $\mathrm{d}U=f(x)\mathrm{d}x$.

（3）列积分. 根据 $\mathrm{d}U=f(x)\mathrm{d}x$ 写出表示总量 U 的定积分

$$U = \int_a^b \mathrm{d}U = \int_a^b f(x)\,\mathrm{d}x.$$

上述方法叫作元素法（或微元法），利用元素法可以计算平面图形的面积、立体的体积等.

5.4.2 平面图形的面积

1. 直角坐标系下平面图形的面积

（1）在平面直角坐标系中求由曲线 $y=f(x)$，$y=g(x)$ 和直线 $x=a$，$x=b$ 围成的图形的面积 A，其中函数 $f(x)$，$g(x)$ 在区间 $[a,b]$ 上连续，且 $f(x)\geqslant g(x)$，如图 5.11 所示.

利用元素法，步骤如下.

① 选取 x 为积分变量，变化区间为 $[a,b]$.

② 在区间 $[a,b]$ 上任取小区间 $[x,x+\mathrm{d}x]$，在该小区间上对应的那部分图形的面积记 ΔA，它可以用以 $f(x)-g(x)$ 为高、以 $\mathrm{d}x$ 为底的小矩形面积近似代替，并记为面积元素 $\mathrm{d}A$，即

$$\mathrm{d}A=[f(x)-g(x)]\mathrm{d}x,$$

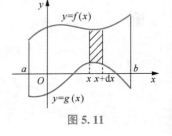

图 5.11

③ 在区间 $[a,b]$ 上对面积元素 $\mathrm{d}A$ 作定积分，求得平面图形的面积为

$$A = \int_a^b [f(x)-g(x)]\,\mathrm{d}x. \tag{5.4}$$

（2）类似地，由曲线 $x=\psi_1(y)$，$x=\psi_2(y)$ 和直线 $y=c$，$y=d$（$c\leqslant d$）围成的图形（见图 5.12）的面积为

$$A = \int_c^d [\psi_2(y)-\psi_1(y)]\,\mathrm{d}y. \tag{5.5}$$

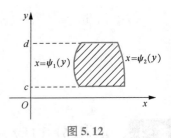

图 5.12

例 5.21 求在区间 $\left[0,\dfrac{\pi}{2}\right]$ 上，曲线 $y=\sin x$ 与直线 $x=0$，$y=1$ 所围成的图形的面积.

解 如图 5.13 所示，联立方程 $\begin{cases} y=\sin x, \\ y=1, \end{cases}$ 解得交点为 $\left(\dfrac{\pi}{2},1\right)$. 取 x 为积分变量，其变化区间为 $\left[0,\dfrac{\pi}{2}\right]$. 面积元素为 $\mathrm{d}A=(1-\sin x)\mathrm{d}x$，所求面积为

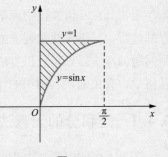

图 5.13

$$A = \int_0^{\frac{\pi}{2}} (1-\sin x)\,\mathrm{d}x = (x+\cos x)\Big|_0^{\frac{\pi}{2}} = \frac{\pi}{2}-1.$$

■**例 5.22** 求由椭圆曲线 $\dfrac{x^2}{a^2}+\dfrac{y^2}{b^2}=1$ 所围成的图形的面积.

解 如图 5.14 所示, 由对称性可知, 所求面积是第一象限部分面积的 4 倍. 取 x 为积分变量, 其变化区间为 $[0,a]$. 面积元素为 $dA=\dfrac{b}{a}\sqrt{a^2-x^2}\,dx$, 所求面积为

微课: 例 5.22

$$A=4\int_0^a \frac{b}{a}\sqrt{a^2-x^2}\,dx.$$

令 $x=a\sin t$, 则 $dx=a\cos t\,dt$. $x=0$ 时, $t=0$; $x=a$ 时, $t=\dfrac{\pi}{2}$. 于是

$$A=4\int_0^a \frac{b}{a}\sqrt{a^2-x^2}\,dx=\frac{4b}{a}\int_0^{\frac{\pi}{2}} a^2\cos^2 t\,dt=\pi ab.$$

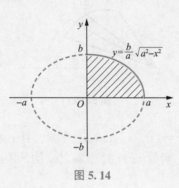

图 5.14

此例还可利用定积分的几何意义求解. $\int_0^a \sqrt{a^2-x^2}\,dx$ 在几何上表示以原点为圆心、以 a 为半径的圆的面积的 $\dfrac{1}{4}$, 即 $\int_0^a \sqrt{a^2-x^2}\,dx=\dfrac{1}{4}\pi a^2$, 则

$$A=4\int_0^a \frac{b}{a}\sqrt{a^2-x^2}\,dx=4\cdot\frac{b}{a}\cdot\int_0^a \sqrt{a^2-x^2}\,dx=4\cdot\frac{b}{a}\cdot\frac{1}{4}\pi a^2=\pi ab.$$

特别地, 当 $a=b=R$ 时, 可得半径为 R 的圆的面积 $S=\pi R^2$.

■**例 5.23** 求由抛物线 $y^2=x+2$ 与直线 $x-y=0$ 所围成的图形的面积.

解 如图 5.15 所示, 联立方程 $\begin{cases} y^2=x+2, \\ x-y=0, \end{cases}$ 解得交点为 $A(2,2),B(-1,-1)$. 取 y 为积分变量, 其变化区间为 $[-1,2]$. 面积元素为 $dA=[y-(y^2-2)]dy$, 所求面积为

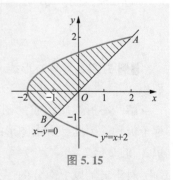

$$A=\int_{-1}^{2}\left[y-(y^2-2)\right]dy=\left(\frac{y^2}{2}-\frac{y^3}{3}+2y\right)\Bigg|_{-1}^{2}=\frac{9}{2}.$$

图 5.15

如图 5.15 所示, 本题若选 x 为积分变量, 则其变化区间为 $[-2,2]$, 但在直线 $x=-2$ 与 $x=2$ 之间有 3 条曲线, 因此, 用直线 $x=-1$ 将图形分成两部分, 所求面积是两部分面积的和.

当 $x\in[-2,-1]$ 时, 面积元素为 $dA=[\sqrt{x+2}-(-\sqrt{x+2})]dx$;

当 $x \in [-1,2]$ 时，面积元素为 $dA = (\sqrt{x+2}-x)dx$.

所求面积为

$$A = \int_{-2}^{-1} \left[\sqrt{x+2}-(-\sqrt{x+2}) \right] dx + \int_{-1}^{2} \left(\sqrt{x+2}-x \right) dx$$

$$= \frac{4}{3}(x+2)^{\frac{3}{2}} \Big|_{-2}^{-1} + \frac{2}{3}(x+2)^{\frac{3}{2}} \Big|_{-1}^{2} - \frac{1}{2}x^2 \Big|_{-1}^{2} = \frac{9}{2}.$$

由例 5.23 可以看出，积分变量选择适当，将简化计算.

*2. 极坐标系下平面图形的面积

某些平面图形，用极坐标来计算它们的面积比较方便.

设曲线由 $r=r(\theta)$ 表示，求由曲线 $r=r(\theta)$ 及射线 $\theta=\alpha,\theta=\beta$ 所围的图形(见图 5.16)的面积. 此类图形称为曲边扇形.

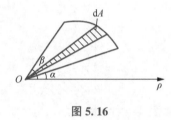

图 5.16

现在要计算它的面积. 这里 $r=r(\theta)$ 在 $[\alpha,\beta]$ 上连续，且 $r(\theta) \geqslant 0$，$0 < \beta-\alpha \leqslant 2\pi$.

由于当 θ 在 $[\alpha,\beta]$ 上变动时，极径 $r=r(\theta)$ 也随之变动，因此所求的图形的面积不能直接利用扇形面积公式 $A=\frac{1}{2}R^2\theta$ 来计算.

我们利用元素法计算曲边扇形面积，步骤如下.

(1)取极角 θ 为积分变量，它的变化区间为 $[\alpha,\beta]$.

(2)在区间 $[\alpha,\beta]$ 上任取一小区间 $[\theta,\theta+d\theta]$，该小区间上对应的窄曲边扇形的面积可以用半径为 $r=r(\theta)$、中心角为 $d\theta$ 的扇形面积来近似代替，从而得到该窄曲边扇形面积的近似值，即曲边扇形的面积元素 $dA=\frac{1}{2}r^2(\theta)d\theta$.

(3)在闭区间 $[\alpha,\beta]$ 上对面积元素作定积分，便得到所求曲边扇形的面积

$$A = \frac{1}{2} \int_{\alpha}^{\beta} r^2(\theta) d\theta. \tag{5.6}$$

■例 5.24 计算心形线 $r=a(1+\cos\theta)$ $(a>0)$ 所围图形的面积.

解 心形线所围成的图形如图 5.17 所示，这个图形对称于极轴，因此，所求图形的面积 A 是极轴以上部分图形面积 A_1 的 2 倍.

对于极轴以上部分的图形，θ 的变化区间为 $[0,\pi]$，面积元素为

$$dA = \frac{1}{2}r^2(\theta)d\theta = \frac{1}{2}a^2(1+\cos\theta)^2 d\theta,$$

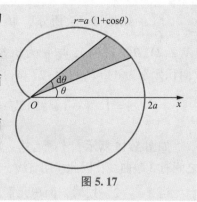

图 5.17

所以

$$A = 2A_1 = \int_0^\pi a^2(1+\cos\theta)^2\mathrm{d}\theta = a^2\int_0^\pi \left(\frac{3}{2}+2\cos\theta+\frac{1}{2}\cos2\theta\right)\mathrm{d}\theta$$

$$= a^2\left[\frac{3}{2}\theta+2\sin\theta+\frac{1}{4}\sin2\theta\right]_0^\pi = \frac{3}{2}\pi a^2.$$

5.4.3　体积

1. 旋转体的体积

由一个平面图形绕该平面内一条直线旋转一周而成的立体称为旋转体，这条直线称为旋转轴. 例如，圆柱、圆锥、圆台、球体都是旋转体.

（1）计算由连续曲线 $y=f(x)$ 和直线 $x=a$，$x=b$ 及 x 轴所围成的曲边梯形绕 x 轴旋转一周而成的旋转体的体积，如图 5.18 所示.

利用元素法计算该旋转体的体积，步骤如下.

① 取 x 为积分变量，变化区间为 $[a,b]$.

② 在区间 $[a,b]$ 任取小区间 $[x,x+\mathrm{d}x]$，相应于小区间 $[x,x+\mathrm{d}x]$ 上的旋转体薄片的体积可近似看作以 $f(x)$ 为底面半径、以 $\mathrm{d}x$ 为高的扁圆柱体的体积，即体积元素 $\mathrm{d}V = \pi[f(x)]^2\mathrm{d}x$.

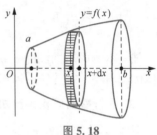

图 5.18

③ 在区间 $[a,b]$ 对体积元素求定积分，便得到所求旋转体的体积公式

$$V = \pi\int_a^b[f(x)]^2\mathrm{d}x. \tag{5.7}$$

（2）类似地，可计算出由连续曲线 $x=\varphi(y)$ 和直线 $y=c$，$y=d$ 及 y 轴所围成的曲边梯形绕 y 轴旋转一周而成的旋转体（见图 5.19）的体积为

$$V = \pi\int_c^d[\varphi(y)]^2\mathrm{d}y. \tag{5.8}$$

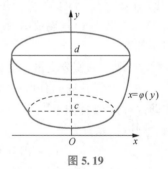

图 5.19

■**例 5.25**　计算由椭圆 $\dfrac{x^2}{a^2}+\dfrac{y^2}{b^2}=1$ 所围成的图形绕 x 轴旋转一周而成的旋转体（叫作旋转椭球体）的体积.

微课：例 5.25

解　如图 5.20 所示，绕 x 轴旋转时，旋转椭球体可以看作上半椭圆 $y=\dfrac{b}{a}\sqrt{a^2-x^2}$ 绕 x 轴旋转而成的. 取 x 为积分变量，变化区间为 $[-a,a]$，体积元素为 $\mathrm{d}V = \pi\dfrac{b^2}{a^2}(a^2-x^2)\mathrm{d}x$，根据式（5.7）得

$$V = \int_{-a}^a \pi\frac{b^2}{a^2}(a^2-x^2)\mathrm{d}x = \pi\frac{b^2}{a^2}\left[a^2x-\frac{x^3}{3}\right]_{-a}^a = \frac{4}{3}\pi ab^2.$$

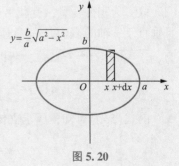

图 5.20

特别地，当 $a=b=R$ 时，可得半径为 R 的球体的体积 $V=\dfrac{4}{3}\pi R^3$.

■例 5.26 计算由曲线 $y=x^2$ 与 $y^2=x$ 围成的平面图形绕 y 轴旋转一周形成的立体的体积.

解 如图 5.21 所示，由曲线 $y=x^2$ 与 $y^2=x$ 围成的平面图形绕 y 轴旋转一周形成的立体的体积不能直接使用公式计算，但可将其看成由 $y=x^2,y=1$ 及 y 轴围成的平面图形与由 $y^2=x,y=1$ 及 y 轴围成的平面图形分别绕 y 轴旋转而形成的旋转体的体积之差.

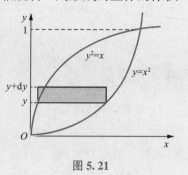

图 5.21

取 y 为积分变量，变化区间为 $[0,1]$，体积元素为 $dV=\pi[(\sqrt{y})^2-(y^2)^2]dy$，根据式(5.8)得

$$V=\pi\int_0^1[(\sqrt{y})^2-(y^2)^2]dy=\pi\left(\frac{y^2}{2}-\frac{y^5}{5}\right)\bigg|_0^1=\frac{3}{10}\pi.$$

注 本例中所围成的平面图形关于直线 $y=x$ 对称，此时该平面图形绕 x 轴旋转一周形成的立体体积与绕 y 轴旋转一周形成的立体体积相同，读者可自行验证.

*2. 平行截面面积为已知的立体的体积

如图 5.22 所示立体，设该立体在过点 $x=a,x=b$ 且垂直于 x 轴的两个平行平面之间，并设过任意一点 x 的截面面积为 $A(x)$，这里 $A(x)$ 是连续函数. 该立体的体积可由元素法求得，步骤如下.

(1)取 x 为积分变量，变化区间为 $[a,b]$.

(2)在区间 $[a,b]$ 任取小区间 $[x,x+dx]$，相应于该小区间的薄片可近似看作一个小扁柱体，其底面积为 $A(x)$，高为 dx，则体积元素为

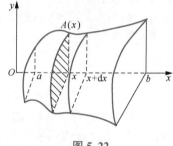

图 5.22

$$dV=A(x)dx.$$

(3)在闭区间 $[a,b]$ 上对体积元素作定积分，便得到所求立体的体积为

$$V=\int_a^b A(x)dx. \tag{5.9}$$

■例 5.27 一平面经过半径为 R 的圆柱体的底圆中心并与底面交成 α 角，计算该平面截圆柱体所得立体的体积.

解 如图 5.23 所示，建立平面直角坐标系，则底圆方程为 $x^2+y^2=R^2$.

取 x 为积分变量，变化区间为 $[-R,R]$，过区间上任一点 x 且垂直于 x 轴的截面是一个直角三角形，两条直角边的长分别为 $\sqrt{R^2-x^2}$ 和 $\sqrt{R^2-x^2}\tan\alpha$，所以截面面积为

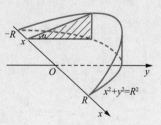

图 5.23

$$A(x)=\frac{1}{2}(R^2-x^2)\tan\alpha.$$

由式(5.9)可知，所求立体体积为

$$V=\frac{1}{2}\int_{-R}^R(R^2-x^2)\tan\alpha dx=\frac{2}{3}R^3\tan\alpha.$$

5.4.4 经济问题

已知变化率求总量问题可利用定积分计算. 设总产量 $Q(t)$ 的变化率为 $Q'(t)$, 则由 t_1 到 t_2 时间内的总产量为

$$Q = \int_{t_1}^{t_2} Q'(t)\,dt.$$

■**例 5.28** 设某产品在时刻 t 总产量的变化率为 $Q'(t) = 100+18t-0.9t^2$（单位/小时）, 求从 $t=2$ 到 $t=4$ 这两小时的总产量.

解 因为总产量 $Q(t)$ 是它的变化率的原函数, 所以从 $t=2$ 到 $t=4$ 这两小时的总产量为

$$Q = \int_2^4 f(t)\,dt = \int_2^4 (100+18t-0.9t^2)\,dt = (100t+9t^2-0.3t^3)\,|_2^4 = 291.2（单位）.$$

习题 5.4

1 求由下列各曲线所围成的图形的面积.

(1) $y=x^2$, $y^2=x$.

(2) $y^2=2x$, $y=x-4$.

(3) $y=\sqrt{x}$, $y=x$.

(4) $y=x^2$, $y=1$.

(5) $y=x^3$, $x=0$, $y=1$.

(6) $y=\ln x$, y 轴, $y=\ln a$, $y=\ln b (b>a>0)$.

(7) $y=2$, $y=x$, $xy=1$.

(8) $y=e^x$, $y=e^{-x}$, $x=1$.

(9) $y=x^2$, $y=x$, $y=2x$.

2 求由下列曲线围成的图形绕指定轴旋转所形成的旋转体的体积.

(1) $y=\sqrt{x}$, $x=1$, $x=4$, $y=0$, 绕 x 轴.

(2) $\dfrac{x^2}{a^2}+\dfrac{y^2}{b^2}=1$, 绕 y 轴.

(3) $y=\sin x (0 \leqslant x \leqslant \pi)$, $y=0$, 绕 x 轴.

(4) $y=2-x^2$, $y=x (x \geqslant 0)$, $x=0$, 绕 x 轴、y 轴.

(5) $y=x^3$, $x=2$, $y=0$, 绕 x 轴、y 轴.

3 求曲线 $r=a\theta (a>0)$ 相应于 θ 从 0 到 2π 的一段弧与极轴所围成的图形的面积.

4 求底面是半径为 R 的圆, 而垂直于底面上一条固定直径的所有截面都是等边三角形的立体的体积.

5 某地区当消费者个人月收入为 x 元时, 月消费支出 $F(x)$ 的变化率为 $F'(x)=\dfrac{12}{\sqrt{x}}$（元/月）, 当个人收入由 1 600 元增加到 2 500 元时, 月消费支出增加多少元?

5.5 反常积分

在前面学习的定积分中有两个最基本的约束条件：积分区间的有限性和被积函数的有界性. 但在实际问题中，我们常遇到积分区间为无穷区间，或者被积函数为无界函数的积分. 这类积分已不属于定积分，通常称为反常积分. 本节将介绍无穷区间上的反常积分和无界函数的反常积分.

5.5.1 无穷限的反常积分

定义 5.2 设函数 $f(x)$ 在区间 $[a,+\infty)$ 上连续，任取 $b>a$，如果极限

$$\lim_{b\to+\infty}\int_a^b f(x)\,\mathrm{d}x$$

存在，则称该极限值为函数 $f(x)$ 在无穷区间 $[a,+\infty)$ 上的反常积分，记作

$$\int_a^{+\infty} f(x)\,\mathrm{d}x=\lim_{b\to+\infty}\int_a^b f(x)\,\mathrm{d}x.$$

此时也称反常积分 $\int_a^{+\infty} f(x)\,\mathrm{d}x$ 收敛；若上述极限不存在，则称反常积分 $\int_a^{+\infty} f(x)\,\mathrm{d}x$ 发散.

类似可定义函数 $f(x)$ 在 $(-\infty,b]$ 上的反常积分 $\int_{-\infty}^b f(x)\,\mathrm{d}x$，即

$$\int_{-\infty}^b f(x)\,\mathrm{d}x=\lim_{a\to-\infty}\int_a^b f(x)\,\mathrm{d}x.$$

若右端极限存在，则称反常积分 $\int_{-\infty}^b f(x)\,\mathrm{d}x$ 收敛；否则，称反常积分 $\int_{-\infty}^b f(x)\,\mathrm{d}x$ 发散.

函数 $f(x)$ 在 $(-\infty,+\infty)$ 上连续，若反常积分 $\int_{-\infty}^c f(x)\,\mathrm{d}x$ 和 $\int_c^{+\infty} f(x)\,\mathrm{d}x$ 都收敛，则反常积分 $\int_{-\infty}^{+\infty} f(x)\,\mathrm{d}x$ 收敛，即

$$\int_{-\infty}^{+\infty} f(x)\,\mathrm{d}x=\int_{-\infty}^c f(x)\,\mathrm{d}x+\int_c^{+\infty} f(x)\,\mathrm{d}x$$

$$=\lim_{a\to-\infty}\int_a^c f(x)\,\mathrm{d}x+\lim_{b\to+\infty}\int_c^b f(x)\,\mathrm{d}x.$$

此时，反常积分 $\int_{-\infty}^{+\infty} f(x)\,\mathrm{d}x$ 只有当上述等式中两极限同时存在时才是收敛的，如果有一个极限不存在，则称该反常积分是发散的.

上述定义的反常积分统称为无穷限的反常积分.

■例 5.29 计算 $\int_1^{+\infty} \dfrac{1}{x^3}\,\mathrm{d}x$.

解 积分区间为 $[1,+\infty)$，因此，该积分为无穷限的反常积分. 由定义 5.2 可得

$$\int_1^{+\infty} \frac{1}{x^3}\,\mathrm{d}x=\lim_{b\to+\infty}\int_1^b \frac{1}{x^3}\,\mathrm{d}x=\lim_{b\to+\infty}\left[-\frac{1}{2}x^{-2}\right]_1^b=\lim_{b\to+\infty}\left(\frac{1}{2}-\frac{1}{2b^2}\right)=\frac{1}{2}.$$

为了书写方便，若 $F(x)$ 是 $f(x)$ 的一个原函数，则记 $F(+\infty)=\lim_{x\to+\infty}F(x)$，当 $F(+\infty)$ 存在时，

$$\int_a^{+\infty} f(x)\,\mathrm{d}x = F(x)\,\big|_a^{+\infty} = F(+\infty)-F(a)\,;$$

当 $F(+\infty)$ 不存在时，$\int_a^{+\infty} f(x)\,\mathrm{d}x$ 发散.

同理可得

$$\int_{-\infty}^b f(x)\,\mathrm{d}x = F(x)\,\big|_{-\infty}^b = F(b)-F(-\infty)\,,$$

$$\int_{-\infty}^{+\infty} f(x)\,\mathrm{d}x = F(x)\,\big|_{-\infty}^{+\infty} = F(+\infty)-F(-\infty)\,.$$

因此，例 5.29 的解答过程又可书写为

$$\int_1^{+\infty} \frac{1}{x^3}\,\mathrm{d}x = \left[-\frac{1}{2}x^{-2}\right]_1^{+\infty} = -0+\frac{1}{2} = \frac{1}{2}.$$

■**例 5.30** 讨论 $\int_0^{+\infty} t\mathrm{e}^{-pt}\,\mathrm{d}t\,(p>0$ 且为常数$)$ 的敛散性.

解 $\displaystyle\int_0^{+\infty} t\mathrm{e}^{-pt}\,\mathrm{d}t = -\frac{1}{p}\int_0^{+\infty} t\,\mathrm{d}\mathrm{e}^{-pt} = \left[-\frac{t}{p}\mathrm{e}^{-pt}\right]_0^{+\infty} + \frac{1}{p}\int_0^{+\infty}\mathrm{e}^{-pt}\,\mathrm{d}t$

$\displaystyle\qquad = \left[-\frac{t}{p}\mathrm{e}^{-pt}\right]_0^{+\infty} - \left[\frac{1}{p^2}\mathrm{e}^{-pt}\right]_0^{+\infty} = \frac{1}{p^2}\,,$

故反常积分 $\int_0^{+\infty} t\mathrm{e}^{-pt}\,\mathrm{d}t$ 是收敛的.

由例 5.30 的结论可知，$\int_0^{+\infty} t\mathrm{e}^{-2t}\,\mathrm{d}t = \frac{1}{4}$.

*5.5.2 无界函数的反常积分

现在我们把定积分推广到被积函数为无界函数的情形.

定义 5.3 设函数 $f(x)$ 在区间 $(a,b]$ 上连续，且 $\lim\limits_{x\to a^+} f(x) = \infty$，如果极限

$$\lim_{t\to a^+}\int_t^b f(x)\,\mathrm{d}x$$

存在，则称此极限为函数 $f(x)$ 在区间 $(a,b]$ 上的反常积分，记作

$$\int_a^b f(x)\,\mathrm{d}x = \lim_{t\to a^+}\int_t^b f(x)\,\mathrm{d}x.$$

此时称反常积分 $\int_a^b f(x)\,\mathrm{d}x$ 收敛；如果上述极限不存在，则称反常积分 $\int_a^b f(x)\,\mathrm{d}x$ 发散.

类似地，设函数 $f(x)$ 在区间 $[a,b)$ 上连续，且 $\lim\limits_{x\to b^-} f(x) = \infty$，如果极限

$$\lim_{t\to b^-}\int_a^t f(x)\,\mathrm{d}x$$

存在，则称此极限为函数 $f(x)$ 在区间 $[a,b)$ 上的反常积分，记作

$$\int_a^b f(x)\,\mathrm{d}x = \lim_{t\to b^-}\int_a^t f(x)\,\mathrm{d}x,$$

此时称反常积分 $\int_a^b f(x)\,\mathrm{d}x$ 收敛；如果上述极限不存在，则称反常积分 $\int_a^b f(x)\,\mathrm{d}x$ 发散.

设函数 $f(x)$ 在区间 $[a,b]$ 上除点 $c(a<c<b)$ 外连续，$\lim\limits_{x\to c}f(x)=\infty$. 如果两个反常积分 $\int_a^c f(x)\mathrm{d}x$ 和 $\int_c^b f(x)\mathrm{d}x$ 都收敛，则反常积分 $\int_a^b f(x)\mathrm{d}x$ 收敛，即

$$\int_a^b f(x)\mathrm{d}x = \int_a^c f(x)\mathrm{d}x + \int_c^b f(x)\mathrm{d}x = \lim_{t\to c^-}\int_a^t f(x)\mathrm{d}x + \lim_{t\to c^+}\int_c^b f(x)\mathrm{d}x.$$

反常积分 $\int_a^b f(x)\mathrm{d}x$ 只有当上述等式中两极限同时存在时才是收敛的，如果有一个极限不存在，则称该反常积分是发散的.

上述定义的反常积分统称为无界函数的反常积分.

例 5.31 计算 $\int_0^1 \dfrac{\arcsin x}{\sqrt{1-x^2}}\mathrm{d}x$.

解 因为 $\lim\limits_{x\to 1^-}\dfrac{\arcsin x}{\sqrt{1-x^2}}=\infty$，所以该积分为无界函数的反常积分. 由定义 5.3 可得

$$\int_0^1 \frac{\arcsin x}{\sqrt{1-x^2}}\mathrm{d}x = \lim_{t\to 1^-}\int_0^t \frac{\arcsin x}{\sqrt{1-x^2}}\mathrm{d}x = \lim_{t\to 1^-}\int_0^t \arcsin x\,\mathrm{d}\arcsin x$$

$$= \lim_{t\to 1^-}\left[\frac{1}{2}(\arcsin x)^2\right]_0^t = \lim_{t\to 1^-}\frac{1}{2}(\arcsin t)^2 = \frac{\pi^2}{8}.$$

例 5.32 讨论反常积分 $\int_{-1}^1 \dfrac{1}{x^2}\mathrm{d}x$ 的敛散性.

解 $\int_{-1}^1 \dfrac{1}{x^2}\mathrm{d}x = \int_{-1}^0 \dfrac{1}{x^2}\mathrm{d}x + \int_0^1 \dfrac{1}{x^2}\mathrm{d}x$.

由于

$$\int_{-1}^0 \frac{1}{x^2}\mathrm{d}x = -\frac{1}{x}\Big|_{-1}^0 = \lim_{x\to 0^-}\left(-\frac{1}{x}\right)-1 = +\infty,$$

所以反常积分 $\int_{-1}^1 \dfrac{1}{x^2}\mathrm{d}x$ 发散.

注 对于例 5.32，下面的解法是错误的，因为忽略了 $\lim\limits_{x\to 0}\dfrac{1}{x}=\infty$.

$$\int_{-1}^1 \frac{1}{x^2}\mathrm{d}x = \left[-\frac{1}{x}\right]_{-1}^1 = -1-\left(-\frac{1}{-1}\right) = -2.$$

习题 5.5

1 讨论下列各反常积分的敛散性，若收敛，则计算反常积分的值.

(1) $\int_0^{+\infty} \mathrm{e}^{-x}\mathrm{d}x$.

(2) $\int_1^{+\infty} \dfrac{1}{x\ln x}\mathrm{d}x$.

(3) $\int_0^{+\infty} \mathrm{e}^{-x}\sin x\,\mathrm{d}x$.

*(4) $\int_0^1 \dfrac{x}{\sqrt{1-x^2}}\mathrm{d}x$.

2 讨论反常积分 $\displaystyle\int_a^{+\infty} \frac{1}{x^p}\mathrm{d}x\,(a>0)$ 的敛散性.

本章小结

视野拓展小微课

复习题五

基础题型

一、选择题

1 下列等式正确的是(　　).

A. $\displaystyle\int f'(x)\,\mathrm{d}x = f(x)$

B. $\displaystyle\frac{\mathrm{d}}{\mathrm{d}x}\int f(x)\,\mathrm{d}x = f(x)+C$

C. $\displaystyle\frac{\mathrm{d}}{\mathrm{d}x}\int_a^b f(x)\,\mathrm{d}x = f(x)$

D. $\displaystyle\frac{\mathrm{d}}{\mathrm{d}x}\int_a^b f(x)\,\mathrm{d}x = 0$

2 设函数 $f(x)$ 仅在区间 $[0,4]$ 上可积, 则必有 $\displaystyle\int_0^3 f(x)\,\mathrm{d}x = ($　　$)$.

A. $\displaystyle\int_0^2 f(x)\,\mathrm{d}x + \int_2^3 f(x)\,\mathrm{d}x$

B. $\displaystyle\int_0^{-1} f(x)\,\mathrm{d}x + \int_{-1}^3 f(x)\,\mathrm{d}x$

C. $\displaystyle\int_0^5 f(x)\,\mathrm{d}x + \int_5^3 f(x)\,\mathrm{d}x$

D. $\displaystyle\int_0^{10} f(x)\,\mathrm{d}x + \int_{10}^3 f(x)\,\mathrm{d}x$

3 设 $I_1 = \displaystyle\int_0^{\frac{\pi}{4}} x\,\mathrm{d}x,\, I_2 = \int_0^{\frac{\pi}{4}} \sqrt{x}\,\mathrm{d}x,\, I_3 = \int_0^{\frac{\pi}{4}} \sin x\,\mathrm{d}x$, 则 I_1,I_2,I_3 的关系是(　　).

A. $I_1>I_2>I_3$　　　　B. $I_1>I_3>I_2$　　　　C. $I_3>I_1>I_2$　　　　D. $I_2>I_1>I_3$

4 设 $f(x)$ 为连续函数, 且 $F(x) = \displaystyle\int_{\frac{1}{x}}^{\ln x} f(t)\,\mathrm{d}t$, 则 $F'(x) = ($　　$)$.

A. $\dfrac{1}{x}f(\ln x) + \dfrac{1}{x^2}f\left(\dfrac{1}{x}\right)$

B. $f(\ln x) + f\left(\dfrac{1}{x}\right)$

C. $\dfrac{1}{x}f(\ln x) - \dfrac{1}{x^2}f\left(\dfrac{1}{x}\right)$

D. $f(\ln x) - f\left(\dfrac{1}{x}\right)$

5 若 $\displaystyle\int_0^1 (2x+k)\,\mathrm{d}x = 2$, 则 $k = ($　　$)$.

A. 0　　　　　　　　B. -1　　　　　　　　C. 1　　　　　　　　D. $\dfrac{1}{2}$

6 设 $f(x)$ 是连续函数, 则 $\displaystyle\int_a^b f(x)\,\mathrm{d}x = ($　　$)$.

A. $\displaystyle\int_{\frac{a}{2}}^{\frac{b}{2}} f(2x)\,\mathrm{d}x$

B. $2\displaystyle\int_a^b f(2x)\,\mathrm{d}x$

C. $2\displaystyle\int_{\frac{a}{2}}^{\frac{b}{2}} f(2x)\,\mathrm{d}x$

D. $\displaystyle\int_b^a f(x)\,\mathrm{d}x$

7 下列无穷积分中，收敛的是(　　).

A. $\int_{1}^{+\infty} e^{x} dx$　　　　B. $\int_{1}^{+\infty} \frac{1}{x^{2}} dx$　　　　C. $\int_{1}^{+\infty} \frac{1}{\sqrt[3]{x}} dx$　　　　D. $\int_{1}^{+\infty} \frac{1}{x} dx$

二、填空题

1 $\dfrac{d}{dx} \left(\int_{1}^{e} e^{-x^{2}} dx \right) =$ _____.

2 当 $x \to 0$ 时，$f(x) = \int_{0}^{x} \sin t^{2} dt$ 与 $g(x) = x^{3} + x^{4}$ 比较是 _____无穷小.

3 设 $f(x) = \begin{cases} x+1, & x \leqslant 1, \\ \dfrac{1}{2} x^{2}, & x > 1, \end{cases}$ 则 $\int_{0}^{2} f(x) dx =$ _____.

4 设 $f(x)$ 是连续的偶函数，则 $\int_{-1}^{1} \dfrac{x^{2} \sin x}{2+x^{4}} f(x) dx =$ _____.

5 $\int_{0}^{+\infty} e^{-x} dx =$ _____.

三、计算题

求下列定积分：

(1) $\int_{-2}^{-1} \dfrac{dx}{x}$;

(2) $\int_{0}^{\frac{\pi}{2}} \sqrt{\cos x - \cos^{3} x} \, dx$;

(3) $\int_{0}^{\pi} \cos^{2} \left(\dfrac{x}{2} \right) dx$;

(4) $\int_{1}^{\sqrt{3}} \dfrac{dx}{x^{2}(1+x^{2})}$;

(5) $\int_{0}^{\frac{\pi}{2}} \sqrt{1-2\sin 2x} \, dx$;

(6) $\int_{0}^{\frac{\pi}{2}} \cos^{5} x \sin x \, dx$;

(7) $\int_{0}^{1} \dfrac{dx}{e^{x}+e^{-x}}$;

(8) $\int_{1}^{2} \dfrac{e^{\frac{1}{x}}}{x^{2}} dx$;

(9) $\int_{0}^{5} \dfrac{2x^{2}+3x-5}{x+3} dx$;

(10) $\int_{-1}^{1} \dfrac{x}{\sqrt{5-4x}} dx$;

(11) $\int_{1}^{\sqrt{2}} \dfrac{x^{2}}{(4-x^{2})^{\frac{3}{2}}} dx$;

(12) $\int_{0}^{4} \dfrac{dt}{1+\sqrt{t}}$;

(13) $\int_{\ln 2}^{\ln 4} \dfrac{dx}{\sqrt{e^{x}-1}}$;

(14) $\int_{0}^{1} x e^{-x} dx$;

(15) $\int_{1}^{2} x(\ln x)^{2} dx$;

(16) $\int_{\frac{1}{e}}^{e} |\ln x| dx$.

四、解答题

1 设 $f(x) = x - \int_{0}^{\pi} f(x) \cos x \, dx$，求 $f(x)$.

2 设 $f(x) = \begin{cases} \dfrac{\sin ax}{\sqrt{1-\cos x}}, & x < 0, \\ \sqrt{2}, & x = 0, \\ \dfrac{1}{x-\sin x} \int_{0}^{x} \dfrac{t^{2}}{\sqrt{b+t^{2}}} dt, & x > 0 \end{cases}$ 在 $x = 0$ 处连续，求 a, b.

3 设 $\int_1^x f(t)\,\mathrm{d}t = \dfrac{x^4}{2} - \dfrac{1}{2}$，求 $\int_1^4 \dfrac{1}{\sqrt{x}} f(\sqrt{x})\,\mathrm{d}x$.

4 已知 $\int_0^{\ln a} \mathrm{e}^x \sqrt{3 - 2\mathrm{e}^x}\,\mathrm{d}x = \dfrac{1}{3}$，求 a 的值.

5 已知 $f(2) = \dfrac{1}{2}, f'(2) = 0, \int_0^2 f(x)\,\mathrm{d}x = 1$，求 $\int_0^1 x^2 f''(2x)\,\mathrm{d}x$.

6 已知直线 $x = a$ 将由抛物线 $x = y^2$ 与直线 $x = 1$ 围成的平面图形分成面积相等的两部分，求 a 的值.

7 求由曲线 $y = \mathrm{e}^x, y = \sin x$ 与直线 $x = 0, x = 1$ 所围成的平面图形绕 x 轴旋转一周形成的旋转体的体积.

8 计算反常积分：(1) $\int_1^{+\infty} \dfrac{1}{x^2 + x}\,\mathrm{d}x$；*(2) $\int_1^2 \dfrac{x}{\sqrt{x - 1}}\,\mathrm{d}x$.

五、证明题

证明：$\int_0^{\frac{\pi}{2}} \dfrac{\sin x}{\sin x + \cos x}\,\mathrm{d}x = \int_0^{\frac{\pi}{2}} \dfrac{\cos x}{\sin x + \cos x}\,\mathrm{d}x$.

拓展题型

1 (2016 计算机)设函数 $f(x)$ 在 $[0,1]$ 上连续，在 $(0,1)$ 内可导，并且 $2\int_{\frac{1}{2}}^1 f(x)\,\mathrm{d}x = f(0)$. 证明：存在 $\xi \in (0,1)$，使 $f'(\xi) = 0$.

微课：复习题五
拓展题型第 1 题

2 (2017 机械)设函数 $f(x)$ 在 $(-\infty, +\infty)$ 内连续，下面不是 $f(x)$ 的原函数的是(　　).

A. $\int_0^x f(x)\,\mathrm{d}x + C$ 　　　　　　 B. $\int_0^x f(t)\,\mathrm{d}t$

C. $\int_0^x f(t)\,\mathrm{d}t + C$ 　　　　　　 D. $\int_0^x f(t)\,\mathrm{d}t$

3 (2017 电子)$\dfrac{\mathrm{d}}{\mathrm{d}x}\left[x \int_0^x \sqrt{1 + t^4}\,\mathrm{d}t\right] = ($　　$)$.

A. $\int_0^x \sqrt{1 + t^4}\,\mathrm{d}t$ 　　　　　 B. $4x^4 \int_0^x \sqrt{1 + t^4}\,\mathrm{d}t$

C. $\int_0^x \sqrt{1 + t^4}\,\mathrm{d}t + x\sqrt{1 + x^4}$ 　 D. $x\sqrt{1 + x^4}$

4 (2013 计算机)证明 $f(x) = x\mathrm{e}^{x^2} \int_0^{2x} \mathrm{e}^{t^2}\,\mathrm{d}t$ 在 $(-\infty, +\infty)$ 上为偶函数.

5 (2012 机械，2014 经管)已知 $x \geqslant 0$ 时 $f(x)$ 连续，且 $\int_0^{x^2} f(t)\,\mathrm{d}t = x^2(1 + x)$，求 $f(2)$.

6 (2013 计算机)设 $f(x) = \int_1^x \dfrac{1}{1 + t}\,\mathrm{d}t\,(x > 0)$，求 $f(x) - f\left(\dfrac{1}{x}\right)$.

7 (2017 土木)已知 $f(x) = \mathrm{e}^{x^2}$，求 $\int_0^1 f'(x) f''(x)\,\mathrm{d}x$.

8 （2012 计算机）在曲线 $y=x^2(x>0)$ 上求一点，使曲线在该点处的切线与曲线及 x 轴所围成图形的面积为 $\frac{1}{12}$.

9 （2016 电气）设一平面图形是由 $y=x^2$，$y=x$，$y=2x$ 所围成的区域（见图 5.24）.

（1）求此平面图形的面积.

（2）将此平面图形绕 x 轴旋转，求旋转体的体积.

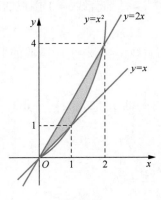

图 5.24

第 6 章
微积分在 MATLAB 中的实现

    MATLAB 是美国 MathWorks 公司出品的商业数学软件，目前已经成为线性代数、自动控制理论、数字信号处理、时间序列分析、动态系统仿真、图像处理等诸多课程的基本教学工具，成为本科生、硕士生和博士生必须学习的软件之一.

    本章以 MATLAB 2019b 版本为基础进行编写.

6.1 用 MATLAB 求极限

在 MATLAB 中，用于求函数极限的命令函数是 limit，其具体格式及功能如表 6.1 所示.

表 6.1 limit 函数的具体格式及功能

函数格式	功能
limit(f(x),x,a)	求 $\lim\limits_{x\to a}f(x)$
limit(f(x),x,a,'left')	求 $\lim\limits_{x\to a^-}f(x)$
limit(f(x),x,a,'right')	求 $\lim\limits_{x\to a^+}f(x)$
limit(f(x),x,-inf)	求 $\lim\limits_{x\to-\infty}f(x)$
limit(f(x),x,+inf)	求 $\lim\limits_{x\to+\infty}f(x)$

■例 6.1　求极限 $\lim\limits_{x\to0}x\cos\dfrac{1}{x}$.

解　在命令行窗口中输入下述命令.

```
>>syms x
>>limit(x*cos(1/x),x,0)
```

按 Enter 键，即可得如下结果.

```
ans=
0
```

即

$$\lim\limits_{x\to0}x\cos\dfrac{1}{x}=0.$$

注　">>"符号是软件自动生成的，不需要自行输入。

■例 6.2　求极限 $\lim\limits_{x\to2}\dfrac{1}{(x-2)^2}$.

解　在命令行窗口中输入下述命令.

```
>>syms x
>>limit(1/(x-2)^2,x,2)
```

按 Enter 键，即可得如下结果.

```
ans=
Inf
```

该题运行结果为 Inf，表示的是无穷大(∞)，即

$$\lim\limits_{x\to2}\dfrac{1}{(x-2)^2}=\infty.$$

6.2 用 MATLAB 求导数

对于一些复杂的导数求解及应用，我们可以借助 MATLAB 来求解.

MATLAB 软件中，用于求函数导数的命令函数是 diff，其具体调用格式如下，表示的是对函数 f 中的变量 x 求 n 阶导数.

```
diff(f,x,n)
```

若未输入 n，即 n 缺省时，输出结果为 f 的一阶导数；若 x 缺省，则返回 f 预设独立变量的 n 阶导数.

■例 6.3　已知 $f(x) = x^{\sin x}$，求 $f'(x)$.

解　在命令行窗口中输入以下命令.

```
>>syms x
>>f=(x)^(sin(x));
>>f1=diff(f,x)
```

按 Enter 键，即可得如下结果：

```
f1=
x^(sin(x)-1)*sin(x)+x^sin(x)*cos(x)*log(x)
```

即

$$f'(x) = x^{\sin x}\left(\frac{\sin x}{x} + \cos x \ln x\right).$$

■例 6.4　求 $y = \ln(1+x)$ 的 10 阶导数.

解　在命令行窗口中输入以下命令.

```
>>syms x
>>dy10=diff(log(1+x),10)
```

按 Enter 键，即可得如下结果.

```
dy10=
-362880/(x+1)^10
```

即

$$\left[\ln(1+x)\right]^{(10)} = -\frac{362\,880}{(1+x)^{10}}.$$

6.3 用 MATLAB 绘制二维图形

强大的绘图功能是 MATLAB 的特点之一，MATLAB 提供了一系列的绘图函数，用户不需要过多考虑绘图的细节，只需要给出一些基本参数就能得到所需图形. 本节只介绍二维图形的绘制方法.

对于符号函数, MATLAB 提供了一个专门的绘图命令函数——ezplot. 利用这个命令可以很容易地将一个符号函数图形化.

ezplot 的主要调用格式如下.

```
ezplot(f,[a,b])
```

功能: 画出函数 f 在区间 $[a,b]$ 上的函数图形, 默认区间为 $(-2\pi, 2\pi)$. 使用该命令函数可以画出隐函数图形, 即形如 $f(x,y)=0$ 这种不能写成像 $y=f(x)$ 这种函数的图形.

■例 6.5　画出函数 $y=xe^{-x^2}$ 的图形.

解　在命令行窗口中输入以下命令.

```
>> ezplot('y=x*exp(-x^2)')
>> grid on
>> axis equal
```

按 Enter 键, 即可得图 6.1 所示结果.

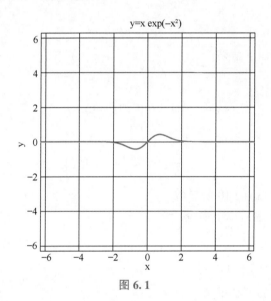

图 6.1

注　(1) grid on 命令的功能是显示轴网格线;

(2) axis equal 命令的功能是将横轴、纵轴的定标系数设成相同值, 即单位长度相同.

6.4　用 MATLAB 求定积分

定积分在工程中用得较多. 在实际应用中, 有些函数的不定积分可能不存在, 但仍然需要求它在特定区间上的定积分. 在 MATLAB 中, 我们可以利用命令函数 int 求解定积分. 其一般调用格式如下.

```
int(f,x,a,b)
```

功能: 求函数 f 关于 x 在区间 $[a,b]$ 上的定积分.

■**例 6.6**　计算 $\displaystyle\int_0^{\frac{\pi}{2}} \sqrt{\sin^3 x - \sin^5 x}\, dx$.

解　在命令行窗口中输入以下命令.

```
>>syms x
>>f=((sin(x))^3-(sin(x))^5)^(1/2);
>>int(f,0,pi/2)
```

按 Enter 键，即可得如下结果.

```
ans =
2/5
```

即

$$\int_0^{\frac{\pi}{2}} \sqrt{\sin^3 x - \sin^5 x}\, dx = \frac{2}{5}.$$

注　当积分变量为 x 时，可缺省.

■**例 6.7**　计算 $\displaystyle\int_1^{+\infty} \frac{1}{x}\, dx$.

解　在命令行窗口中输入以下命令.

```
>>syms x
>>f=1/x;
>>int(f,1,inf)
```

按 Enter 键，即可得如下结果.

```
ans =
Inf
```

故反常积分 $\displaystyle\int_1^{+\infty} \frac{1}{x}\, dx$ 发散.

7

无穷级数

无穷级数是序列的一种特殊形式，它是研究函数的性质以及进行数值计算的一个重要工具. 本章首先介绍常数项级数的概念、性质以及敛散性的一些判别法，然后介绍函数项级数及如何将函数展开成幂级数. 本章主要包括以下基本内容.

本章包含 7.1 常数项级数的概念及其基本性质、7.2 正项级数及其审敛法、7.3 绝对收敛与条件收敛、7.4 幂级数、7.5 函数展开成幂级数共 5 节内容. 考虑到同学们不同的学习需求，详细内容以二维码形式提供，学有余力的同学可以扫码学习.

初等数学常用公式

一、代数

1. 绝对值

$$|a| = \begin{cases} a, & a>0, \\ 0, & a=0, \\ -a, & a<0. \end{cases}$$

2. 指数

$(1)\, a^m \cdot a^n = a^{m+n}.$ $\qquad$ $(2)\, \dfrac{a^m}{a^n} = a^{m-n}.$ $\qquad$ $(3)\, (a^m)^n = a^{mn}.$

$(4)\, (ab)^n = a^n b^n.$ $\qquad$ $(5)\, a^{-n} = \dfrac{1}{a^n}\,(a \neq 0).$ $\qquad$ $(6)\, a^{\frac{m}{n}} = \sqrt[n]{a^m}\,(a \geqslant 0).$

3. 对数

设 $a>0, a \neq 1$.

$(1)\, \log_a xy = \log_a x + \log_a y.$ $\qquad\qquad$ $(2)\, \log_a \dfrac{x}{y} = \log_a x - \log_a y.$

$(3)\, \log_a x^b = b\log_a x.$ $\qquad\qquad\qquad$ $(4)\, \log_a x = \dfrac{\log_m x}{\log_m a}.$

$(5)\, a^{\log_a x} = x, \quad \log_a 1 = 0, \quad \log_a a = 1.$

4. 排列组合

$(1)\, A_n^m = n(n-1)\cdots[n-(m-1)] = \dfrac{n!}{(n-m)!}\,(约定\ 0! = 1).$

$(2)\, C_n^m = \dfrac{A_n^m}{m!} = \dfrac{n!}{m!\,(n-m)!}.$

$(3)\, C_n^m = C_n^{n-m}.$

$(4)\, C_n^m + C_n^{m-1} = C_{n+1}^m.$

$(5)\, C_n^0 + C_n^1 + C_n^2 + \cdots + C_n^n = 2^n.$

5. 二项式定理

$(a+b)^n = C_n^0 a^n + C_n^1 a^{n-1} b + C_n^2 a^{n-2} b^2 + \cdots + C_n^k a^{n-k} b^k + \cdots + C_n^{n-1} ab^{n-1} + C_n^n b^n.$

6. 因式分解

(1) $a^2-b^2=(a+b)(a-b)$.

(2) $a^3+b^3=(a+b)(a^2-ab+b^2)$; $a^3-b^3=(a-b)(a^2+ab+b^2)$.

(3) $a^n-b^n=(a-b)(a^{n-1}+a^{n-2}b+\cdots+ab^{n-2}+b^{n-1})$.

7. 数列的和

(1) $a+aq+aq^2+\cdots+aq^{n-1}=\dfrac{a(1-q^n)}{1-q}$, $|q|\neq1$.

(2) $a_1+(a_1+d)+(a_1+2d)+\cdots+[a_1+(n-1)d]=na_1+\dfrac{n(n-1)d}{2}$.

(3) $1+2+3+\cdots+n=\dfrac{n(n+1)}{2}$.

(4) $1^2+2^2+3^2+\cdots+n^2=\dfrac{1}{6}n(n+1)(2n+1)$.

(5) $1^3+2^3+3^3+\cdots+n^3=\left[\dfrac{n(n+1)}{2}\right]^2$.

二、三角函数

1. 度与弧度

$1°=\dfrac{\pi}{180}$弧度$\approx0.017\,453$弧度，1弧度$=\left(\dfrac{180}{\pi}\right)°\approx57°17'44.8''$

2. 平方关系

$\sin^2x+\cos^2x=1$, $\tan^2x+1=\sec^2x$, $\cot^2x+1=\csc^2x$.

3. 两角的和差公式

$\sin(x\pm y)=\sin x\cos y\pm\cos x\sin y$.

$\cos(x\pm y)=\cos x\cos y\mp\sin x\sin y$.

$\tan(x\pm y)=\dfrac{\tan x\pm\tan y}{1\mp\tan x\tan y}$.

4. 和差化积公式

$\sin x+\sin y=2\sin\dfrac{x+y}{2}\cos\dfrac{x-y}{2}$.

$\sin x-\sin y=2\cos\dfrac{x+y}{2}\sin\dfrac{x-y}{2}$.

$\cos x+\cos y=2\cos\dfrac{x+y}{2}\cos\dfrac{x-y}{2}$.

$\cos x-\cos y=-2\sin\dfrac{x+y}{2}\sin\dfrac{x-y}{2}$.

5. 积化和差公式

$\sin x\cos y=\dfrac{1}{2}[\sin(x+y)+\sin(x-y)]$.

$$\cos x \sin y = \frac{1}{2} \left[\sin(x+y) - \sin(x-y) \right].$$

$$\cos x \cos y = \frac{1}{2} \left[\cos(x+y) + \cos(x-y) \right].$$

$$\sin x \sin y = -\frac{1}{2} \left[\cos(x+y) - \cos(x-y) \right].$$

6. 倍角公式和半角公式

$$\sin 2x = 2\sin x \cos x.$$

$$\cos 2x = \cos^2 x - \sin^2 x = 2\cos^2 x - 1 = 1 - 2\sin^2 x.$$

$$\cos^2 x \frac{x}{2} = \frac{1+\cos x}{2}. \quad \sin^2 \frac{x}{2} = \frac{1-\cos x}{2}.$$

$$\tan 2x = \frac{2\tan x}{1-\tan^2 x}. \quad \tan \frac{x}{2} = \frac{1-\cos x}{\sin x} = \frac{\sin x}{1+\cos x}.$$

7. 万能公式

$$\sin x = \frac{2\tan \frac{x}{2}}{1+\tan^2 \frac{x}{2}} \cos x = \frac{1-\tan^2 \frac{x}{2}}{1+\tan^2 \frac{x}{2}} \tan x = \frac{2\tan \frac{x}{2}}{1-\tan^2 \frac{x}{2}}.$$

8. 三角形边角关系

（1）正弦定理

$$\frac{a}{\sin A} = \frac{b}{\sin B} = \frac{c}{\sin C}.$$

（2）余弦定理

$$a^2 = b^2 + c^2 - 2bc\cos A, \quad b^2 = a^2 + c^2 - 2ac\cos B, \quad c^2 = a^2 + b^2 - 2ab\cos C.$$

三、几何

1. 常用的面积和体积公式

① 三角形面积 $S = \frac{1}{2}ab\sin C = \frac{1}{2}ac\sin B = \frac{1}{2}bc\sin A$.

② 梯形面积 $S = \frac{1}{2}(a+b)h$，其中 a,b 为上下底，h 为梯形的高.

③ 圆周长 $l = 2\pi r$，圆弧长 $l = \theta r$，其中 r 为圆半径，θ 为圆心角. 圆面积 $S = \pi r^2$，扇形面积 $S = \frac{1}{2}lr = \frac{1}{2}r^2\theta$，其中 r 为圆半径，θ 为圆心角，l 为圆弧长.

④ 圆柱体体积 $V = \pi r^2 h$，侧面积 $S = 2\pi rh$，全面积 $S = 2\pi r(h+r)$，其中 r 为圆柱底面半径，h 为圆柱的高.

⑤ 圆锥体体积 $V = \frac{1}{3}\pi r^2 h$，侧面积 $S = \pi rl$，其中 r 为圆锥的底面半径，l 为母线的长.

⑥ 球体积 $V = \frac{4}{3}\pi r^3$，表面积 $S = 4\pi r^2$，其中 r 为球的半径.

2. 平面解析几何

（1）距离与斜率

① 两点 $P_1(x_1,y_1)$ 与 $P_2(x_2,y_2)$ 之间的距离 $d=\sqrt{(x_2-x_1)^2+(y_2-y_1)^2}$.

② 线段 P_1P_2 的斜率 $k=\dfrac{y_2-y_1}{x_2-x_1}$.

（2）直线的方程

① 点斜式：$y-y_1=k(x-x_1)$.

② 斜截式：$y=kx+b$.

③ 两点式：$\dfrac{y-y_1}{y_2-y_1}=\dfrac{x-x_1}{x_2-x_1}$.

④ 截距式：$\dfrac{x}{a}+\dfrac{y}{b}=1$.

⑤ 一般式：$Ax+By+C=0$，其中 A,B 不同时为零.

（3）两直线的夹角

设两直线的斜率分别为 k_1 和 k_2，夹角为 θ，则 $\tan\theta=\left|\dfrac{k_1-k_2}{1+k_1k_2}\right|$.

（4）点到直线的距离

点 $P_1(x_1,y_1)$ 到直线 $Ax+By+C=0$ 的距离 $d=\dfrac{|Ax_1+By_1+C|}{\sqrt{A^2+B^2}}$.

（5）二次曲线

圆：方程为 $(x-a)^2+(y-b)^2=r^2$，圆心为 (a,b)，半径为 r.

抛物线：① 方程为 $y^2=2px$ 时，焦点为 $\left(\dfrac{p}{2},0\right)$，准线为 $x=-\dfrac{p}{2}$；

② 方程为 $x^2=2py$ 时，焦点为 $\left(0,\dfrac{p}{2}\right)$，准线为 $y=-\dfrac{p}{2}$；

③ 方程为 $y=ax^2+bx+c$ 时，顶点为 $\left(-\dfrac{b}{2a},\dfrac{4ac-b^2}{4a}\right)$，对称轴为 $x=-\dfrac{b}{2a}$.

椭圆：方程为 $\dfrac{x^2}{a^2}+\dfrac{y^2}{b^2}=1(a>0,b>0)$.

双曲线：方程为 $\dfrac{x^2}{a^2}-\dfrac{y^2}{b^2}=1$ 或 $\dfrac{y^2}{a^2}-\dfrac{x^2}{b^2}=1(a>0,b>0)$.

导数的基本公式

1. $(C)' = 0.$

2. $(x^\mu)' = \mu x^{\mu-1}.$

3. $(a^x)' = a^x \ln a \, (a>0, a\neq 1).$

4. $(e^x)' = e^x.$

5. $(\log_a x)' = \dfrac{1}{x \ln a} \, (a>0, a\neq 1).$

6. $(\ln x)' = \dfrac{1}{x}.$

7. $(\sin x)' = \cos x.$

8. $(\cos x)' = -\sin x.$

9. $(\tan x)' = \sec^2 x.$

10. $(\cot x)' = -\csc^2 x.$

11. $(\sec x)' = \sec x \tan x.$

12. $(\csc x)' = -\csc x \cot x.$

13. $(\arcsin x)' = \dfrac{1}{\sqrt{1-x^2}}.$

14. $(\arccos x)' = -\dfrac{1}{\sqrt{1-x^2}}.$

15. $(\arctan x)' = \dfrac{1}{1+x^2}.$

16. $(\operatorname{arccot} x)' = -\dfrac{1}{1+x^2}.$

不定积分基本公式

1. $\int 0\mathrm{d}x = C.$

2. $\int x^n\mathrm{d}x = \dfrac{1}{n+1}x^{n+1}+C\,(n\neq-1).$

3. $\int \dfrac{1}{x}\mathrm{d}x = \ln|x|+C.$

4. $\int a^x\mathrm{d}x = \dfrac{1}{\ln a}a^x+C.$

5. $\int e^x\mathrm{d}x = e^x+C.$

6. $\int \cos x\mathrm{d}x = \sin x+C.$

7. $\int \sin x\mathrm{d}x = -\cos x+C.$

8. $\int \sec^2 x\mathrm{d}x = \tan x+C.$

9. $\int \csc^2 x\mathrm{d}x = -\cot x+C.$

10. $\int \tan x\sec x\mathrm{d}x = \sec x+C\,;.$

11. $\int \cot x\csc x\mathrm{d}x = -\csc x+C.$

12. $\int \dfrac{1}{1+x^2}\mathrm{d}x = \arctan x+C.$

13. $\int \dfrac{1}{\sqrt{1-x^2}}\mathrm{d}x = \arcsin x+C.$

14. $\int \tan x\mathrm{d}x = -\ln|\cos x|+C.$

15. $\int \cot x\mathrm{d}x = \ln|\sin x|+C.$

16. $\int \sec x\mathrm{d}x = \ln|\tan x+\sec x|+C.$

17. $\int \csc x\mathrm{d}x = \ln|\cot x-\csc x|+C.$

18. $\int \dfrac{1}{a^2+x^2}\mathrm{d}x = \dfrac{1}{a}\arctan\dfrac{x}{a}+C.$

19. $\int \dfrac{1}{x^2-a^2}\mathrm{d}x = \dfrac{1}{2a}\ln\left|\dfrac{x-a}{x+a}\right|+C.$

简易积分表

一、含有 $a+bx$（$b\neq 0$）的积分

1. $\displaystyle\int \frac{\mathrm{d}x}{a+bx}=\frac{1}{b}\ln|a+bx|+C.$

2. $\displaystyle\int (a+bx)^{u}\mathrm{d}x=\frac{1}{b(u+1)}(a+bx)^{u+1}+C(u\neq -1).$

3. $\displaystyle\int \frac{x}{a+bx}\mathrm{d}x=\frac{1}{b^{2}}(a+bx-a\ln|a+bx|)+C.$

二、含有 $\sqrt{a+bx}$（$b\neq 0$）的积分

4. $\displaystyle\int \sqrt{a+bx}\,\mathrm{d}x=\frac{2}{3b}\sqrt{(a+bx)^{3}}+C.$

5. $\displaystyle\int x\sqrt{a+bx}\,\mathrm{d}x=\frac{2}{15b^{2}}(3bx-2a)\sqrt{(a+bx)^{3}}+C.$

6. $\displaystyle\int x^{2}\sqrt{a+bx}\,\mathrm{d}x=\frac{2}{105b^{3}}(8a^{2}-12abx+15b^{2}x^{2})\sqrt{(a+bx)^{3}}+C.$

7. $\displaystyle\int \frac{x}{\sqrt{a+bx}}\mathrm{d}x=\frac{2}{3b^{2}}(bx-2a)\sqrt{a+bx}+C.$

三、含有 $x^{2}\pm a^{2}$（$a\neq 0$）的积分

8. $\displaystyle\int \frac{\mathrm{d}x}{x^{2}+a^{2}}=\frac{1}{a}\arctan\frac{x}{a}+C.$

9. $\displaystyle\int \frac{\mathrm{d}x}{(x^{2}+a^{2})^{n}}=\frac{x}{2(n-1)a^{2}(x^{2}+a^{2})^{n-1}}+\frac{2n-3}{2(n-1)a^{2}}\int \frac{\mathrm{d}x}{(x^{2}+a^{2})^{n-1}}.$

10. $\displaystyle\int \frac{\mathrm{d}x}{x^{2}-a^{2}}=\frac{1}{2a}\ln\left|\frac{x-a}{x+a}\right|+C.$

四、含有 $\sqrt{x^{2}+a^{2}}$（$a>0$）的积分

11. $\displaystyle\int \sqrt{x^{2}+a^{2}}\,\mathrm{d}x=\frac{x}{2}\sqrt{x^{2}+a^{2}}+\frac{a^{2}}{2}\ln(x+\sqrt{x^{2}+a^{2}})+C.$

12. $\int \sqrt{(x^2+a^2)^3}\,dx = \dfrac{x}{8}(2x^2+5a^2)\sqrt{x^2+a^2}+\dfrac{3}{8}a^4\ln(x+\sqrt{x^2+a^2})+C.$

13. $\int x\sqrt{x^2+a^2}\,dx = \dfrac{1}{3}\sqrt{(x^2+a^2)^3}+C.$

五、含有 $\sqrt{x^2-a^2}$（$a>0$）的积分

14. $\int \sqrt{x^2-a^2}\,dx = \dfrac{x}{2}\sqrt{x^2-a^2}-\dfrac{a^2}{2}\ln(x+\sqrt{x^2+a^2})+C.$

15. $\int \sqrt{(x^2-a^2)^3}\,dx = \dfrac{x}{8}(2x^2-5a^2)\sqrt{x^2-a^2}+\dfrac{3}{8}a^4\ln\left|x+\sqrt{x^2-a^2}\right|+C.$

16. $\int x\sqrt{x^2-a^2}\,dx = \dfrac{1}{3}\sqrt{(x^2-a^2)^3}+C.$

六、含有 $\sqrt{a^2-x^2}$（$a>0$）的积分

17. $\int \sqrt{a^2-x^2}\,dx = \dfrac{x}{2}\sqrt{a^2-x^2}+\dfrac{a^2}{2}\arcsin\dfrac{x}{a}+C.$

18. $\int \sqrt{(a^2-x^2)^3}\,dx = \dfrac{x}{8}(5a^2-2x^2)\sqrt{a^2-x^2}+\dfrac{3}{8}a^4\arcsin\dfrac{x}{a}+C.$

19. $\int x\sqrt{a^2-x^2}\,dx = -\dfrac{1}{3}\sqrt{(a^2-x^2)^3}+C.$

七、含有三角函数的积分（$ab\neq0$）

20. $\int \sin x\,dx = -\cos x+C.$

21. $\int \cos x\,dx = \sin x+C.$

22. $\int \tan x\,dx = -\ln|\cos x|+C.$

23. $\int \cot x\,dx = \ln|\sin x|+C.$

24. $\int \sec x\,dx = \ln|\sec x+\tan x|+C = \ln\left|\tan\left(\dfrac{\pi}{4}+\dfrac{x}{2}\right)\right|+C.$

25. $\int \csc x\,dx = \ln|\csc x-\cot x|+C = \ln\left|\tan\dfrac{x}{2}\right|+C.$

26. $\int \sec^2 x\,dx = \tan x+C.$

27. $\int \csc^2 x\,dx = -\cot x+C.$

28. $\int \sec x\tan x\,dx = \sec x+C.$

29. $\displaystyle\int \csc x \cot x \mathrm{d}x = -\csc x + C.$

30. $\displaystyle\int \sin^2 x \mathrm{d}x = \frac{x}{2} - \frac{1}{4}\sin 2x + C.$

31. $\displaystyle\int \cos^2 x \mathrm{d}x = \frac{x}{2} + \frac{1}{4}\sin 2x + C.$

八、定积分

32. $\displaystyle\int_{-\pi}^{\pi} \cos nx \mathrm{d}x = \int_{-\pi}^{\pi} \sin nx \mathrm{d}x = 0.$

33. $\displaystyle\int_{-\pi}^{\pi} \cos mx \sin nx \mathrm{d}x = 0.$

34. $\displaystyle\int_{-\pi}^{\pi} \cos mx \cos nx \mathrm{d}x = \begin{cases} 0, & m \neq n, \\ \pi, & m = n. \end{cases}$

35. $\displaystyle\int_{-\pi}^{\pi} \sin mx \sin nx \mathrm{d}x = \begin{cases} 0, & m \neq n, \\ \pi, & m = n. \end{cases}$

36. $\displaystyle\int_{0}^{\pi} \sin mx \sin nx \mathrm{d}x = \int_{0}^{\pi} \cos mx \cos nx \mathrm{d}x = \begin{cases} 0, & m \neq n, \\ \dfrac{\pi}{2}, & m = n. \end{cases}$

37. （1）$I_n = \displaystyle\int_0^{\frac{\pi}{2}} \sin^n x \mathrm{d}x = \int_0^{\frac{\pi}{2}} \cos^n x \mathrm{d}x.$

　　（2）$I_n = \dfrac{n-1}{n} I_{n-2}.$

　　（3）$I_n = \dfrac{n-1}{n} \cdot \dfrac{n-3}{n-2} \cdot \cdots \cdot \dfrac{4}{5} \cdot \dfrac{2}{3}$（$n$ 为大于 1 的正奇数），$I_1 = 1.$

　　（4）$I_n = \dfrac{n-1}{n} \cdot \dfrac{n-3}{n-2} \cdot \cdots \cdot \dfrac{3}{4} \cdot \dfrac{1}{2} \cdot \dfrac{\pi}{2}$（$n$ 为正偶数），$I_0 = \dfrac{\pi}{2}.$

习题 1.1

1. (1) $(2-a, 2+a)$; (2) $(0,2) \cup (2,4)$; (3) $(-\infty, -5] \cup [5, +\infty)$; (4) $(a-\delta, a+\delta)$.

2. (1) 不是同一函数. 因为定义域不同, $D_f = (-\infty, +\infty)$, $D_g = (-\infty, 0) \cup (0, +\infty)$.
   (2) 是同一函数. (3) 不是同一函数. 因为定义域不同, $D_f = (-\infty, +\infty)$, $D_g = (0, +\infty)$.
   (4) 不是同一函数. 因为定义域不同, $D_f = (-\infty, -1) \cup (0, +\infty)$, $D_g = (0, +\infty)$.

3. (1) $f(4) = \sqrt{19}$, $f(1) = 2$, $f(x_0) = \sqrt{3+x_0^2}$, $f(-a) = \sqrt{3+a^2}$.
   (2) $f(1) = 5$, $f(1+h) = 5+3h$, $\dfrac{f(1+h)-f(1)}{h} = 3$.
   (3) $f(2) = 4$, $f^3(3) = 729$, $f(-1) = 1$.
   (4) $g(2) = 1$, $g(0) = 2$, $g(-0.5) = -1$, $g(0.5) = 2$.

4. $f(a) - f(0) = \begin{cases} a, & a \leq 0, \\ 2^a - 2, & a > 0. \end{cases}$

5. (1) $(-\infty, -4) \cup (-4, 1) \cup (1, +\infty)$; (2) $(-\infty, -3] \cup [3, +\infty)$; (3) $(-1, +\infty)$;
   (4) $[-2, -1) \cup (1, 2]$; (5) $[-1, 3]$; (6) $[-1, 2)$.

6. (1) 奇函数; (2) 奇函数; (3) 偶函数; (4) 非奇非偶函数; (5) 奇函数; (6) 奇函数.

7. (1) 是周期函数, $T = \pi$; (2) 是周期函数, $T = \pi$; (3) 不是周期函数;
   (4) 是周期函数, $T = 6\pi$.

8. $f\left(\dfrac{1}{x}\right) = \dfrac{2}{x^2} + 2x^2 + 5x + \dfrac{5}{x} = f(x)$.

9. $f[g(x)] = e^{2x}$, $g[f(x)] = e^{x^2}$, $f[f(x)] = x^4$, $g[g(x)] = e^{e^x}$.

10. $f\left(\dfrac{1}{x}\right) = \dfrac{x-1}{x+1}$, $\dfrac{1}{f(x)} = \dfrac{1+x}{1-x}$.

11. $f(\cos x) = 1 - \cos 2x$ (或 $2 - 2\cos^2 x$).

12. $f(x) = 2 - 2x^2 (-1 \leq x \leq 1)$.

13. (1) $y = 5u^2, u = x+2$; (2) $y = u^2, u = \sin v, v = 3x + \dfrac{\pi}{4}$; (3) $y = a^u, u = -2x$;
   (4) $y = \ln u, u = \sin v, v = \dfrac{x}{2}$; (5) $y = e^u, u = v^2, v = x+1$; (6) $y = u^3, u = \cos v, v = 2x+1$;
   (7) $y = \log_a u, u = \sin v, v = e^w, w = -x+1$; (8) $y = \sqrt{u}, u = \ln v, v = \tan x$.

14. (1) $y = \arcsin(1-x^2)$, $x \in [-\sqrt{2}, \sqrt{2}]$;
   (2) $y = \tan^2 x$, $x \neq k\pi + \dfrac{\pi}{2}, k \in \mathbf{Z}$;
   (3) $y = \sqrt{\sin 2x}$, $x \in \left[k\pi, k\pi + \dfrac{\pi}{2}\right]$, $k \in \mathbf{Z}$.

15. $\left[\dfrac{2}{\alpha}, \dfrac{1}{\alpha}\right]$.

16. $(1, e)$.

习题 1.2

1. (1) $2, \dfrac{3}{2}, \dfrac{4}{3}$; (2) $2, \dfrac{9}{4}, \dfrac{64}{27}$; (3) $0, 2, 0$; (4) $0, 2, \dfrac{3\sqrt{3}}{2}$.

2. (1) 1; (2) 1; (3) 0; (4) 2; (5) 不存在; (6) 不存在;
(7) 1; (8) 0; (9) 0; (10) 不存在.

3. $\dfrac{1}{2}, \dfrac{1}{2^2}, \dfrac{1}{2^3}, \cdots, \dfrac{1}{2^n}, \cdots$; $\lim\limits_{n\to\infty}\dfrac{1}{2^n}=0$.

4. $f(x)$ 在 $x\to 0$ 时有极限, 极限为 1; $\varphi(x)$ 在 $x\to 0$ 时没有极限.

5. (1) 0; (2) 0; (3) 不存在.

习题 1.3

1. (1) ×; (2) ×; (3) ×; (4) ×.

2. (1) $\dfrac{3}{4}$; (2) 0; (3) $\dfrac{1}{2}$; (4) $\dfrac{1}{2}$; (5) 1; (6) $\dfrac{1-b}{1-a}$; (7) 1; (8) $\dfrac{1}{2}$.

3. (1) -6; (2) 2; (3) 0; (4) $\dfrac{1}{2}$; (5) $2x$; (6) 2; (7) $\dfrac{1}{2}$; (8) 2; (9) $\dfrac{108}{15\,625}$;
(10) 0; (11) 0; (12) $\dfrac{1}{2}$; (13) $\dfrac{1}{4}$; (14) $\dfrac{m}{n}$.

4. $a=-3$, $b=2$.

习题 1.4

1. (1) 3; (2) $\dfrac{1}{2}$; (3) $\dfrac{m}{n}$; (4) 5; (5) $\dfrac{1}{3}$; (6) 1; (7) 1; (8) 1; (9) $\dfrac{1}{2}$; (10) $\sqrt{2}$.

2. (1) e; (2) e^3; (3) e^{-kt}; (4) $\dfrac{1}{e}$; (5) 1; (6) e^2; (7) e^5; (8) e; (9) e^{-6}; (10) e.

3. $c=\ln 2$.

习题 1.5

1. (1) 无穷大; (2) 无穷小; (3) 无穷小; (4) 无穷小; (5) 无穷大; (6) 无穷小.

2. (1) 当 $x\to-1$ 时, 是无穷小; 当 $x\to 1$ 时, 是无穷大.
(2) 当 $x\to-2$ 时, 是无穷小; 当 $x\to 0$ 时, 是无穷大.
(3) 当 $x\to 1$ 时, 是无穷小; 当 $x\to-1$ 时, 是无穷大.

3. C.

4. (1) 同阶无穷小; (2) 同阶无穷小; (3) 等价无穷小; (4) 高阶无穷小;
(5) 等价无穷小; (6) 高阶无穷小.

5. (1) 0; (2) 0; (3) 0; (4) 4; (5) $\dfrac{1}{2}$; (6) $\dfrac{1}{3}$; (7) 1.

6. $k=\dfrac{1}{3}$.

习题 1.6

1. 1.

2. 必要.

3. 1.

4. (1) $x=-2$, 第二类间断点(无穷间断点).

(2)$x=1$，可去间断点；$x=2$，第二类间断点(无穷间断点)．

(3)$x=1$，可去间断点．

(4)$x=1$，跳跃间断点．

(5)$x=0$，可去间断点．

5. (1)$f(0)=1$；(2)$f(0)=0$；(3)$f(0)=mk$．

6. $k=1$．

7. $k=2$．

8. (1)e^{-1}；(2)1；(3)1；(4)$\dfrac{1}{2}$．

9. 提示：使用零点定理证明．

10. 提示：使用零点定理证明．

复习题一

基础题型

一、**1.** ×；**2.** √；**3.** ×；**4.** ×；**5.** ×；**6.** ×；**7.** ×；**8.** √．

二、**1.** C；**2.** C；**3.** C；**4.** C；**5.** B；**6.** C；**7.** C；**8.** C；**9.** B；**10.** B．

三、**1.** $\dfrac{\sqrt{3}}{18}$；**2.** e^2；**3.** 2；**4.** e^{-1}；**5.** 2；**6.** $(0,1]$；**7.** $x=4$．

四、**1.** $\dfrac{1}{3}$；**2.** $\dfrac{1}{2}$；**3.** 1；**4.** 0；**5.** 1；**6.** $\dfrac{\sqrt{\pi^2+16}}{4}$；**7.** $\dfrac{1}{\sqrt{\mathrm{e}}}$．

五、**1.** $f\left(-\dfrac{1}{x}\right)=\dfrac{1+x}{1-x}+\left|\dfrac{1}{x}+5\right|$；**2.** $a=-2$，$b=0$．

六、提示：使用零点定理证明．

拓展题型

1. A．　**2.** D．　**3.** B．　**4.** D．　**5.** $x^3+\dfrac{2x^2+1}{x+1}-5$．　**6.** $\dfrac{1}{4}$．

7. $x=0$，$x=1$．　**8.** 5．　**9.** 1．　**10.** $c=2$．

11. 提示：使用零点定理证明．

习题2.1

1. (1)成立；(2)不成立；(3)成立；(4)成立．

2. B．

3. (1)不一定；(2)x轴；(3)y轴；(4)不存在．

4. (1)$5x^4$；(2)$\dfrac{2}{3}x^{-\frac{1}{3}}$；(3)$\dfrac{3}{4}x^{-\frac{1}{4}}$；(4)$-4x^{-5}$．

5. 6m/s．

6. (1)$3x-2y-1=0$，$2x+3y-5=0$；(2)$x-y-1=0$，$x+y-1=0$；

(3)$x\cos1-y+\sin1-\cos1=0$，$y\cos1+x-\sin1\cos1-1=0$；

(4)$x-y\ln5-1=0$，$x\ln5+y-\ln5=0$．

7. 提示：根据导数定义并结合三角函数的和差化积公式证明．

8. -1，0．

9. (1)连续，不可导；(2)连续且可导．

10. $a=2$，$b=-1$．

11. -2．

12. -2.

13. 提示：根据函数在一点处连续的定义及函数在一点处导数的定义进行证明.

习题 2.2

1. （1）$(a+b)x^{a+b-1}$；（2）$\dfrac{1}{\sqrt{x}}+\dfrac{1}{x^2}$；（3）$6x^5-8x^3-8x$；（4）$\dfrac{a}{a+b}$；（5）$-\dfrac{1}{2}x^{-\frac{3}{2}}(x+1)$；

（6）$\dfrac{4x}{(x^2+1)^2}$；（7）$-\dfrac{t^2+1}{(t^2-1)^2}$；（8）$\dfrac{-2v}{\sqrt{\pi}}$；（9）$3-\dfrac{4}{(2-x)^2}$；（10）$2x-a-b$；

（11）$\dfrac{\sqrt{2}}{2}x^{-\frac{1}{2}}(3x+1)$；（12）$ab\left[x^{b-1}+x^{a-1}+(a+b)x^{a+b-1}\right]$.

2. （1）$\dfrac{1}{\sqrt{x}}(\ln x+2)$；（2）$\dfrac{1}{2x\ln a}$；（3）$x^{n-1}(n\ln x+1)$；（4）$\dfrac{-2}{x(1+\ln x)^2}$；（5）$\varphi\cos\varphi$；

（6）$\dfrac{1-\cos\varphi-\varphi\sin\varphi}{(1-\cos\varphi)^2}$；（7）$(1-x)\sec^2x-\tan x$；（8）$\sin x\cdot\ln x+x\cos x\cdot\ln x+\sin x$.

3. （1）$-1-6\pi$，$6\pi-1$；（2）$\dfrac{x+\sin x}{1+\cos x}$，$\dfrac{2\pi+3\sqrt{3}}{9}$.

4. $27\mathrm{m/s}$.

5. $1+8x-0.6x^2$.

习题 2.3

1. （1）$7(1-x+x^3)^6(3x^2-1)$；（2）$5\sin(2-5x)$；（3）$2x\cos x^2$；（4）$3\tan^2x\sec^2x$；（5）$\dfrac{2t}{1+t^2}$；

（6）$\dfrac{2}{1-t^2}$；（7）$\dfrac{2\arcsin x}{\sqrt{1-x^2}}$；（8）$\dfrac{2^x\ln2}{1+4^x}$；（9）$\cos x\cdot\mathrm{e}^{\sin x}$；（10）$\dfrac{-x}{\sqrt{2\pi}}\mathrm{e}^{-\frac{x^2}{2}}$；（11）$\dfrac{-x}{\sqrt{b^2-x^2}}$；

（12）$-\dfrac{1}{2\sqrt{x-x^2}}$.

2. （1）$2t\cot t^2$；（2）$\dfrac{9\ln^2(x^3)}{x}$；（3）$\dfrac{1}{(x-x^2)\ln5}$；（4）$n\sin^{n-1}x\cos(n+1)x$；

（5）$\dfrac{1}{2x}\left(1+\dfrac{1}{\sqrt{\ln x}}\right)$；（6）$2ax^{2a-1}+2a^{2x}\ln a$；（7）$\mathrm{e}^{-x}(4x-x^2-7)$；（8）$\arcsin\dfrac{x}{2}$.

3. （1）$\mathrm{e}^xf'(\mathrm{e}^x)$；（2）$\sin2x[f'(\sin^2x)-f'(\cos^2x)]$.

4. $5x^4$，$5(x-3)^4$.

习题 2.4

1. （1）$-\dfrac{x}{y}$；（2）$\dfrac{2y}{2y-1}$；（3）$\dfrac{\mathrm{e}^x-y}{\mathrm{e}^y+x}$；（4）$\dfrac{\mathrm{e}^y}{1-x\mathrm{e}^y}$；（5）$\dfrac{2x}{x^2+y-1}$；

（6）$-\dfrac{y\sin(xy)}{x\sin(xy)+1}$；（7）$\dfrac{y\cos x+\sin(x-y)}{\sin(x-y)-\sin x}$；（8）$\dfrac{\mathrm{e}^{x+y}-y}{x-\mathrm{e}^{x+y}}$.

2. （1）-2；（2）1.

3. $\sqrt{3}x\pm4y-8\sqrt{3}=0$.

4. $\dfrac{x+y}{x-y}$.

5. （1）$x^{\sin x}\left(\cos x\cdot\ln x+\dfrac{\sin x}{x}\right)$；（2）$\dfrac{xy\ln y-y^2}{xy\ln x-x^2}$；

$(3)\dfrac{\sqrt{x+2}\,(3-x)}{(2x+1)^5}\left[\dfrac{1}{2(x+2)}-\dfrac{1}{3-x}-\dfrac{10}{2x+1}\right]$;

$(4)\sqrt[3]{\dfrac{x(x^2+1)}{(x^2-1)^2}}\left[\dfrac{1}{3}\left(\dfrac{1}{x}+\dfrac{2x}{x^2+1}-\dfrac{4x}{x^2-1}\right)+2x\cot x^2\right]\sin x^2$.

6. $\left[f(x)\right]^{g(x)}\left[g'(x)\ln f(x)+\dfrac{g(x)f'(x)}{f(x)}\right]$.

习题 2.5

1. $(1)\dfrac{\sin t+\cos t}{\cos t-\sin t}$; $\quad(2)\dfrac{\cos\theta-\theta\sin\theta}{1-\sin\theta-\theta\cos\theta}$.

2. $(1)2xe^{x^2}(2x^2+3)$; $\quad(2)\dfrac{(x^2-2x+2)e^x}{x^3}$; $\quad(3)\dfrac{2(1-x^2)}{(1+x^2)^2}$; $\quad(4)\dfrac{1}{x}$;

$(5)2\sec^2 x\tan x$; $\quad(6)\dfrac{-a^2}{\sqrt{(a^2-x^2)^3}}$; $\quad(7)2\arctan x+\dfrac{2x}{1+x^2}$; $\quad(8)-x(1+x^2)^{-\frac{3}{2}}$.

3. $(1)(n+x)e^x$; $\quad(2)a^x\ln^n a$; $\quad(3)(-1)^{n-1}(n-1)!(1+x)^{-n}$; $\quad(4)\cos\left(x+\dfrac{n}{2}\pi\right)$;

$(5)(-1)^n 2\cdot n!(1+x)^{-n-1}$; $\quad(6)a_0 n!$.

4. $(1)4+e^{-1}$; $\quad(2)1$.

习题 2.6

1. $(1)B$. $\quad(2)C$. $\quad(3)D$.

2. $\Delta y\approx 2.693\,45$; $\quad\mathrm{d}y=2.45$.

3. $(1)\left(\dfrac{1}{\sqrt{x}}-\dfrac{1}{x^2}\right)\mathrm{d}x$; $\quad(2)(\sin 2x+2x\cos 2x)\mathrm{d}x$; $\quad(3)\dfrac{1}{(x^2+1)^{\frac{3}{2}}}\mathrm{d}x$; $\quad(4)\dfrac{2\ln(1-x)}{x-1}\mathrm{d}x$;

$(5)2x(1+x)e^{2x}\mathrm{d}x$; $\quad(6)e^{-x}\left[\sin(3-x)-\cos(3-x)\right]\mathrm{d}x$; $\quad(7)-\dfrac{1}{\sqrt{1-x^2}}\mathrm{d}x$; $\quad(8)\dfrac{x+y}{x-y}\mathrm{d}x$.

4. $(1)x^2+C$; $\quad(2)\arctan x+C$; $\quad(3)2\sqrt{x}+C$; $\quad(4)-e^{-x}+C$; $\quad(5)-\dfrac{1}{x}+C$; $\quad(6)-\dfrac{1}{3}\cos 3x+C$.

***5.** $2\pi R_0 h$.

复习题二

基础题型

一、1. ×; 2. √; 3. ×; 4. ×; 5. ×; 6. ×; 7. ×; 8. ×; 9. √; 10. √.

二、1. A; 2. D; 3. D; 4. B; 5. A; 6. B; 7. C; 8. D; 9. B.

三、1. $-f'(x_0)$; 2. $(1,1)$, $(-1,-1)$; 3. ∞; 4. -6; 5. $(0,1)$;

6. 0; 7. 0; 8. $f'(x_0)$; 9. $-\sqrt{1-x^2}+C$; 10. $y=1-x$.

四、1. $\cos x\cdot\log_2 x+\dfrac{\sin x}{x\ln 2}$; 2. $\dfrac{2^{\sqrt{x}-1}\ln 2\cdot\cos 2^{\sqrt{x}}}{\sqrt{x}}$; 3. $\dfrac{1}{x\ln x\cdot\ln\ln x}$; 4. $\dfrac{1}{4x\sqrt{\ln x+\ln x\sqrt{\ln x}}}$;

5. $\dfrac{\cos(x+y)}{1-\cos(x+y)}$; 6. $\dfrac{y^2-e^x}{\cos y-2xy}$; 7. $-\ln\pi$; 8. $\dfrac{2\ln x-3}{x^3}$; 9. $\tan x(2\sec^2 x-1)\mathrm{d}x$;

10. $2e^{x^2}\cos^3 x(x\cos x-2\sin x)\mathrm{d}x$.

五、1. 0; 2. $a=b$; 3. $9x-y-22=0$ 和 $9x-y+10=0$; 4. $\dfrac{1}{2}$.

拓展题型

1. D. 　**2.** B. 　**3.** C. 　**4.** C. 　**5.** $y=x$. 　**6.** 充分. 　**7.** -1.

8. $-\cos x \cdot \sin(\sin x)\,\mathrm{d}x$. 　**9.** $y=4x-4$，$x+4y-18=0$.

10. $y'=\mathrm{e}^{2x}(2\sin 3x+3\cos 3x)$，$y''=\mathrm{e}^{2x}(12\cos 3x-5\sin 3x)$.

习题 3.1

1. (1) 满足，$\dfrac{\pi}{2}$；(2) 满足，0.

2. (1) 满足，$\dfrac{9}{4}$；(2) 满足，$\ln(\mathrm{e}-1)$；(3) 满足，$\dfrac{5-\sqrt{43}}{3}$；(4) 满足，$\dfrac{1}{\ln 2}$.

3. C.

4. 略.

5. 提示：构造辅助函数 $F(x)=xf(x)$，利用罗尔定理证明.

6. (1) 提示：构造辅助函数 $f(x)=\ln(1+x)$. (2) 提示：构造辅助函数 $f(x)=x^{n}$.

7. (1) 提示：构造辅助函数 $f(x)=\arcsin x+\arccos x$，利用拉格朗日中值定理的推论证明.

(2) 提示：构造辅助函数 $f(x)=\arctan x-\arcsin \dfrac{x}{\sqrt{1+x^{2}}}$，利用拉格朗日中值定理的推论证明.

习题 3.2

1. (1) 1；(2) $\dfrac{a}{b}$；(3) 1；(4) 1；(5) 1；(6) -1；(7) $-\dfrac{1}{8}$；(8) 0；(9) 0；(10) $\dfrac{1}{3}$.

2. (1) $\dfrac{1}{2}$；(2) 0；(3) 1；(4) 0；(5) e；(6) $\dfrac{1}{2}$.

3. 0.

习题 3.3

1. $f(x)=-3+8(x+1)-11(x+1)^{2}+10(x+1)^{3}-5(x+1)^{4}+(x+1)^{5}$.

2. $x\mathrm{e}^{x}=x+x^{2}+\dfrac{x^{3}}{2!}+\cdots+\dfrac{x^{n}}{(n-1)!}+o(x^{n})$.

3. $\sqrt{x}=2+\dfrac{1}{4}(x-4)-\dfrac{1}{64}(x-4)^{2}+\dfrac{1}{512}(x-4)^{3}-\dfrac{15(x-4)^{4}}{4!\ 16[4+\theta(x-4)]^{\frac{7}{2}}}\ (0<\theta<1)$.

4. $f(x)=\ln x=\ln 2+\dfrac{1}{2}(x-2)-\dfrac{1}{2^{3}}(x-2)^{2}+\dfrac{1}{3\cdot 2^{3}}(x-2)^{3}-\cdots+(-1)^{n-1}\dfrac{1}{n\cdot 2^{n}}(x-2)^{n}+o[(x-2)^{n}]$.

5. $f(x)=\tan x=x+\dfrac{1}{3}x^{3}+o(x^{3})$.

6. (1) $\dfrac{3}{2}$；(2) $\dfrac{1}{6}$；(3) $\dfrac{1}{6}$.

7. $f(0)=-1$，$f'(0)=0$，$f''(0)=\dfrac{4}{3}$.

8. $\dfrac{(-1)^{n-1}n!}{n-2}$.

习题 3.4

1. (1) 函数在 $(-\infty,-1)$ 内单调减少，在 $[-1,+\infty)$ 内单调增加.

(2)函数在$(-\infty,+\infty)$内单调减少.

(3)函数在$(-\infty,0)$内单调减少,在$[0,+\infty)$内单调增加.

(4)函数在$(-\infty,-1)$和$(0,1)$内单调减少,在$[-1,0]$和$[1,+\infty)$内单调增加.

(5)函数在$(-2,0)$和$(0,2)$内单调减少,在$(-\infty,-2]$和$[2,+\infty)$内单调增加.

(6)函数在$(-\infty,-1)$和$(0,1)$内单调增加,在$[-1,0]$和$[1,+\infty)$内单调减少.

(7)函数在$(0,100)$内单调增加,在$(100,+\infty)$内单调减少.

(8)函数在$(-\infty,-2)$和$(0,+\infty)$内单调增加,在$[-2,-1)$和$(-1,0]$内单调减少.

(9)函数在$(0,+\infty)$内单调增加,在$(-1,0]$内单调减少.

(10)函数在$\left(0,\dfrac{1}{2}\right)$内单调减少,在$\left[\dfrac{1}{2},+\infty\right)$内单调增加.

2. 提示:构造辅助函数$f(x)=x-\ln(1+x)$.

3. (1)函数在$x=0$处有极大值7,在$x=2$处有极小值3.

(2)函数在$x=-1$处有极小值0,在$x=\dfrac{1}{2}$处有极大值$\dfrac{81}{8}\sqrt[3]{18}$,在$x=5$处有极小值0.

(3)函数在$x=3$处有极小值$\dfrac{27}{4}$.

(4)函数在$x=0$处有极大值0,在$x=\dfrac{2}{5}$处有极小值$-\dfrac{3}{25}\sqrt[3]{20}$.

(5)函数在$x=2$处有极小值$-\dfrac{1}{e^2}$.

(6)函数在$x=1$处有极小值$2-4\ln2$.

(7)函数在$x=-1$处有极小值-1,在$x=1$处有极大值1.

(8)函数在$x=\dfrac{3}{4}$处有极大值$\dfrac{5}{4}$.

(9)函数在$x=\dfrac{1}{2}$处有极大值$\dfrac{3}{2}$.

(10)函数在$x=2$处有极大值3.

习题 3.5

1. (1)13,4;(2)37,3;(3)5,3;(4)$\ln5$,0;

(5)100.01,2;(6)0,$-\dfrac{2}{3}\ln3$;(7)6,0;(8)$\dfrac{1}{2}$,0.

2. 当梁的横断面的底为$\dfrac{d}{\sqrt{3}}$、高为$\sqrt{\dfrac{2}{3}}d$时,强度最大,最大强度是$\dfrac{2}{3\sqrt{3}}d^3$.

3. $AD=15$km.

4. $S=\dfrac{l^2}{4}$.

5. 无盖时,$r=\sqrt[3]{\dfrac{V}{\pi}}$,$h=\sqrt[3]{\dfrac{V}{\pi}}$.

6. 长为40m、高为20m时,有最大面积800m².

7. $L(x)=-0.2x^2+16x-20$;每天生产40件产品可获得最大利润,最大利润为$L(40)=300$元.

习题 3.6

1. (1)$\left(-\infty,\dfrac{1}{3}\right)$凹,$\left(\dfrac{1}{3},+\infty\right)$凸;拐点$\left(\dfrac{1}{3},\dfrac{2}{27}\right)$.

(2) $\left(-\infty,-\dfrac{\sqrt{2}}{2}\right)$ 凹，$\left(-\dfrac{\sqrt{2}}{2},\dfrac{\sqrt{2}}{2}\right)$ 凸，$\left(\dfrac{\sqrt{2}}{2},+\infty\right)$ 凹；拐点 $\left(-\dfrac{\sqrt{2}}{2},\dfrac{1}{2}e^{-\frac{1}{2}}\right)$ 和 $\left(\dfrac{\sqrt{2}}{2},\dfrac{1}{2}e^{-\frac{1}{2}}\right)$.

(3) $(0,1)$ 凸，$(1,+\infty)$ 凹；拐点 $(1,1)$.

(4) $\left(-\infty,\dfrac{1}{2}\right)$ 凹，$\left(\dfrac{1}{2},+\infty\right)$ 凸；拐点 $\left(\dfrac{1}{2},e^{\arctan\frac{1}{2}}\right)$.

(5) $(-\infty,0)$ 凹，$(0,1)$ 凸，$(1,+\infty)$ 凹；拐点 $(0,0)$ 和 $\left(1,-\dfrac{4}{5}\right)$.

(6) $(-\infty,1)$ 凸，$(1,+\infty)$ 凹，无拐点.

(7) $(-\infty,-\sqrt{3})$ 凸，$(-\sqrt{3},0)$ 凹，$(0,\sqrt{3})$ 凸，$(\sqrt{3},+\infty)$ 凹；拐点 $\left(-\sqrt{3},-\dfrac{\sqrt{3}}{2}\right),(0,0),\left(\sqrt{3},\dfrac{\sqrt{3}}{2}\right)$.

(8) $(-\infty,-1)$ 凸，$(-1,1)$ 凹，$(1,+\infty)$ 凸；拐点 $(-1,\ln2)$ 和 $(1,\ln2)$.

2. $a=1$，$b=3$.

习题 3.7

1. (1) $x=5$，$x=-1$，$y=0$；(2) $y=-3$，$x=0$；(3) $x=1$；(4) $y=0$；

(5) $y=0$，$x=-1$；(6) $y=0$，$x=-\dfrac{1}{2}$.

2. 略.

复习题三

基础题型

一、1. ×；2. ×；3. ×；4. ×；5. ×.

二、1. D；2. C；3. D；4. B；5. B；6. A；7. B；8. B；9. A；10. A；11. D；12. C；13. A.

三、1. 3；2. $\left(\dfrac{1}{e}\right)^{\frac{2}{e}}$；3. $\left(-\infty,\dfrac{1}{3}\right)$；4. $(e,+\infty)$.

四、1. (1) $\dfrac{m}{n}a^{m-n}$；(2) 1；(3) $\dfrac{1}{2}$；(4) 0；(5) $\dfrac{1}{3}$；(6) 0；(7) 0；(8) $\dfrac{1}{e}$.

2. (1) $(-\infty,-1)$ 及 $(3,+\infty)$ 单增，$(-1,3)$ 单减，$x=-1$ 处有极大值 9，$x=3$ 处有极小值 -23，$(-\infty,1)$ 凸，$(1,+\infty)$ 凹，拐点 $(1,-7)$.

(2) $(-1,0)$ 单减，$(0,+\infty)$ 单增，$x=0$ 处有极小值 0，$(-1,+\infty)$ 凹，无拐点.

3. 水平渐近线 $y=0$；垂直渐近线 $x=1,x=-1$.

五、略.

六、1. $x=\dfrac{2C}{4+\pi}$.

2. (1) $V(x)=(4-2x)^2 x$；(2) $\left(0,\dfrac{2}{3}\right)$ 单增，$\left(\dfrac{2}{3},2\right)$ 单减；(3) $\dfrac{2}{3}$；

(4) 当 $0<a\leqslant\dfrac{1}{4}$ 时，$x=\dfrac{4a}{1+2a}$；当 $a>\dfrac{1}{4}$ 时，$x=\dfrac{2}{3}$.

拓展题型

1. D.　　2. 1.　　3. -3.

4. 当 $0<k<\dfrac{1}{2}$ 时，$x=0$ 为极大值点，$x=\dfrac{1-2k}{2k}$ 为极小值点，极大值为 $f(0)=0$，极小值为

$f\left(\dfrac{1-2k}{2k}\right)=\dfrac{4k^2-1}{4k}-\ln2k$；

当 $k>\dfrac{1}{2}$ 时，$x=0$ 为极小值点，$x=\dfrac{1-2k}{2k}$ 为极大值点，极小值为 $f(0)=0$，极大值为

$f\left(\dfrac{1-2k}{2k}\right)=\dfrac{4k^2-1}{4k}-\ln2k$；

当 $k=\dfrac{1}{2}$ 时，无极值.

5. 略.

6. 提示：构造辅助函数 $F(x)=f(x)\sin(1-x)$，应用罗尔定理证明.

7. 提示：构造辅助函数 $F(x)=f(x)-x^2$.（1）应用罗尔定理证明.（2）应用拉格朗日中值定理证明.

8. 略.

9. 围成宽 5m、长 10m 的长方形.

10. 当 $Q=90$ 时，总利润 L 最大，最大利润为 7 100 万元.

习题 4.1

1.（1）D；（2）A.

2. $x-\dfrac{1}{2}x^2$.

3. $y=\dfrac{1}{3}x^3+1$.

4.（1）$\dfrac{1}{3}x^3+\dfrac{3}{2}x^2+4x+C$；（2）$\dfrac{2}{7}x^{\frac{7}{2}}+C$；（3）$\dfrac{2}{9}x^{\frac{9}{2}}+\dfrac{2}{3}x^{\frac{3}{2}}+C$；

（4）$-\dfrac{1}{2}x^{-2}+C$；（5）$x^4+\dfrac{4}{3}x^3+\dfrac{1}{2}x^2+C$；（6）$2\sqrt{x}+\dfrac{2}{3}x^{\frac{3}{2}}+C$；

（7）$\dfrac{2}{3}x^3+3\arctan x+C$；（8）$\dfrac{1}{2}x^2+\dfrac{1}{\ln2}2^x+\ln|x|+C$；

（9）$\ln|x|-2x+\dfrac{1}{2}x^2+C$；（10）$\ln|x|+\arctan x+C$；

（11）$\dfrac{3^{2x}\mathrm{e}^x}{1+2\ln3}+C$；（12）$\mathrm{e}^{x+3}+C$；（13）$\mathrm{e}^x+x+C$；

（14）$3\arcsin x+2\arctan x+C$；（15）$\tan x-x+C$；（16）$\dfrac{1}{2}(x-\sin x)+C$；

（17）$-4\cot x+C$；（18）$2\sin x+C$；（19）$x+\cos x+C$；（20）$\tan x-\cot x+C$.

习题 4.2

1.（1）$-\dfrac{1}{6}$；（2）$\dfrac{1}{6}$；（3）2；（4）-1；（5）-2；

（6）-1；（7）-5；（8）$-\dfrac{3}{7}$；（9）$\dfrac{1}{2}$；（10）$-\dfrac{1}{2}$.

2.（1）$-\dfrac{1}{2}\cos2x+C$；（2）$\dfrac{1}{3}(5+2x)^{\frac{3}{2}}+C$；（3）$-\dfrac{3}{4}(3-2x)^{\frac{2}{3}}+C$；

（4）$\dfrac{1}{2}\sin x^2+C$；（5）$\dfrac{1}{303}(2+3x)^{101}+C$；（6）$\dfrac{1}{101}(x^2-3x+1)^{101}+C$；

（7）$\dfrac{1}{2}\ln(1+x^2)+C$；（8）$\dfrac{1}{2}\arctan x^2+C$；（9）$\dfrac{1}{2}x^2-\dfrac{1}{2}\ln(1+x^2)+C$；（10）$-2\cos\sqrt{x}+C$；

(11) $\frac{1}{6}(2x^2-1)^{\frac{3}{2}}+C$；(12) $-\frac{1}{2}e^{-2x}+C$；(13) $-\cos e^x+C$；

(14) $e^x-e^{-x}+C$；(15) $\arctan e^x+C$；(16) $e^{e^x}+C$；

(17) $\ln|1+\ln x|+C$；(18) $\frac{2}{3}(1+\ln x)^{\frac{3}{2}}+C$；(19) $\frac{1}{2}(\ln\ln x)^2+C$；

(20) $\cos\frac{1}{x}+C$；(21) $-\cos\left(x+\frac{1}{x}\right)+C$；(22) $-\frac{1}{2\ln10}10^{-2x+1}+C$；

(23) $\frac{1}{3}(\arcsin x)^3+C$；(24) $-\frac{1}{\arctan x}+C$；(25) $\frac{3}{8}x+\frac{1}{4}\sin2x+\frac{1}{32}\sin4x+C$；

(26) $\frac{1}{3}\cos^3x-\cos x+C$；(27) $-\frac{1}{3}\cos^3x+\frac{1}{5}\cos^5x+C$；

(28) $-\frac{1}{10}\sin5x+\frac{1}{2}\sin x+C$；(29) $x-\tan\frac{x}{2}+C$；(30) $\ln|\sin x+\cos x|+C$；

(31) $(\arctan\sqrt{x})^2+C$；(32) $-\sqrt{9-x^2}+C$；(33) $\frac{1}{2}\ln\left|\frac{x-1}{x+1}\right|+C$.

3. (1) $-8(2-x)^{\frac{1}{2}}+\frac{8}{3}(2-x)^{\frac{3}{2}}-\frac{2}{5}(2-x)^{\frac{5}{2}}+C$；(2) $2\sqrt{x}-2\ln(1+\sqrt{x})+C$；

(3) $\frac{2}{5}(x+2)^{\frac{5}{2}}-\frac{4}{3}(x+2)^{\frac{3}{2}}+C$；(4) $2\sqrt{x}-4\sqrt[4]{x}+4\ln(1+\sqrt[4]{x})+C$；

(5) $\ln\left|\frac{\sqrt{e^x+1}-1}{\sqrt{e^x+1}+1}\right|+C$；(6) $\frac{1}{208}(2x-1)^{52}+\frac{1}{204}(2x-1)^{51}+C$；(7) $\arcsin\frac{x}{3}+C$；

(8) $\frac{1}{3}\ln\left|\frac{3-\sqrt{9-x^2}}{x}\right|+C$；(9) $\frac{1}{2}\ln\left|\sqrt{9+4x^2}+2x\right|+C$；

(10) $\ln\left|\frac{1-\sqrt{1-x^2}}{x}\right|+\sqrt{1-x^2}+C$；(11) $\arccos\frac{1}{|x|}+C$；

(12) $\sqrt{x^2+2x+2}-\ln\left|\sqrt{x^2+2x+2}+x+1\right|+C$.

习题 4.3

1. (1) $-x\cos x+\sin x+C$；(2) $(x+1)\ln(x+1)-x+C$；(3) $-xe^{-x}-e^{-x}+C$；

(4) $\frac{1}{2}x^2\arctan x-\frac{1}{2}x+\frac{1}{2}\arctan x+C$；(5) $x\arccos x-\sqrt{1-x^2}+C$；

(6) $e^x(x^2-2x+2)+C$；(7) $\frac{1}{2}(\sin x-\cos x)e^{-x}+C$；(8) $x\tan x+\ln|\cos x|+C$；

(9) $x\ln(x+\sqrt{1+x^2})-\sqrt{1+x^2}+C$；(10) $-\frac{1}{4}x\cos2x+\frac{1}{8}\sin2x+C$；

(11) $x(\arcsin x)^2+2\sqrt{1-x^2}\arcsin x-2x+C$；(12) $(x-1)\arctan\sqrt{x}-\sqrt{x}+C$；

(13) $-\frac{1}{2}(x^2+1)\cos2x+\frac{1}{2}x\sin2x+\frac{1}{4}\cos2x+C$；

(14) $\left(\frac{x^2}{2}+x\right)\ln x-\frac{1}{4}x^2-x+C$；(15) $-\frac{\ln x}{x}-\frac{1}{x}+C$；

(16) $\frac{1}{4}x^2-\frac{1}{4}x\sin2x-\frac{1}{8}\cos2x+C$；(17) $\frac{1}{\ln3}(x-1)3^x-\frac{1}{(\ln3)^2}3^x+C$；

(18) $2\sqrt{x}\arcsin\sqrt{x}+2\sqrt{1-x}+C$.

2. 略.

习题 4.4

（1）$-5\ln|x-2|+6\ln|x-3|+C$；

（2）$\dfrac{2}{5}\ln|2x+1|-\dfrac{1}{5}\ln|x^2+1|+\dfrac{1}{5}\arctan x+C$；

（3）$\ln|x|-\ln|x-1|-\dfrac{1}{x-1}+C$；

（4）$2\ln\left|\dfrac{x+3}{x+2}\right|-\dfrac{3}{x+3}+C$；

（5）$-\dfrac{1}{x-1}-\dfrac{1}{(x-1)^2}+C$；

（6）$\ln|x|-\ln|x-1|-\dfrac{3}{x-1}+C$；

（7）$\ln|2x+1|-\dfrac{1}{2}\ln|x^2+x+1|+\dfrac{1}{\sqrt{3}}\arctan\dfrac{2x+1}{\sqrt{3}}+C$；

（8）$-\dfrac{x+1}{x^2+x+1}-\dfrac{4}{\sqrt{3}}\arctan\dfrac{2x+1}{\sqrt{3}}+C$.

复习题四

基础题型

一、**1.** D；**2.** B；**3.** D；**4.** B；**5.** C.

二、**1.** $f(x)\mathrm{d}x$；**2.** $\dfrac{2}{7}x^{\frac{7}{2}}+\dfrac{8}{5}x^{\frac{5}{2}}+\dfrac{8}{3}x^{\frac{3}{2}}+C$；**3.** $x\mathrm{e}^x$；**4.** $x+C$；**5.** $\dfrac{1}{2}\ln\left|\dfrac{x-1}{x+1}\right|+C$.

三、**1.** （1）$\dfrac{4}{7}x^{\frac{7}{4}}+4x^{-\frac{1}{4}}+C$；（2）$-\dfrac{2}{\sin 2x}+C$；（3）$x-\ln(\mathrm{e}^x+1)+C$；

（4）$\dfrac{2}{3}\mathrm{e}^{3\sqrt{x}}+C$；（5）$\dfrac{1}{2}(x^3+2)^{\frac{2}{3}}+C$；（6）$\ln\ln x\cdot\ln x-\ln x+C$；

（7）$\dfrac{2}{3}(x-3)^{\frac{3}{2}}+6(x-3)^{\frac{1}{2}}+C$；（8）$-2\arctan\sqrt{1-x}+C$；

（9）$\dfrac{1}{5}(1+x^2)^{\frac{5}{2}}-\dfrac{1}{3}(1+x^2)^{\frac{3}{2}}+C$；（10）$\dfrac{\sqrt{2}}{2}\arctan\left(\dfrac{\tan x}{\sqrt{2}}\right)+C$；

（11）$\sqrt{x^2-2}-\sqrt{2}\arccos\dfrac{\sqrt{2}}{|x|}+C$；（12）$2\ln(\mathrm{e}^x+1)-x+C$；

（13）$\dfrac{1}{2}\left(-x^2+\dfrac{1}{2}\right)\cos 2x+\dfrac{1}{2}x\sin 2x+C$；（14）$2\sqrt{x}\ln x-4\sqrt{x}+C$；

（15）$\mathrm{e}^x\sin\mathrm{e}^x+\cos\mathrm{e}^x+C$；（16）$\dfrac{1}{2}(\sec x\tan x+\ln|\sec x+\tan x|)+C$；

（17）$\dfrac{x}{\sqrt{1-x^2}}+C$；（18）$-\dfrac{1}{x}\ln x+C$.

2. $\dfrac{1}{2}f^2(\sin x)+C$；

3. $\dfrac{1}{2}(1+\ln x)^2+C$.

拓展题型

1. B. **2.** 3. **3.** $x\mathrm{e}^x-\mathrm{e}^x+C$. **4.** $2\sqrt{\mathrm{e}^x-1}-2\arctan\sqrt{\mathrm{e}^x-1}+C$.

5. $x\arctan x-\dfrac{1}{2}\ln(1+x^2)-\dfrac{1}{2}(\arctan x)^2+C$.

6. $\dfrac{1}{2}e^{\sqrt{x}}(\sin\sqrt{x}-\cos\sqrt{x})+C.$

7. $x-\tan\dfrac{x}{2}+C.$

8. $\dfrac{e^{ax}}{a^2+b^2}(a\sin bx-b\cos bx)+C.$

9. $\dfrac{1}{2\sqrt{2}}\ln\left|\dfrac{x^2-\sqrt{2}x+1}{x^2+\sqrt{2}x+1}\right|+C.$

习题 5.1

1. (1)C；(2)D.

2. (1)0；(2)π；(3)$\dfrac{5}{2}$.

3. (1)<；(2)<；(3)<.

4. (1)$2\leqslant\displaystyle\int_1^2(x^2+1)\mathrm{d}x\leqslant5$；(2)$\dfrac{\pi}{4}\leqslant\displaystyle\int_0^\pi\dfrac{1}{3+\sin^3x}\mathrm{d}x\leqslant\dfrac{\pi}{3}$.

5. -5.

习题 5.2

1. (1)$(x-1)^2(x+2)$；(2)$\sqrt{\sin^2x+1}\cdot\cos x$；(3)$2x\sin x^2-\sin x$；(4)$\displaystyle\int_0^x\sqrt{1+t^4}\mathrm{d}t+x\sqrt{1+x^4}$.

2. (1)0；(2)e；(3)1；(4)0.

3. (1)$\dfrac{\pi}{6}$；(2)-2；(3)$\dfrac{\pi}{2}$；(4)$\dfrac{4}{3}\sqrt{2}+\dfrac{5}{6}$；(5)$-\dfrac{1}{6}$；

　　(6)$\dfrac{2}{3}+\dfrac{3}{4}\pi$；(7)$e-2$；(8)$\dfrac{\pi}{8}-\dfrac{\sqrt{2}}{4}$；(9)$2\sqrt{2}$；(10)$\dfrac{5}{2}$.

4. $\dfrac{1}{12}$.　　**5.** $\left(0,\dfrac{1}{4}\right)$.　　**6.** -1 或 0.

习题 5.3

1. (1)$\dfrac{112}{9}$；(2)$\dfrac{\pi}{6}$；(3)$\dfrac{4}{3}$；(4)$2\sqrt{3}-2$；(5)$\dfrac{13}{3}$；(6)$\dfrac{25}{2}-\dfrac{1}{2}\ln26$；(7)$\dfrac{\sqrt{2}}{2}$；

　　(8)$\dfrac{2}{3}$；(9)$\dfrac{7}{3}$；(10)$\dfrac{\pi}{16}$.

2. (1)1；(2)$\dfrac{1}{4}(e^2+1)$；(3)$\dfrac{\pi^2}{4}-2$；(4)$3\ln3-2\ln2-1$；(5)$\dfrac{\sqrt{3}}{3}\pi-\ln2$；

　　(6)2；(7)$8\ln2-4$；*(8)$\dfrac{5\pi}{16}$.

3. (1)$\dfrac{\pi}{2}$；(2)0.

4. (1)$1-\cos1-\ln2+\ln3$；(2)$8(\ln4-1)$.

5. 提示：用换元积分法，令 $x=1-t$.

6. (1)提示：用换元积分法，令 $x=\dfrac{\pi}{2}-t$.

（2）提示：用换元积分法，令 $x=\pi-t.$ $\int_0^\pi \dfrac{x\sin x}{1+\cos^2 x}\mathrm{d}x=\dfrac{\pi^2}{4}.$

习题 5.4

1. （1）$\dfrac{1}{3}$；（2）18；（3）$\dfrac{1}{6}$；（4）$\dfrac{4}{3}$；（5）$\dfrac{3}{4}$；（6）$b-a$；（7）$\dfrac{3}{2}-\ln 2$；（8）$\mathrm{e}+\mathrm{e}^{-1}-2$；（9）$\dfrac{7}{6}$.

2. （1）$\dfrac{15}{2}\pi$；（2）$\dfrac{4}{3}\pi a^2 b$；（3）$\dfrac{\pi^2}{2}$；（4）$\dfrac{38}{15}\pi$，$\dfrac{5}{6}\pi$；（5）$\dfrac{128}{7}\pi$，$\dfrac{64}{5}\pi$.

*__**3.** $\dfrac{4}{3}a^2\pi^3.$ *__**4.** $\dfrac{4\sqrt{3}}{3}R^3.$ **5.** 240.

*习题 5.5

1. （1）收敛，1；（2）发散；（3）收敛，$\dfrac{1}{2}$；（4）收敛，1.

2. 略.

复习题五

基础题型

一、**1.** D；**2.** A；**3.** D；**4.** A；**5.** C；**6.** C；*__**7.** B.

二、**1.** 0；**2.** 同阶；**3.** $\dfrac{8}{3}$；**4.** 0；*__**5.** 1.

三、（1）$-\ln 2$；（2）$\dfrac{2}{3}$；（3）$\dfrac{\pi}{2}$；（4）$1-\dfrac{\sqrt{3}}{3}-\dfrac{\pi}{12}$；（5）$2(\sqrt{2}-1)$；（6）$\dfrac{1}{6}$；（7）$\arctan \mathrm{e}-\dfrac{\pi}{4}$；

（8）$\mathrm{e}-\mathrm{e}^{\frac{1}{2}}$；（9）$10+4\ln\dfrac{8}{3}$；（10）$\dfrac{1}{6}$；（11）$1-\dfrac{\sqrt{3}}{3}-\dfrac{\pi}{12}$；（12）$4-2\ln 3$；（13）$\dfrac{\pi}{6}$；

（14）$-2\mathrm{e}^{-1}+1$；（15）$2\ln^2 2-2\ln 2+\dfrac{3}{4}$；（16）$2-\dfrac{2}{\mathrm{e}}$.

四、**1.** $f(x)=x+2$；**2.** $a=-1,b=2$；**3.** 15；**4.** $\dfrac{3}{2}$；**5.** 0；**6.** $a=\dfrac{1}{\sqrt[3]{4}}$；

7. $\pi\left[\dfrac{1}{2}\left(\mathrm{e}^2+\dfrac{1}{2}\sin 2\right)-1\right]$；**8.** （1）$\ln 2$；*（2）$\dfrac{8}{3}$.

五、略.

拓展题型

1. 略.   **2.** D.   **3.** C.   **4.** 略.

5. $f(2)=f\left[(\sqrt{2})^2\right]=1+\dfrac{3\sqrt{2}}{2}.$

6. $\ln x$.   **7.** $2\mathrm{e}^2$.   **8.** $(1,1)$.   **9.** （1）$\dfrac{7}{6}$；（2）$\dfrac{62}{15}\pi$.